Hervé Husson

Alles über Hühner

Hervé Husson

ALLES ÜBER HÜHNER

Artgerechte Hobbyhaltung, Zucht und die passenden Rassen für den Garten

Aus dem Französischen von Claudia Ade

325 Fotos
45 Zeichnungen

Ulmer

Inhalt

Vorwort

Haben Sie immer schon davon geträumt, Hühner in Ihrem Garten zu halten, Sie sorgen sich aber um Ihre Pflanzen und Ernteerträge? Machen Sie es trotzdem ...

Egal, wie groß Ihr Grundstück ist und ob es sich um einen Zier- oder Gemüsegarten, eine Streuobst- oder Blumenwiese oder einen Baumbestand handelt – Sie werden eine Lösung finden, Ihre Liebe zu Pflanzen und den Wunsch nach einem kleinen Hühnerbestand unter einen Hut zu bringen. Mit einem an die Bedürfnisse Ihrer Schützlinge angepassten Gehege, wo sie ihren Lieblingsbeschäftigungen nachgehen können, lassen sich Garten und Hühner problemlos miteinander kombinieren. Mehrere solcher Modelle unterschiedlicher Größen und Nutzungsmöglichkeiten stellen wir Ihnen in diesem Buch vor.

Welche Hühner soll ich mir aussuchen? Welche Probleme könnte es geben? Verstehen sich die Hühner mit Hund und Katze? Was ist, wenn ein Huhn krank wird? Wenn Sie sich solche Fragen stellen, ist das gut, denn Sie machen sich Gedanken um das Wohlergehen der Tiere. Doch jedermann kann die Hühnerhaltung mit etwas gesundem Menschenverstand, guter Beobachtungsgabe und der Einhaltung einiger Grundregeln bewerkstelligen.

Die nötigen Kenntnisse etwa über Hygiene, Ernährung, Pflege und Verhalten erwirbt man sich oft durch allmähliches Herantasten. Bei der Hühnerhaltung und -zucht kommt es sehr viel auf Erfahrung an. Dieses Buch ist voll meiner eigenen Erfahrungen, aber auch der anderer Züchter, Freunde oder Nachbarn, mit denen ich regen Austausch pflege und die ihre Geheimnisse und guten Ratschläge mit mir geteilt haben. Das Buch möchte Ihnen sowohl die Lebensweise Ihrer zukünftigen Schützlinge näher bringen als auch das Wissen vermitteln, das Sie brauchen, um lange Zeit Freude an der Hühnerhaltung zu haben.

Was immer Sie auch motiviert haben mag: „Ich möchte die Hühner für meine Kinder, wegen der Eier, des Fleisches oder beidem, als Zierde des Gartens oder um bestimmte, seltene Rassen zu züchten ...“, es wird sich Ihnen eine kleine, sicherlich überraschende Welt erschließen, besonders wegen des ziemlich komplexen Sozialverhaltens, das Hühner untereinander zeigen, aber auch im Hinblick auf die Vielfalt und Verschiedenartigkeit ihrer Aktivitäten.

Weil Hobbyzüchter respektvoll und artgerecht mit ihren Tieren umgehen, entwickelt sich oft eine starke Bindung zwischen Halter und Hühnern. Er ist es, der täglich Kontakt mit ihnen hat und für ihre Ernährung und Pflege sorgt. So beschlossen meine Lebensgefährtin und ich von Anfang an, dass sich das Hühnerleben nicht in der hintersten Ecke unseres Grundstücks abspielen, sondern ein Bestandteil unseres Alltags sein sollte: Vom Haus aus ist der Hühnerstall zu sehen und das Gehege ist zum Garten hin offen. So begleiten uns die Hühner bei den meisten unserer Freiluftaktivitäten, zu unserer Freude ... und zu ihrer!

1

Gut vorbereitet für die Hühner

Sie wollen sich auf das Abenteuer Hühner einlassen, haben aber noch jede Menge Fragen? Umso besser! Schließlich ist das der Schlüssel für eine erfolgreiche Haltung … Von der Rasseauswahl bis zur Ankunft der ersten Hühner, dem Aufstellen und der Instandhaltung von Gehege und Hühnerhaus, alle einzelnen Schritte stellen keine besondere Herausforderung dar. Und Sie können grundlegende Fehler vermeiden, wenn Sie über gute Informationen und praktische Ratschläge verfügen. Freuen Sie sich also auf Ihre Hühnerhaltung und entdecken Sie nach und nach ein kleines, spannendes und vielfältiges Universum!

Jedem das Seine

Durch das Beobachten der vielen Hühnervölker auf den ländlichen Bauernhöfen bin ich zu der Überzeugung gelangt, dass es nicht so schwierig sein kann, selber Hühner zu halten!

Als ich noch zur Miete auf einem Anwesen mit freilaufenden Hühnern wohnte, sah ich, dass sie stets auf dem Hof oder in der Nähe blieben, ohne je einen Ausbruch zu versuchen. Sie kamen auch gut mit den anderen Tieren, Kindern und Hofbesuchern klar ... Ich begriff, dass Hühner sehr eigenständige Tiere sind: Abends finden sie allein in ihren Stall und sie kommen mit etwas Körnerfutter, Wasser und einem ordentlichen Rückzugsort gut über die Runden. Jeden Tag Kontakt zu Hühnern und eigene Eier, das macht wirklich Freude. Bleibt nur noch zu klären, wie Ihr Hühnerprojekt aussehen soll ...

Die verschiedenen Arten der Hobby-Hühnerhaltung

Zur Gewinnung von Lebensmitteln:

- Oft abseits vom Wohngebäude, in einem begrenzten Bereich ohne Grün.
- Die Hühner liefern Eier und Fleisch, der Kontakt zu ihnen ist sekundär.
- Einfachste Einrichtung, jeder verfügbare Raum wird genutzt.
- Meist werden die klassischen „Industrie“-Hybridhühner gehalten.

Dies ist die wirtschaftlichste Haltungsform, weil wenig investiert werden muss. Doch dabei leidet die Lebensqualität der Tiere oft.

Die Eier sind so unterschiedlich wie die einzelnen Rassen. Sie variieren in Größe, Form, Farbe, aber auch durch die Textur der Eierschalen, die mehr oder weniger glatt sein kann. Allen gemeinsam ist dagegen ihre geschmackliche und ernährungsspezifische Qualität.

Wenn Sie Ihre Hühner fast das ganze Jahr frei laufen lassen, sollten Sie zu ihrem Schutz den Freilauf während bestimmter Zeiten einschränken: von Mitte Mai bis Anfang Juli, dann zieht der Fuchs seine Kleinen groß; während eines harten Winters, wenn die Raubtiere aus Nahrungsmangel in Hühnerhöfe eindringen; in der Jagdsaison, weil der Fuchs gezwungenermaßen seine Beute außerhalb seines Reviers suchen muss.

Der passionierte Hobbyzüchter:
- Er züchtet vor allem bedrohte Rassen. Solche Hühner sind oft schwer zu bekommen und deshalb manchmal teurer.
- Er verbringt viel Zeit mit seinen Tieren.
- Jede Rasse hat einen separaten Bereich mit einem spezifischen Auslauf.
- Bei guten Zuchttieren treten eventuell Zusatzkosten auf (Tierarzt, Medikamente...).

Diese Art der Hühnerhaltung kostet um einiges mehr.
Was mich betrifft, so finde ich mich weder im Nutztierhalter noch im passionierten Hobbyzüchter wieder! Ich habe mich von Anfang an für einen Mittelweg entschieden:
- Ein einfaches Hühnerhaus, weil ich kein Heimwerker bin. Kleine Gartenhäuschen mit einer Grundfläche von 2 m² erhält man schon für weniger als 300 €.
- Ein Auslauf mit Grünfläche, die meinen Hühnern ganzjährig zur Verfügung steht.
- Gemischte Geflügelgruppe aus verschiedenen Rassen: Züchterische Selektion ist nichts für mich, das überlasse ich anderen, die mehr davon verstehen!

Ich kann das Geflügel fast den ganzen Tag über von meinem Haus aus beobachten.

Meine Hühnerhaltung sieht also so aus:
- Ich habe eigene Eier und später auch das Fleisch.
- Die Zeit für die Versorgung der Tiere hält sich in Grenzen.
- Ich kann mich mit dem ziemlich frei lebenden Geflügel im Garten beschäftigen.
- Und ich habe immer mein eigenes Kino direkt vor der Haustür!

Erleichtert wurde mein Projekt Hühnerhaltung, das ich 2007 verwirklicht habe, durch die folgenden Gegebenheiten:
- Ein großes, bereits umzäuntes Grundstück, denn ganz in der Nähe verläuft die Straße, und ich wollte auch keinen Ärger mit den Nachbarn wegen ihrer Gemüsegärten.
- Ein altes Gartenhaus, das bereits da war und das ich, obwohl ursprünglich nicht so geplant, leicht in einen Hühnerstall umwandeln konnte.

Darf man denn Hühner halten und wenn ja, wie viele?

Als ich anfing, Hühner zu halten, machte ich mir zuerst wenig Gedanken darüber. Rundherum krähten Hähne und gackerten Hühner: Ich war ja schließlich nicht der Erste in der Nachbarschaft! Doch dann plagte mich das Gewissen und ich ging aufs Rathaus, um sicher zu sein, dass alles rechtens war und um nützliche Informationen von der Behörde zu erhalten.

Was sagt das Gesetz?

Werden die Tiere zur Zierde oder für den persönlichen Gebrauch gehalten, dann werden auch Hühner als Haustiere betrachtet ... bis zu einer bestimmten Anzahl. Folglich darf jedermann einige Hühner in seinem Garten halten, und sei die Hühnerhaltung noch so klein, wenn er dabei einige gesetzliche Regeln beachtet.

Auf jeden Fall ist es zu empfehlen, sich mit der *Nachbarschaft* im Vorfeld zu unterhalten und sein Vorhaben darzulegen, um Ärger oder gar Streitereien zu vermeiden. Will man keinen Hahn halten, gibt es meistens keine Probleme. Aber selbst dann kann man mit Aufklärung meistens viel erreichen. Bauliche Geräuschdämmungsmaßnahmen können zum Beispiel die „Lärmbelästigung" durch den Hahnenschrei in den frühen Morgenstunden wesentlich abmildern, wenn nicht sogar völlig unterdrücken.

Die Lagerung des anfallenden *Mistes* kann ein heikles Thema sein, was die Geruchsbelästigung der Nachbarschaft betrifft. Entscheidet man sich für eine Tiefstreu, bleibt das Ganze überschaubar. Dann wird nämlich täglich nur der Nachtkot auf dem Kotbrett unterhalb der Sitzstangen entfernt. Diesen kann man mit anderen Gartenabfällen und Grasschnitt kompostieren und als wertvollen Dünger wieder dem Garten zurückgeben. In städtischen Gegenden, wo selbst die Anlage eines Komposthaufens Schwierigkeiten bereiten kann, lässt er sich auch über die Biotonne entsorgen.

Für den *Bau des Hühnerstalls* gelten bundeslandspezifische Regelungen. Bis zu einer

Wer im eigenen Garten Hühner hält, ist auch für die Tiere verantwortlich.

gewissen Größe und mit einer bestimmten Kubikmeterzahl sind Bauwerke baugenehmigungsfrei, doch müssen die ortsüblichen Grenzabstände eingehalten werden.
Für die genauen Regelungen sollte man beim zuständigen Bauamt nachfragen. Dort erfährt man auch, in welche Kategorie das Gebiet klassifiziert ist, in dem die Hühnerhaltung realisiert werden soll. So lange die Beeinträchtigungen der Nachbarschaft nicht überhand nehmen, gibt es bis auf Ausnahmen im Grund fast keine Einschränkungen, Hühner zu halten.
Seit vor ein paar Jahren die *Vogelgrippe*-Welle auf uns zukam, die die Hühnerhalter zur vorübergehenden Stallhaltung verpflichtete, muss jede Geflügelhaltung beim zuständigen *Veterinäramt* gemeldet und eine Betriebshalternummer beantragt werden. Eventuell sollte man sich auch bei der Tierseuchenkasse informieren, ob man für die Haltung der Tiere Mitglied werden muss oder sollte. Je nach Region kann die Entscheidung darüber ganz unterschiedlich ausfallen. Während die Meldung beim Veterinäramt grundsätzlich kostenlos ist, entstehen bei der Tierseuchenkasse sehr geringe Kosten.
Für den Fall, dass wie in den vergangenen Jahren die Vogelgrippe geradezu routinemäßig auf uns zurollt, gilt für die Hühner in dieser Zeit die Stallpflicht. Diese ist auf Dauer nicht mit einer wirklich artgerechten Hühnerhaltung zu vereinbaren. So lohnt es sich, schon von vornherein einen sogenannten Kaltscharrraum (Auslauf) einzuplanen. Hier können die Hühner dann während dieser Zeiten an die frische Luft, ohne dass Erreger von Wildtieren – vornehmlich anderen Vögeln – eingeschleppt werden können.
Verpflichtend im Hinblick auf die Gesundheitsvorsorge ist viermal jährliche *Schluckimpfung* gegen die Newcastle-Krankheit. Auf den ersten Blick scheint es etwas verwirrend, wenn man als kleiner Hobbyhalter eine Impfeinheit für mindestens 1000 Hennen kaufen muss. Daran sieht man, dass diese Impfstoffe für die Wirtschaftsgeflügelzucht entwickelt wurden. Der Preis ist aber überschaubar, vor allem wenn man sich mit anderen Hühnerhaltern zusammentun und gemeinsam impfen kann.

Gartenarbeiten sollten immer mit großer Vorsicht ausgeführt werden, wenn sehr zutrauliche Hühner Ihnen dabei Gesellschaft leisten.

Der Halter trägt die Verantwortung für die Tiere

Besonders die Hobbyhalter bieten ihren Hühnern meistens eine wirklich artgerechte Haltung und bringen ihren Tieren bereits dadurch die vom Tierschutzgesetz geforderte Achtung und Fürsorge für andere Lebewesen entgegen. Dies zeigt sich schon allein darin, dass sie ihren Tieren meistens viel mehr Platz und auch Freilauf gewähren, als dies durch die gesetzlich vorgeschriebenen Mindestanforderungen vorgegeben wird.
Und weil die Hühner auch eher im eigenen Garten leben und sich ihr Bereich dort einfügen und man sie gut beobachten können soll, bekommen sie in den meisten Fällen sogar eine ansehnliche, mit Bewuchs strukturierte Zone. Diese können sie erkunden und in der finden sie auch Grünzeug und Insekten. Das ist also ganz anders als bei der üblichen Wirtschaftsgeflügelhaltung, und deshalb ist ein Konflikt mit dem Tierschutzgesetz nicht zu erwarten.
Züchter von Rassehühnern werden bezüglich des sogenannten Qualzuchtparagrafen kaum noch verbal angefeindet, denn man hat erkannt, dass auch zum Teil sehr extravagant aussehende Hühnerrassen eigentlich ganz normale Hühner sind, mit völlig arttypischem Verhalten.
Um das Risiko von Schäden, die durch die Hühner etwa im Nachbargarten entstehen könnten oder dadurch, dass ein Huhn auf die Straße fliegt und es zu einem Unfall kommt, ist es auf jeden Fall empfehlenswert, eine Tierhalterhaftpflichtversicherung abzuschließen.

Und wie sieht es in der Realität aus?

Ihr Wohnort entscheidet darüber, was für Sie möglich ist:

- Auf dem Land oder in einem Dorf können Sie quasi Ihren Ambitionen als Hühnerzüchter freien Lauf lassen.
- In einer Reihenhaussiedlung wird es schwierig, wenn Sie einen Hahn halten wollen.
- Bei Eigentümergemeinschaften müssen Sie sich über die bestehenden Regeln für die Haltung von Haustieren informieren.
- In der Stadt oder am Stadtrand sollten Sie nur eine begrenzte Anzahl Hühner halten, ein Hahn wird wohl nicht erlaubt sein.

Die Meldung der Geflügelhaltung bei den Kreisveterinärämtern ist unverzichtbar, damit die Halter bei einem Vogelgripperisiko verständigt werden können. Für Zeiten der Stallhaltungspflicht kann ein Kaltscharrraum gesicherten Freilauf gewährleisten. Dabei handelt es sich um eine mit engmaschigem Drahtgeflecht bespannte und überdachte Voliere, die verhindert, dass Wildvögel eindringen oder die Fläche durch ihren Kot verunreinigen können.

Gut zu wissen

Die vollständigen Gesetzestexte sind auf der Webseite http://www.bauernhahn.de/rechtsfragen von PROVIEH e. V. www.provieh.de und http://www.aviforum.ch/downloads/Mindestflächen_d.pdf vom Bundesamt für Veterinärwesen, Zentrum für tiergerechte Haltung: Geflügel/Kaninchen, Zollikofen, Schweiz, abrufbar.

Mindestflächen für die Haltung von Hühnern

Anzahl Hühner	Stall	bei gesetzlich verordneter Stallpflicht: vogelsicher überdachter Kaltscharrraum
2– 5	5 m²	wie für den Stall
6–10	10 m²	wie für den Stall
>10	1 m² pro zusätzliches Tier	wie für den Stall

Rassehühner, ja oder nein? Welche Hühner suche ich mir aus?

Die Eigenschaften eines Tieres werden zum Teil von Rasse und Abstammung bestimmt, trotz allem hat jedes einzelne seine eigene Persönlichkeit. Bestimmte Hühner können so zutraulich werden, dass sie auf ihren Namen hören und sogar auf den Schoß klettern. Andere dagegen lassen keinen näher als zehn Meter an sich heran.

Tier mit Charakter

Auf jedem Hühnerhof trifft man immer wieder Hennen mit folgenden Verhaltensweisen:

- Die Abenteurerin, die einem auf Schritt und Tritt folgt und auch ins Wohnhaus kommt, sobald Tür oder Fenster offen sind.
- Die Ausbrecherkönigin, die durch die kleinste Ritze zum Nachbarn entwischt.
- Die Wilde, die nicht ins Legenest will und ihre Eier partout in der Hecke verstecken muss.
- Die Dominante, die sich gegenüber den anderen Hennen aufspielt.
- Die Zerstreute – oft Hühner mit Haube – die für alles fünf Minuten länger braucht.
- Die Opportunistin, die sich bei der Aussicht, ein Insekt oder einen Wurm zu ergattern ... selbst Gartenhacke und Rasenmäher entgegenstellt.
- und wahrscheinlich noch weit mehr.

Informieren Sie sich also beim Verkäufer über die typischen Verhaltensweisen einer bestimmten Rasse, aber auch der einzelnen Zuchtlinie und über die Aufzuchtbedingungen.

Für einen Leckerbissen nimmt das Zwerghuhn sogar eine Kletterpartie in Kauf.

Überlegungen vor dem Kauf

Folgende Kriterien helfen bei der Auswahl Ihrer Hühner:

- Groß oder klein? Hühner werden in drei Gewichtsklassen unterteilt: schwer/mittel/leicht. Die imposantesten wiegen bis zu 4 kg, die Hähne 5 kg, die kleinsten kaum 500 g. Letztere legen natürlich kleinere Eier, brauchen aber auch weniger Futter, richten weniger Schaden an und produzieren weniger Kot.
- Flieger oder Nichtflieger? Seit langem ist das Seidenhuhn der Urtyp eines flugunfähigen Huhns, weil seine Gefiederstruktur ihm jeglichen Flugversuch unmöglich macht. Beinahe flugunfähige Tiere findet man fast immer unter den schweren Rassen wie Brahma, Orpington, Cochin, Wyandotten: Wegen ihres Gewichts ist es diesen Hüh-

Seidenhühner mit ihrem außergewöhnlichen Gefieder, den auffallend blauen Ohrscheiben und der schwarzen Haut entsprechen ganz und gar nicht dem Bild, das man von einem Huhn hat. Das gilt jedoch auch für viele andere Rassen.

nern nicht möglich, einen Zaun von über 1,20 m Höhe zu überfliegen. Mittelgroße, leichtere Hühner überwinden 1,50 m bis 2 m. Die bewegungsfreudigsten schließlich können perfekt über etwa 20 m hinweg fliegen.

- Brüter oder Nichtbrüter? Hybridhühner brüten quasi überhaupt nicht. Bei den Rassehühnern findet man von beidem etwas. So sind beispielsweise Seidenhühner und Zwerg-Cochin bekannt dafür, passionierte Glucken zu sein.
- Und die Preise: Hybridhühner, wie sie auf Märkten angeboten werden, bekommt man schon durchschnittlich für zehn Euro. Für ein Huhn der gängigen Rassen kann der Preis manchmal mehr oder weniger, je nach Verfügbarkeit der Rasse, höher sein (siehe Seite 45).

Rassehühner: eine Geschichte von immer neuen Entwicklungen

Unter einem Rassehuhn versteht man ein Huhn, das den durch den Standard festgelegten Kriterien am nächsten kommt (siehe Rassegeflügelstandard, herausgegeben vom BDRG, Bund Deutscher Rassegeflügelzüchter). Um den Fortbestand der Rasse zu sichern, selektieren die Züchter diejenigen Tiere aus, die den Kriterien nicht entsprechen. Das müssen Sie als Hobbyhalter natürlich nicht tun, aber solche nicht für die Weiterzucht geeigneten Tiere sind meistens sehr günstig zu bekommen.

Es ist schwer, die Anzahl der Rassen weltweit zu beziffern, doch sind derzeit über 200 registriert. Einige davon werden seit Jahrhunderten in Europa gezüchtet, wie das La-Flèche- und das Crève-Coeur-Huhn, zwei seit dem 15. Jahrhundert für ihr zartes Fleisch bekannte französische Rassen. Es gibt weit mehr Beispiele, denn seit dem Mittelalter züchtet jedes Land, ja sogar jede Region eigene Landgeflügerassen. Die Tiere wurden wegen der Eier und des Fleisches gezüchtet, zwei damals lebensnotwendige Produkte. Die Zuchtwahl erfolgte durch die Natur selbst, indem sich die Tiere an ihre Umgebung und das örtliche Klima anpassten und dadurch sehr widerstandsfähig wurden. Erst nach 1840, mit der Öffnung der Häfen im Orient für den Welthandel, begann die Geschichte der modernen Geflügelhaltung. Asiatische Hühner von äußerst stattlicher Statur (Langschan, Brahma, Cochin ...), die bis dato im Abendland unbekannt waren, kamen per Schiff nach Europa und in die USA. Zwischen Ende des 19. und Anfang des 20. Jahrhunderts wurden viele Rassen, einheimische und fremde, untereinander gekreuzt und neue entstanden daraus: Lachshuhn, Orpington, Rhodeländer, Wyandotten, Sussex ... Gleichzeitig kamen aus jedem neu entdeckten Land der Welt neue Rassen an, so etwa das Araucana-Huhn aus Chile.

Die industrielle Hühnerhaltung Mitte des 20. Jahrhunderts bedeutete das Ende für viele lokale, europäische Rassen, weil sie durch leistungsfähigere aus dem Ausland ersetzt wurden. Nach dem Zweiten Weltkrieg verschwanden viele regionale Rassen bis auf wenige Exemplare oder wurden völlig ausgelöscht. Inzwischen wurden manche wieder rückgezüchtet oder aus den übrig gebliebenen Tieren wieder aufgebaut. Der Bund Deutscher Rassegeflügelzüchter (BDRG) und die Gesellschaft zur Erhaltung alter und gefährdeter Haustierrassen (GEH) sowie die Bundesanstalt für Landwirtschaft und Ernährung (BLE) führen eine „Gemeinsame Rote Liste alter, heimischer und gefährdeter Geflügelrassen".

Warum Rassehühner kaufen?

Die Selektion der Rassen gehört nicht unbedingt zu den Hauptanliegen eines Hobbyzüchters. Dennoch hat es Vorteile, wenn Sie Ihre Hühner bei einem professionellen Züchter kaufen:

- Sie leisten einen kleinen Beitrag dazu, alte Rassen zu bewahren und zu fördern.
- Die angebotenen Tiere haben meist alles zu bieten: gute Legeleistung, natürliche Brut, zartes Fleisch.
- Mit zwei bis drei verschiedenen Rassen haben Sie quasi das ganze Jahr hindurch Eier und bringen außerdem Formen-, Farb- und Charaktervielfalt in Ihre Hühnergruppe.

Wie viele Eier legt ein Huhn?

Die Legeleistung von Rassehühnern kommt nicht an die industriellen Zahlen heran. Für mich ist ein Tier, das 120 Eier pro Jahr während der Legeperiode vom Frühjahr bis Herbst legt, also etwa ein Ei alle zwei bis drei Tage, eine gute Legehenne. Und nicht zu vergessen: Ein Huhn, das weniger Eier legt, produziert dafür länger Eier, mindestens über vier bis fünf Jahre.

Extravagante Rassen

Hierbei handelt es sich um Rassehühner, die rein nach ästhetischen Kriterien gezüchtet werden, wobei meist Legeleistung und Fleischqualität auf der Strecke bleiben. Ein typisches Beispiel dafür sind die Sebright-Hühner, deren Standard seit 1874 anerkannt ist. Sie sind mit die kleinsten Zwerghühner überhaupt und die Tatsache, dass von ihnen kaum Eier oder gar Fleisch zu erwarten sind, spielt für den passionierten Züchter dieser Hühner nur eine untergeordnete Rolle. Das heißt aber nicht, dass solches Ziergeflügel generell zu nichts zu gebrauchen ist. Viele Zierhühner bieten eine ordentliche Legeleistung, brüten und ziehen ihre Küken groß. Informieren Sie sich einfach über ihre jeweiligen Vor- und Nachteile. Als Zierhühner gelten:

- typische Rassehühner mit extravaganten Merkmalen wie unter anderem Paduaner, Holländer Haubenhühner oder Sultanhühner. Wegen ihrer Federhauben und der teilweise vorhandenen Federbärte sollte man sie bei längeren Regenphasen nicht unbedingt ins Freie lassen. Hier ist ein überdachter Auslauf die bessere Variante, er bedeutet für diese Hühner keine Beeinträchtigung der Lebensqualität. Schließlich gehören sie alle zu den äußerst ruhigen Rassehühnern. Wer aber denkt, dass sie wegen ihrer Federstrukurmerkmale keine

Das Chabo-Huhn ist sehr klein und besitzt kurze Beine, mit denen es sich im hohen Gras nicht so gut bewegen kann.

richtigen Hühner seien, wird schnell eines Besseren belehrt. Sie lieben nämlich alles, was auch anderen Hühnern gefällt. Und für ein Staubbad, wo man sich bis zum Hals eingräbt, sind diese Rassen immer zu haben!

- Zwergrassen, wenn sie von Natur aus so sind (Chabo, Zwerg-Cochin ...), also nicht von einer großen Rasse abstammen oder die Zwergform einer bestehenden Rasse darstellen (Orpington, Brahma, Sussex, Wyandotten, La-Flèche-Huhn und andere).

Warum kauft man sich extravagante Rassen?

Hühnerrassen von sehr außergewöhnlichem Aussehen gehören zu den ältesten gezüchteten Hühnern überhaupt, sie zierten schon die Gemälde der alten Meister. Bis heute sind sie absolute Hingucker. Dazu kommt, dass die meisten dieser Rassen mit einem sehr zutraulichen Wesen ausgestattet sind. Das macht sie für die Hobbyhaltung besonders interessant. Dann verzichtet man auch gerne auf ein paar Eier, denn sie sind seit jeher Zierhühner, keine unbedingten Nutzhühner.

Wirtschaftsrassen

Ab dem Ersten Weltkrieg exportierten die USA neue, auf Legeleistung spezialisierte Rassen nach Europa (Wyandotten, Rhodeländer ...). Zu dieser Zeit wurden auf Wettbewerben Hühner vorgestellt, die pro Jahr 280 bis 300 Eier legten, wohingegen unsere einheimischen Rassen gerade mal 160 schafften. Durch groß angelegte Werbekampagnen, bei denen nie geahnte Profite versprochen wurden, ließen sich zahlreiche Züchter von diesen Hühnern überzeugen, obwohl die Fleischqualität nicht die beste war.
Diese amerikanischen Hühner, die heute als Rasse angesehen werden, waren in der Tat die ersten Wirtschaftsrassen: durch künstliche Selektion entstandene Tiere, mit maximaler Legeleistung bei minimalem Selbstkostenpreis. Da die Entwicklung der europäischen Geflügelzucht durch die beiden Weltkriege stark ausgebremst wurde, waren die amerikanischen Forscher auf den Gebieten der Selektion und Geflügelaufzucht 20 Jahre voraus und überschwemmten ab 1948 die Märkte mit konkurrenzlosen Legehennen und schnell wachsenden Fleischhühnern.
In den 1960er Jahren wurde dieser zeitliche Verzug ausgeglichen, indem auch andere Län-

Nutzungsart	Legeleistung	Fleischleistung	Bruteigenschaften
Fleischrassen	eher gering	meistens sehr gut	unterschiedlich
Legerassen	hoch	eher gering	kaum vorhanden
Zweinutzungsrassen (Zwiehühner)	mittel	mittel	je nach Rasse
Extravagante Rassen	eher gering	eher gering	je nach Rasse
Hybriden	je nach Linie sehr hoch	je nach Linie sehr hoch	kaum vorhanden

Abgesehen von ihrer Funktion als Nutztiere sind Hühner wunderschöne Ziervögel, mit denen man sich gern in der Freizeit beschäftigt.

der Wirtschaftsrassen einführten. Die Tiere trugen damals einfache Nummern (466, 477, 579 ...), doch schon bald führte man Namen ein, um ihre lokale Herkunft zu benennen (zum Beispiel „Warren"). Aus dieser industriellen Entwicklung stammen die Hühner, die heute auf den Märkten verkauft werden – das Ergebnis einer hundertjährigen Zuchtarbeit.

Warum Hybridhühner?

Von Produktionsbetrieben werden diese Hühner hoch geschätzt. Sie sind ökonomisch am rentabelsten. Eine industrielle Legehenne garantiert tatsächlich in den beiden ersten Jahren eine Legeleistung von quasi täglich einem Ei, und die Masthähnchen wachsen extrem schnell heran. Die natürliche Fortpflanzung gestaltet sich zwar schwierig, doch der Nachschub an neuen Tieren ist kein Problem. Die Hybriden sind ideale Anfängertiere, weil sie dem Neuling ermöglichen, das Verhalten eines Hühnervolks zu verstehen, und dies zu einem niedrigen Preis und mit schnellen Resultaten. Entscheiden Sie sich hingegen für einheimische oder exotische Rassehühner, bietet sich, um die schwächere Legeleistung auszugleichen, die Haltung von zusätzlich zwei oder drei Industriehybriden an.

Das Aus fürs „Poussin cocotte"

Vor dem Zweiten Weltkrieg stand auf vielen Speisekarten von Pariser Restaurants das „Poussin cocotte", ein an einem Stück in einem Schmortopf aus Kupfer serviertes junges Hähnchen. Als die ersten Industriehähnchen Einzug in die Pariser Hallen hielten, erkannten die Restaurantbesitzer sofort ihren Vorteil. Sie kauften die Hühner für zwei Francs das Stück und verkauften sie für zwölf bis 15 Francs – was für ein Glücksgriff! Die Kunden aber ließen sich nicht zum Narren halten, denn die Fleischqualität war schlechter und so verschwand das „Poussin cocotte" von der Karte.

Der Einfluss der klimatischen Bedingungen

Soll das heißen, dass die Hühnerhaltung an der Küste anders funktioniert als in den Bergen oder im Süden? Nein, sicher nicht. Doch mit etwas gesundem Menschenverstand werden Sie schnell merken, dass sich manche Rassen an ein regionales Klima besser anpassen als andere.

Kälte

Anders als man vielleicht erwarten würde, macht Hitze den Hühnern mehr zu schaffen als Kälte. Ihr Gefieder bietet einen ausgezeichneten Schutz gegen die eisige Luft im Winter, sodass sie problemlos Außentemperaturen von bis zu −10 °C vertragen.
Für extremere Klimabedingungen empfiehlt es sich, eine Scheune oder Garage zur Verfügung zu stellen, in der die Tiere vor Wind und Kälte Zuflucht finden. Kleinere Hühnerställe sind für die Nacht von Vorteil, weil die Atmosphäre innerhalb durch die Körperwärme der Tiere viel schneller aufgeheizt wird. Das Wichtigste ist aber, dass sich in Hühnerställen kein Schwitzwasser bildet.

Schnee

Bei sehr hohem Schnee können sich Hühner nur mühsam fortbewegen. Sie müssen dann hüpfend oder flatternd von der Stelle kommen – zumindest die leichteren von ihnen. Doch sie finden auch sehr schnell Wege, wo der Schnee schneller wegschmilzt und sie für sie begehbar sind, zum Beispiel entlang der Häuserseiten.
Sehen Ihre Hühner zum ersten Mal Schnee, werden sie zuerst durch das spezielle Licht, das von einer eingeschneiten Landschaft ausgeht, irritiert sein – aber auch vor allem dadurch, dass sie ihre gewohnten Orientierungspunkte nicht mehr sehen. Wundern Sie sich also nicht, wenn die Hühner anfangs völlig verloren wirken! Liegen die Ausläufe aber völlig unter einer Schneedecke, dann lassen Sie die Hühner besser im Stall.

Gut zu wissen

Selbst Hühner mit gelocktem oder auch Seidengefieder, ja sogar Nackthalshühner, brauchen bei deutlichen Minusgraden keine besondere Behandlung. Kälte macht keinem Huhn etwas aus, solange es keine Zugluft und Feuchtigkeit oder Nässe gibt. Hühner kommen mit den unterschiedlichsten Witterungen generell gut zurecht.

Hitze

Starke Hitze erfordert eine höhere Wachsamkeit, denn Hühner sind in dieser Hinsicht sehr empfindlich, weil ihre Körpertemperatur um

Oft warten Hühner erst mal ab, wenn sie zum ersten Mal Schnee sehen.

einiges höher ist als unsere: 37,5 °C beim Menschen und 42 °C bei Vögeln. Während der Brutzeit kann die Temperatur bei Hühnern sogar noch um ein bis zwei Grad ansteigen.
Um sich Abkühlung zu verschaffen, presst das Huhn bei extremer Hitze sein Gefieder an den Körper, spreizt die Flügel und beginnt zu hecheln. Sie müssen dann den Tieren unbedingt einen Schattenplatz mit frischem Wasser zur Verfügung stellen.

Hühner mit ausgeprägtem Kamm und Kehllappen vertragen Hitze besser, denn diese „Anhängsel" spielen eine große Rolle bei der Wärmeregulation.

Gut zu wissen

Tiere mit krausem oder seidigem Gefieder fühlen sich in feuchten Gebieten nur dann wohl, wenn sie sich bei Regen unterstellen können. Nicht gut zurecht kommen bei Matschwetter Hühner mit stark befiederten Füßen: Ihre Schönheit ist schon nach wenigen Tagen verschwunden, wenn sie im Schlamm kratzen. Auch das Federkleid weißer oder heller Hühner wird nicht lange makellos bleiben, wenn die Hühner scharren (und die Hähne die Hennen beim Besteigen schmutzig machen).

Mögen Hühner Regen?

Viele Vögel brauchen Wasser um sich zu reinigen, für einige Entenvögel ist es der vertraute Lebensraum. Für Hühner ist Wasser nur zum Trinken da, sie reinigen sich durch Staubbäder. Nieselregen oder ein kurzer Schauer macht ihnen nichts aus, denn ihr Gefieder ist wasserundurchlässig. Aber starken Dauerregen meiden sie – außer sie sind gezwungen, Nahrung zu suchen.

Drei Tipps für Anfänger

Als Anfänger in der Hühnerhaltung sollten Sie die folgenden Ratschläge beherzigen:

- Es ist für Sie einfacher, wenn Sie sich Hühner ohne Haube und Bart anschaffen.
- Informieren Sie sich über einheimische Rassen, die oft sehr robust sind – das erleichtert Ihnen die Entscheidung.
- Wenn Sie sich trotz allem für Hühner entscheiden, die an das örtliche Klima nicht optimal angepasst sind, dann stellen Sie ihnen den Lebensraum zur Verfügung, den sie für ein artgerechtes Leben benötigen.

Feuchtigkeit

Hühner finden Feuchtigkeit nicht gut. Dauernässe kann ihnen sogar schaden. Bei längerem Regen bleiben sie deshalb meistens freiwillig im Stall oder suchen Schutz unter Büschen und Sträuchern. Wer seinen Hühnern Gutes tun will, lässt sie an solchen Tagen lieber im Stall oder gibt ihnen zumindest die freie Wahl. Aber auch beim Stall sollte man alles unternehmen, dass er trocken bleibt. Sonst können vor allem im Winter Erkältungen mit Schnupfen und sogar erfrorene Kammpartien die Folgen sein.

Nach nur einer Stunde in einem matschigen Auslauf ist der Bart dieses Huhns bereits völlig verdreckt.

Hühner mit Haube, die in trockenem Klima sehr elegant aussehen, werden bei Feuchtigkeit schnell zu kleinen Vogelscheuchen.

Hühner im Garten: die zwölf häufigsten Fragen

1 – Ich habe einen sehr kleinen Garten, kann ich trotzdem Hühner halten?

Ja, natürlich, aber nur in begrenzter Anzahl, also zwei oder drei maximal, und gut ausgewählt nach Größe und Verhalten. Die kleinen Rassen beispielsweise lassen sich gut in einer Voliere halten. Wenn Ihre Tiere nur gelegentlich Freilauf haben, sollten Sie als Ausgleich zum nahrungsarmen Boden im Gehege das Futter anreichern (Komplettfutterpellets).

2 – Muss ich in einem kleinen Garten unbedingt kleine Hühner halten?

Kleine oder Zwerghühner sind bestimmt die beste Lösung. Sie richten weniger Schaden an, produzieren nicht so viel Kot und benötigen weniger Futter. Kurzbeinige Hühner wie das Chabo scharren auch nicht so extrem in der Erde wie ihre größeren Schwestern.

3 – In meinen Garten fällt nicht viel Sonnenlicht, verträgt sich das mit Hühnerhaltung?

Hühner brauchen Sonnenlicht, um Vitamin D zu bilden. Nutzen Sie jede Gelegenheit, bei der Ihre Hühner Sonne bekommen können und fügen Sie der Nahrung ganzjährig, nicht nur im Winter, Vitamin D (Lebertran) bei.

4 – Muss ich mein Gemüsebeet einzäunen?

Hühner und Gemüsegarten vertragen sich nicht: Sie können Ihre Tiere kurze Zeit unter Aufsicht hinein lassen, solange Sie vielleicht das Gehege sauber machen. Hühner scharren überall in der Erde und graben dabei Samen und junge Pflänzchen aus. Aber es ist absolut empfehlenswert, Gemüsebeet und Hühnergehege zu trennen.

5 – Kann ich den Hühnerkot als Dünger verwenden?

Der Kot enthält viel Stickstoff und dadurch können, wenn Sie bei der Düngung nicht die genaue Dosierung und Vorgehensweise kennen, die Wurzeln der Pflanzen verbrennen. Hingegen eignet sich Hühnerkot perfekt, um den Kompost anzureichern.

6 – Kann ich meine Hühner mit den Produkten aus meinem eigenen Garten füttern?

Sind Ihre Produkte 100 % Bio, werden sich die Hühner über die Reste Ihrer Ernte, Überschüssiges oder nicht mehr ganz Frisches freuen. Denn Sie haben garantiert Eier und Fleisch von allerbester Qualität, wenn Sie die Herkunft der Produkte vollständig zurückverfolgen können. Wenn nicht, dann achten Sie darauf, dass das Grünzeug unbehandelt oder gewaschen ist, bevor Sie es den Hühner füttern.

7 – Soll ich auf bestimmte Anpflanzungen verzichten?

Nein, wenn Ihr Gemüsegarten für die Hühner unzugänglich ist. Bei einem Ziergarten kann es vorkommen, dass Ihre Hühner eine Vorliebe für eine bestimmte Pflanze entwickeln und sich darüber hermachen. Lassen Sie Ihre Tiere frei im Garten laufen, müssen Sie dann entweder auf diese Pflanzen verzichten oder sie zum Beispiel durch ein Gitter schützen.

8 – Welche Schäden richten Hühner am häufigsten an?

Allgemein scharren Hühner in der Erde und in Beeten und „besetzen" dann die Blumenrabatten, um sich dort auszuruhen oder Schutz vor der Sonne zu suchen. Weil Hühner von Natur aus sehr neugierig sind, werden sie, sobald Sie ihnen den Rücken zugewandt haben, jeder neuen Pflanze einen Besuch abstatten. Maulwurfshügel nutzen Hühner gern für ein Staubbad. Auch sind sie ganz versessen auf Strohhaufen, die sie in der ganzen Umgebung verteilen.

9 – Sollte der Rasen tabu für meine Hühner sein?

Gehören Sie nicht gerade zu den Liebhabern des englischen Rasens, können Sie Ihre Hühner auf alle Fälle ein paar Stunden täglich auf Ihre Grünfläche lassen. Gönnen Sie ihnen den Freilauf idealerweise gegen Abend, dann gehen sie später freiwillig in den Hühnerstall zurück. Schäden durch die Tiere sind minimal und den Kot, den sie hier und da hinterlassen, können Sie als Verschmutzung oder positiv, als natürliche Anreicherung des Bodens betrachten.

10 – Kann ich meine Hühner auf eine Obstbaumwiese lassen?

Die Früchte von Apfel-, Birn- oder Kirschbäumen sind eher für Wildvögel als für Hühner von Interesse. Hühner fressen nur das Fallobst. Eher in Gefahr, von Hühnern geplündert zu werden, sind dagegen Brombeer-, Johannisbeer- oder Himbeersträucher, allerdings nur die Beeren in für sie erreichbarer Höhe. Früchte, die wie Erdbeeren am Boden wachsen, müssen, wenn Sie sie selber abernten möchten, geschützt werden!

11 – Ich habe einen kleinen Gartenteich – kann er eine Gefahr für meine Hühner sein?

Ein Teich oder Wasserbecken zieht Hühner an, weil sie daran den Durst löschen wollen. Ist das Ufer abschüssig, können sie ausrutschen, wenn sie sich beim Trinken nach vorn beugen. Sie können auch versehentlich komplett ins Wasser fallen. Schaffen sie es nicht rasch wieder heraus, vor allem wenn das Wasser zu tief ist, dann ermüden Hühner sehr schnell. Behalten Sie deshalb immer alles im Blick und begrenzen Sie eventuell den Zugang zum Teich.

12 – Wie steht es mit den anderen Plätzen im Garten?

Wenn Sie nicht alles einzäunen wollen, dann ist es schlicht unmöglich, Hühnern bestimmte Plätze zu verbieten, sei es die frisch gereinigte Terrasse, den Sandkasten oder die Kinderschaukel, den Grillplatz oder die den ganzen Tag offen stehende Garage ... Sie müssen sich entscheiden, wo die Hühner hin dürfen und wo nicht. Lassen Sie erst gar nicht zu, dass sich schlechte Angewohnheiten breitmachen, etwa indem Sie die Hühner bei Regenwetter mit Futter auf die Terrasse oder in die Garage locken: Diese Orte werden sie sich als Futterplätze merken und regelmäßig aufsuchen.

Gut zu wissen

Auf die Gefahr hin, eine Legende zu zerstören: Ich habe noch nie ein Huhn gesehen, das eine Schnecke verspeist hätte – auch keine kleine. Hühner sind jedoch in der Lage, die Häuser von kleinen Schnecken aufzubrechen, mit den großen Schneckenhäusern haben sie aber Probleme. Verlassen Sie sich also nicht darauf, dass Ihre Hühner Sie von den lästigen Schnecken befreien!

Außengehege

Ihre Hühner müssen täglich Auslauf an der frischen Luft haben, sodass Sie ihnen ein Außengehege zur Verfügung stellen sollten. Je nachdem wie Ihr Garten angelegt ist und wie Ihre Prioritäten aussehen, können Sie das Gehege unterschiedlich einrichten: Je größer und abwechslungsreicher es ist, desto weniger Schaden richten Ihre Hühner auf Ihrem Grundstück an.

Umzäunter Bereich oder völlige Freiheit?

Haben Sie Ihre Hühner richtig trainiert, dann kehren sie von sich aus abends in ihren Hühnerstall zurück. Daher ist eine Umzäunung nicht unbedingt notwendig, auf Bauernhöfen zum Beispiel kann man freilaufende Hühner überall, auch am Rand von Landstraßen, antreffen. Innerhalb der Stadt ist diese Art der Haltung kaum umzusetzen und außerdem sind freilaufende Hühner, egal ob in der Stadt oder auf dem Land, Raubtieren und Fahrzeugen schutzlos ausgesetzt.

Ein umzäunter Bereich bietet Ihren Hühnern dagegen einen gewissen Schutz und Sie haben Ihre Tiere immer vor Augen und müssen sie nicht überall im Gemüsebeet oder Nachbargarten suchen.

Die richtige Größe

Die Größe des Außengeheges und die Anzahl der Tiere müssen in einem richtigen Verhältnis stehen: Deshalb empfiehlt es sich, die Anzahl der Tiere nach dem Gehege auszurichten, das Sie ihnen zur Verfügung stellen wollen.

Damit die Bepflanzung im Gehege möglichst erhalten bleibt, rechnen Sie mit folgenden Maßen:

- 20 bis 25 m² pro Huhn einer schweren oder mittleren Rasse
- 10 bis 12 m² pro Huhn einer kleinen Rasse.

Wenn Sie das Gehege einzäunen, ist die Zaunhöhe je nach Rasse unterschiedlich:

- 1,20 m für schwere Rassen
- zwischen 1,60 und 1,80 m für mittlere Rassen
- mindestens 2 m für leichte Rassen.

Normalerweise brechen Hühner aus einem so gesicherten Bereich nicht aus, außer vielleicht bei einem Angriff durch ein Raubtier.

Ausnahmen bestätigen die Regel

Bei Hühnern mit flaumigem Gefieder (Seidenhuhn, Chabo ...) brauchen Sie nur eine Zaunhöhe von 1 m.

Mein Zaun ist 1,20 m hoch: nicht wirklich ein Hindernis für meine Kostgänger! Dennoch reißt kein einziges Huhn aus, ihr Lebensraum genügt ihnen. Nur dem Hahn macht es Vergnügen, regelmäßig den Nachbargarten zu besuchen.

Eine leicht mitgenommene Montbretie … Zwischen ihren Blättern verstecken sich nachts viele Insekten, deshalb wird die Pflanze morgens als Erstes von den Hühnern inspiziert!

Verschiedene Außengehege

Die Hühner haben freien Zugang zum gesamten Terrain mit allem, was darauf wächst.

Gelungenes Zusammenleben zwischen Hühnern und Gemüsebeeten. Im Hintergrund ein umzäuntes Gehege von 25 m² für vier Legehennen, die regelmäßig in den Garten dürfen.

A Vollkommener Freilauf

Diese Haltungsform ist in einem umzäunten Garten möglich, in dem weder Gemüse angebaut wird, noch Blumenbeete vorhanden sind.

B Stundenweiser Freilauf

Die Hühner werden normalerweise in einem begrenzten Gehege gehalten, das ihnen Schutz bietet, wenn der Halter abwesend ist. Ist er da, erhalten die Tiere zeitweise Zugang zum gesamten Garten.

C Eingezäunter Auslauf

Dies ist die klassische, wohl am meisten verbreitete Anlage. Zu meinen Favoriten gehört sie aber nicht. Zwar verursachen die Hühner dann nur in ihrem Gehege Schäden, doch der Mensch-Huhn-Kontakt beschränkt sich oft nur auf das Eier sammeln und die Reinigung.

D Mobiler Auslauf

Diese Gehegeform ist ein guter Kompromiss, um Hühner und Garten in Einklang zu bringen. Damit die Lebensbedingungen artgerecht bleiben, sollte die Anzahl der Tiere klein sein.

Dieses umzäunte, 120 m² große Gehege beheimatet zehn mittelgroße Hühner. Die Begrünung hält nicht das ganze Jahr. Lösungsmöglichkeiten: das Gehege vergrößern oder den Tierbestand verkleinern, aber auch das Hühnerfutter durch Zusätze ergänzen, sobald die Bepflanzung abgefressen ist.

Ein mobiler Hühnerstall mit integrierter Voliere bietet zwar nur beschränkten Auslauf, doch durch das Umsetzen kommen die Tiere immer wieder in den Genuss von frischem Grün.

Ein kleines Hühnerhaus mit variablem Gehege bietet viel Platz und die Zaunteile lassen sich leicht an das Gelände anpassen. Das Modell hier zeigt einen festen Zaun, es gibt aber auch flexible, versetzbare Hühnerzäune für verschieden große Flächen.

Schäden durch Hühner

Damit Sie nicht mitansehen müssen, wie aus dem Außengehege eine Wüstenlandschaft wird, sollten Sie auf ein vernünftiges Verhältnis von Grundfläche und Anzahl der Hühner achten. Doch selbst dann richten Hühner leider allerlei Zerstörerisches an.

A Schlaglöcher

Das sind Erdlöcher, die Hühner graben, um darin ein Staubbad zu nehmen. Sollten sie zu große Ausmaße annehmen, decken Sie sie mit einem großen Stein ab, damit Ihre Lieblinge davon ablassen.

B Gebäudeseiten

Wenn es einen Ort gibt, an dem Hühner gern scharren, dann sind es die Seitenwände von Bauwerken auf ihrem Gelände.

C Zaunseiten

Das untere Zaunende wird, wenn es nicht zum Boden hin gesichert ist, schnell verwüstet, manchmal aber auch nur deshalb, weil die Hühner dort ständig entlang gehen.

Tipp: „Hochbeete" fürs Grün

Wenn Ihr Gehege zu klein dafür ist, dass es das ganze Jahr über grün bleiben könnte, dann bauen Sie aus Brettern etwa 10 cm hohe Holzrahmen mit einer Fläche von 1 bis 2 m² zusammen. Platzieren Sie dann die Rahmen im Gehege, dort wo das Gras noch gut wächst. Decken Sie sie mit stabilen Gittern ab, die so engmaschig sind, dass die Hühner darauf herumlaufen können. Wächst das Gras dann durch das Gitter hindurch, können es die Hühner abfressen, ohne dabei das ganze Hochbeet zu verwüsten.

Besonders der untere Rand der Einzäunung wird von den Hühnern gern verwüstet. Damit sie nicht mehr scharren, legen Sie Steine oder Holzklötze entlang des Zauns aus oder lassen Sie dort Unkraut wachsen. Es bildet mit der Zeit einen dichten Teppich, der scharrenden Hühnerfüßen standhält.

Einen Hühnerstall bauen und einrichten

Der Hühnerstall ist der Ort, wo Ihre Tiere die Eier legen, brüten und übernachten. Es kann ein gekaufter Stall sein, aber auch eine bereits vorhandene feste Hütte oder ein Gartenhäuschen, die leicht in eine Geflügelunterkunft umgebaut werden können. Legenester und Brutplätze vervollständigen das Ganze.

Ställe zum Kaufen

Im Handel gibt es zwei Grundtypen in verschiedenen Größen. **Der einfache Hühnerstall** ist ein Häuschen inklusive Legenestern und Sitzstangen. Er ist so gemacht, dass er in einem Geflügelauslauf aufgestellt werden kann. Um die richtige Wahl zu treffen, sind die folgenden Punkte wichtig:

- Qualität der Befestigungs- und Verriegelungssysteme (Scharniere, Riegel, Verschraubungen ...)
- Qualität und Stärke der Verschalungsmaterialien (Wände, Dach, Boden ...)
- Gute Zugänglichkeit aller Ecken, um die Reinigung zu erleichtern
- Falls der Stall aus Holz ist: Welche Holzkonservierung ist nötig (was, wann, wie?)
- Gute Eignung für das Geflügel, das Sie sich anschaffen möchten.

Das Kombimodell besteht aus einem einfachen Hühnerhaus mit angeschlossenem Gehege. Außer Sie haben nur zwei sehr kleine Hühner oder es handelt sich um ein mobiles Modell, ist hier oft das Gehege zu klein, um einen permanenten Grasbewuchs sicherzustellen. Wenn Sie die Tiere auf einer großzügigen Fläche oft frei laufen lassen können, bietet das Kombimodell aber einen guten Kompromiss. Beachten Sie neben den genannten Punkten noch Folgendes:

- Qualität der Umzäunung und Befestigungssystem (ein Stecksystem ist nicht ausreichend)
- Widerstandsfähigkeit des gesamten Ensembles gegen Wind und Unwetter.

Umgebaute Hühnerställe

Was uns anbelangt, so haben wir unseren alten Geräteschuppen sehr schnell zum Hühnerstall umgebaut. Die Konstruktion aus unbehandeltem Holz befindet sich im unteren Teil unseres Gartens, ist würfelförmig und leicht zu pflegen. Einander überlappende Wandbretter sowie ein Fundament aus Hohlblocksteinen sorgen dafür, dass der Stall vollkommen dicht ist.

Mindestens einmal am Tag werfe ich einen Blick in den Hühnerstall und verschaffe mir dabei einen Überblick über den Hygienezustand (Sauberkeit, Parasiten ...) und die allgemeine Lage (Löcher, Beschädigungen ...).

Innen sollte der Stall nicht verwinkelt sein, damit kein Huhn irgendwo stecken bleiben oder sich verletzen kann.

Mein Stall hat 4 m² Grundfläche, das ist ausreichend für etwa zehn Hühner. Das lichtdurchlässige, durch Bäume schattierte Welldach gleicht die fehlenden Fensteröffnungen aus. Für mich ist das mannshohe Gebäude ausgesprochen praktisch. So wird die Pflege niemals lästig, vor allem auch durch das bewegliche Inventar.

Legenester und Sitzstangen bestehen aus Recycling-Materialien. An den Stellen, die den Hühnern nicht als Schlafstätte dienen, lege ich Zeitungen aus, dann kann ich den täglich anfallenden Hühnerkot ganz leicht entfernen. Anmerkung: Das erste Legenest (das ohne Einstreu auf dem Foto) wurde von den Hühnern nie benutzt, denn in Türnähe erfüllt es nicht ihre Bedingungen. Es kann problemlos an einen geeigneteren Platz umgesetzt werden, weil es transportabel ist.

Sechs Goldene Regeln

Egal, für welchen Hühnerstall Sie sich entscheiden, er muss auf alle Fälle:

- artgerecht für die Tiere sein.
- am Boden isoliert sein, geschützt vor Feuchtigkeit und Parasiten.
- vor Zugluft geschützt sein.
- gegen Raubtiere gesichert sein.
- leicht zu reinigen sein.
- mit einer guten und hygienischen Einstreu ausgestattet sein.

Stallbau Schritt für Schritt

Viele Menschen schrecken vor einem solchen „Bauprojekt„ zurück, weil sie nicht das nötige Werkzeug oder kaum handwerkliche Kenntnisse besitzen. Doch mit den einfachsten Werkzeugen und Techniken kann jeder einen Hühnerstall bauen, wie die hier beschriebene einfache Stallbox. Sie bietet Raum für vier große oder acht kleine Hühner. Reinigung und Einsammeln der Eier geschieht über die aufklappbaren Dachseiten.

Materialien

Teile	Verwendung	Maße	Bedarf ca.	Preis ca.
A. Dachleiste	Grundstruktur	5 × 5 cm	21 m	80 €
B. Brett	Wände, Boden	15 × 15 cm*	33 m (5 m²)	40 €
C. Zierleiste	Laufschienen, Legenester	1 × 1 cm	5 m	5 €
D. Sperrholz	Legenester	10 mm stark	150 × 45 cm	12 €
E. wasserabweisende Spanholzplatte	Dach	20 mm stark	113 × 90 cm/2	20 €
F. Scharnier	Vordertür		2	4 €
G. langes Scharnier	Dach	mindestens 40 cm	2	6 €
H. Schieberiegel	Vordertür		1	3 €
I. Karabinerhaken	Dachsicherung		2	2 €
J. Ringschraube	Dachsicherung		4	2 €
H. Hohlblocksteine	Fundament	50 × 20 × 20 cm	4	12 €
Teerpappe	Dach		3 m²	15 €
Sonstiges (Schrauben, Bolzen, Nägel)	Aufbau			20 €
			Gesamt	**221 €**

* Die Baupläne wurden für Bretter mit diesen Maßen konzipiert. Sie können aber auch dickere Bretter verwenden.

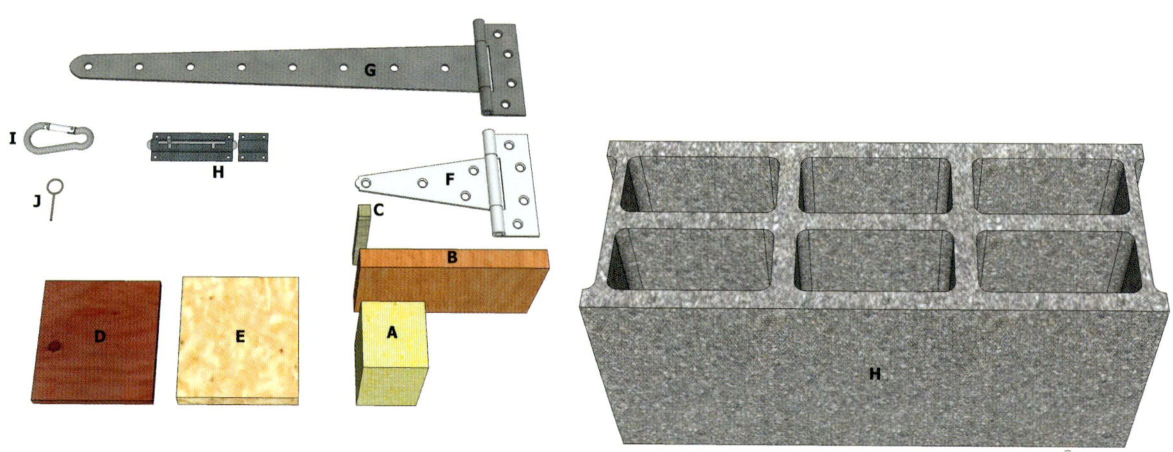

Gesamtmaße

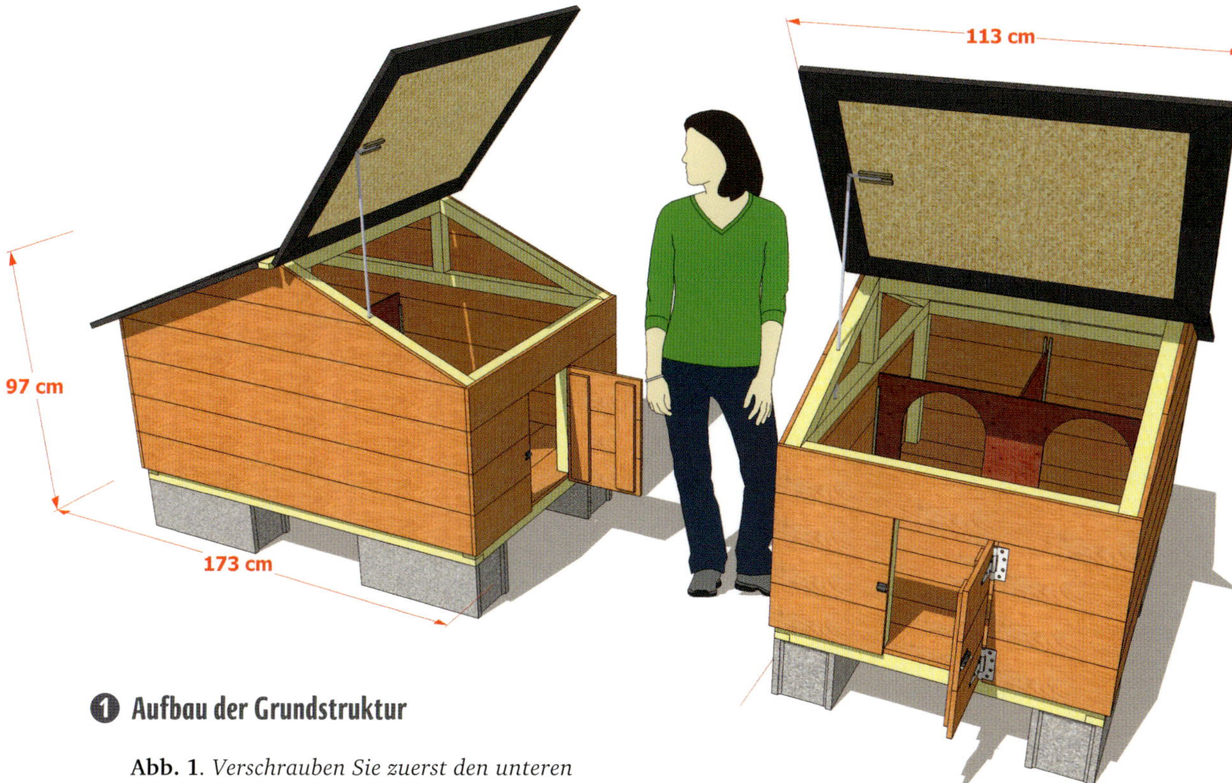

❶ Aufbau der Grundstruktur

Abb. 1. *Verschrauben Sie zuerst den unteren Teil der Struktur durch Verblattung.*

Abb. 2. *Gehen Sie beim oberen Teil auf gleiche Weise vor.*

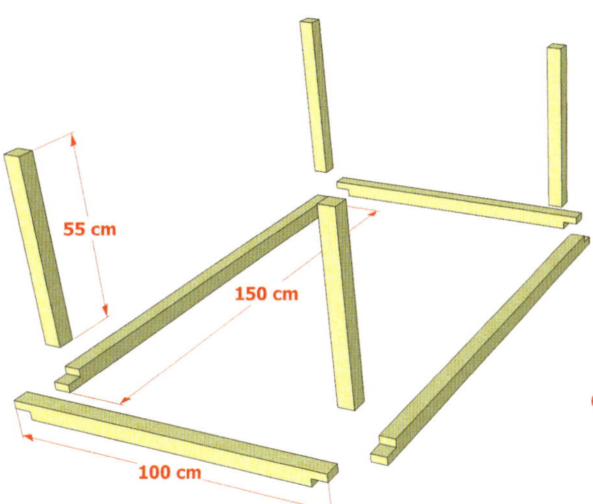

Abb. 1

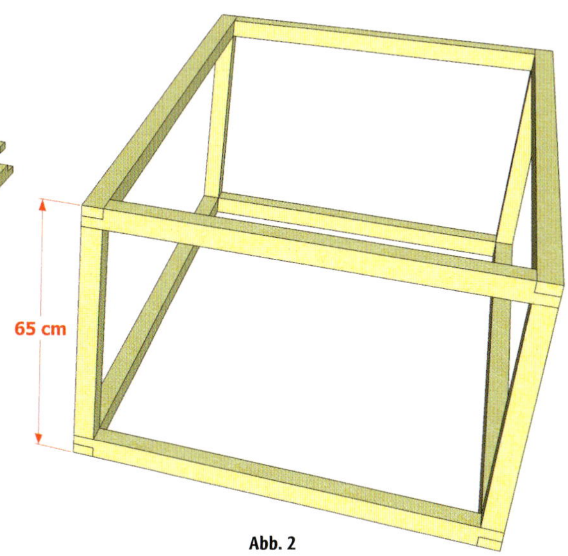

Abb. 2

❷ Aufbau des Dachgebälks

Befestigen Sie als Erstes die beiden Stützen **A** *jeweils in der Mitte jeder Seite, danach die Dachleiste* **B** *mit den vier Leisten* **C**.

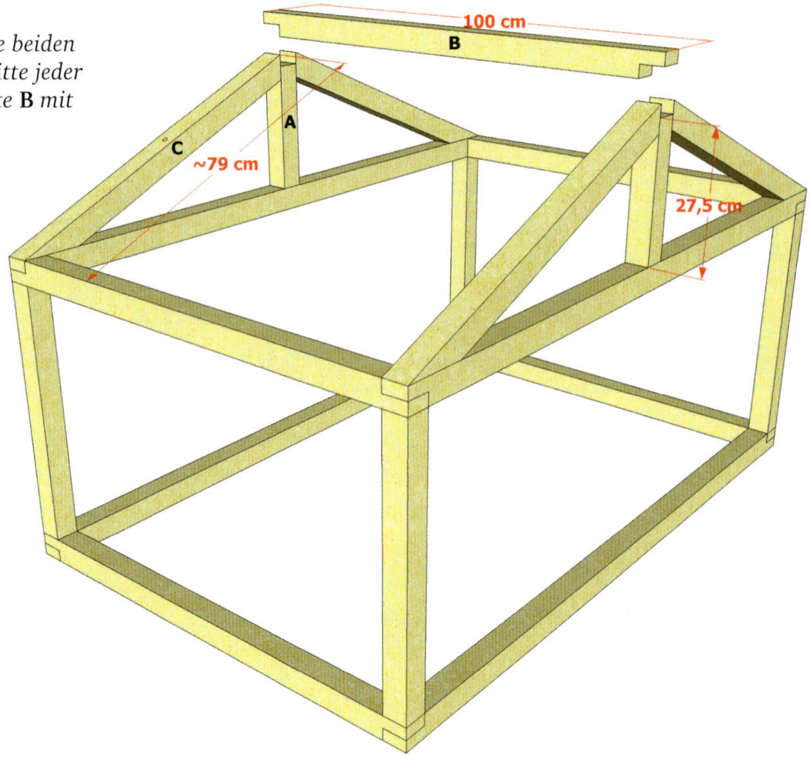

❸ Den Boden verlegen

Nageln Sie den Boden auf und verschrauben Sie dann die beiden Verstärkungen für die Vordertür **A** *sowie die beiden hinteren Verstärkungen* **B**.

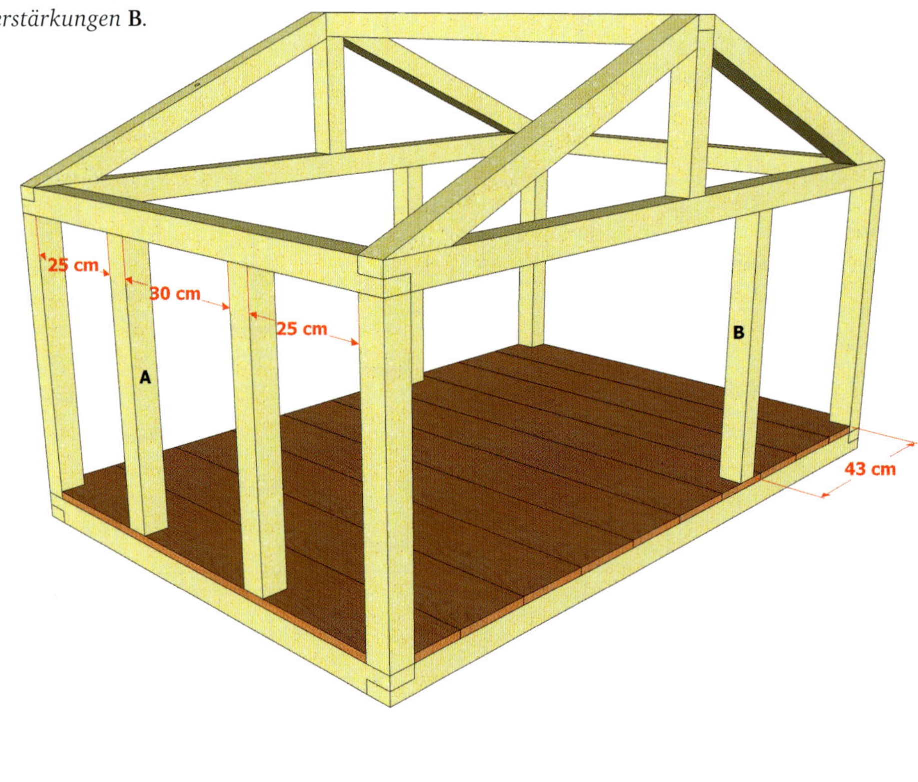

❹ Wände einbauen

Abb. 1. *Nageln Sie als Erstes die Wandbretter auf jeder Seite an.*

Abb. 2. *Dann folgen die Vorder- und Hinterwand. Für die Tür verwenden Sie Holzreste.*

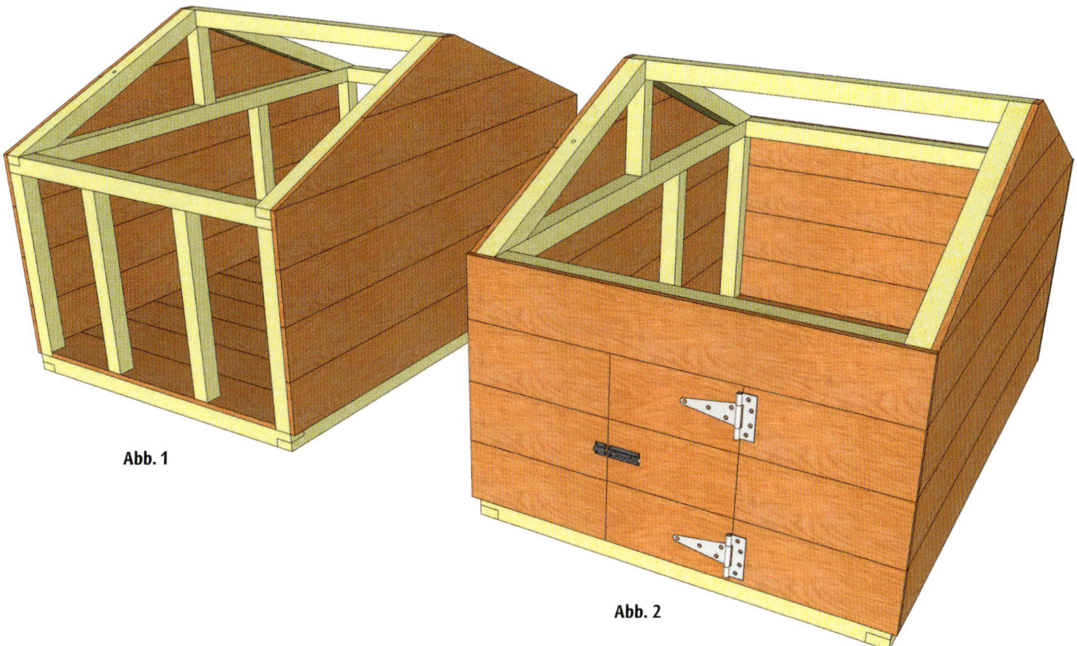

Abb. 1

Abb. 2

❺ Montage des Legebereichs

Schneiden Sie die Zierleiste zu und kleben Sie sie auf: Daraus entstehen die Gleitschienen **A** *für die Wände. Fügen Sie zuerst Wand* **B** *und danach Wand* **C** *in die Schienen ein.*
Die Sitzstange liegt auf zwei u-förmigen Auflagen, damit sie schnell angehoben und wieder platziert werden kann.

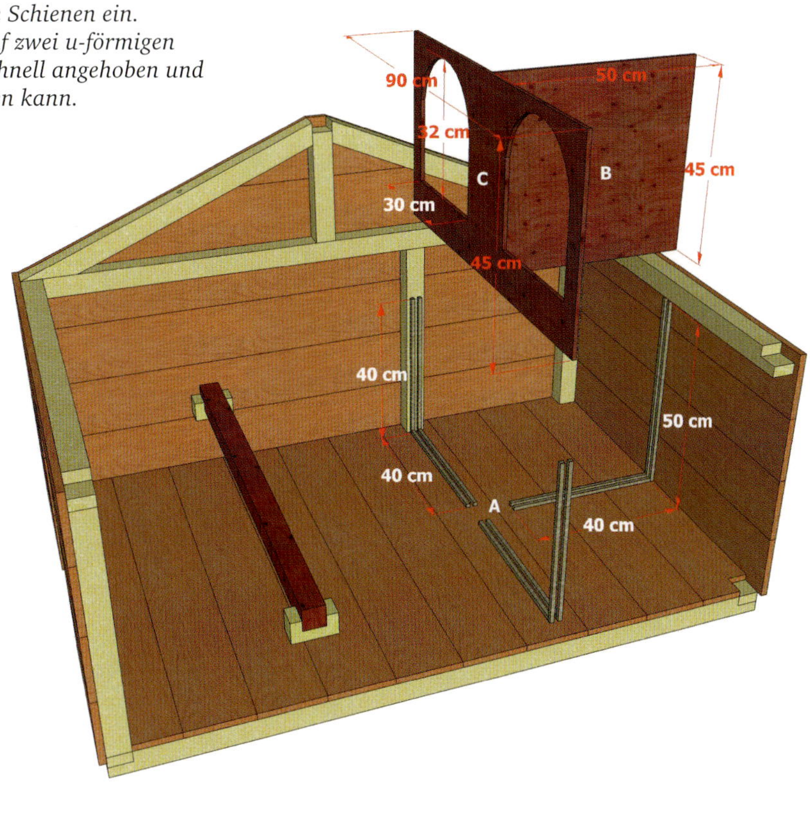

❻ Dach auflegen

Abb. 1. *Bedecken Sie die beiden Spanholzplatten mit Dachpappe. Idealerweise wird die Dachpappe eingeschlagen und auf der Platteninnenseite mit Leim, kleinen Nägeln oder Klammern befestigt.*

Abb. 2. *Platzieren Sie die Platten, ohne sie zu befestigen, an der vorgesehenen Stelle.*

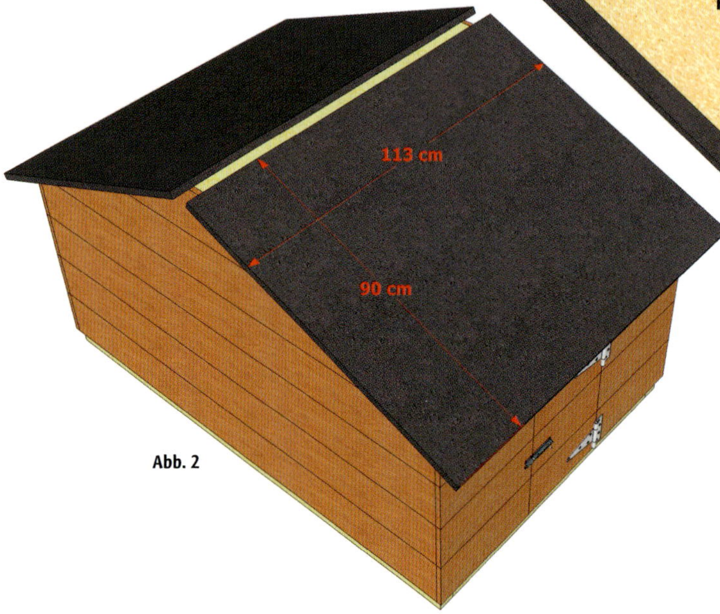

Abb. 2

Abb. 3. *Um die beiden Dachplatten miteinander zu verbinden, schneiden Sie eine Leiste* **A** *zu und verschrauben Sie sie mit Teil* **B**. *Damit die Spanholzplatten nicht brüchig werden, bohren Sie Löcher für die Scharniere vor und befestigen diese mit Bolzenschrauben.*

Abb. 3

Abb. 4. *Anstelle eines Dachfirstes verwenden Sie einen Gummistreifen (der aus einem Schlauch herausgeschnitten wurde) und befestigen ihn mit kleinen Nägeln. So können die beiden Dachhälften geöffnet werden und es kann kein Wasser eindringen.*

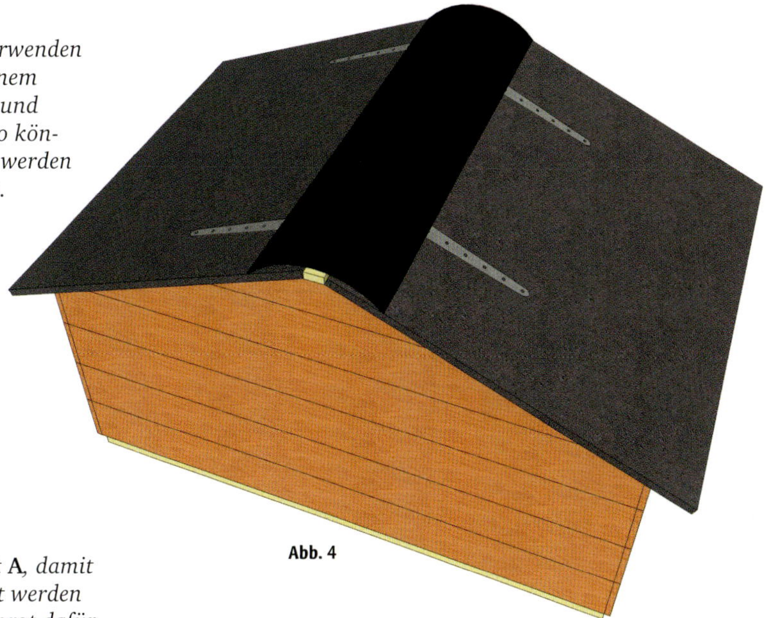

Abb. 4

❼ Sicherung

Durchbohren Sie die Leiste an Punkt **A**, *damit dort ein Metallstab hindurch geführt werden kann, der oben abgewinkelt ist. Er sorgt dafür, dass die Dachhälfte offen bleibt und nicht plötzlich zuklappt.*

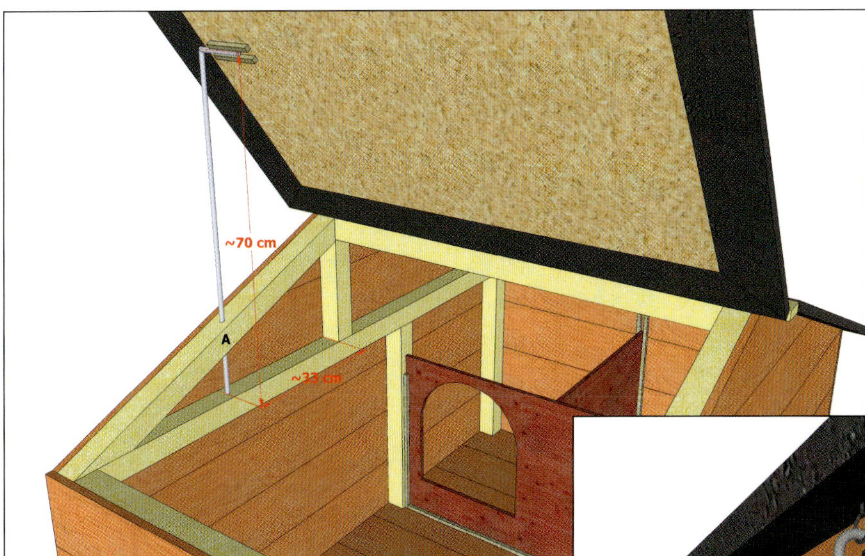

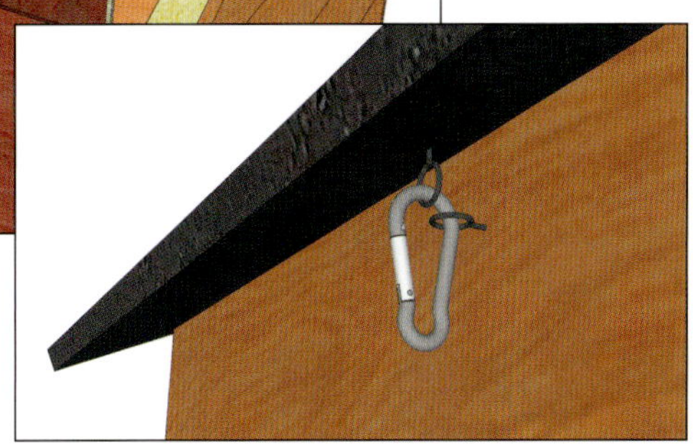

Sind die Dachhälften geschlossen, werden sie durch je einen Karabiner, der durch zwei stabile Ringschrauben gezogen wird, unten gehalten.

Varianten

- In jeden Giebel können Sie zur besseren Durchlüftung ein vergittertes Loch von etwa 5 cm Durchmesser anbringen.
- Je nach Fundamenthöhe, ob Hohlblocksteine, Pfosten, Platte…, kann eine Rampe den Hühnern den Zugang erleichtern.
- Bei kleinen Hühnern können Sie ein drittes Legenest hinzufügen, indem Sie die beweglichen Wände einfach verschieben.

Legenester

Allgemein rechnet man ein Legenest für vier Legehennen – was völlig ausreichend ist. Für große und mittlere Rassen sollte es 40 × 30 cm groß sein und eine Höhe von 30 cm haben. Für sehr kleine Hühner genügt die Größe eines Schuhkartons. Es spielt keine Rolle, ob das Legenest beweglich oder fest installiert, offen oder geschlossen, auf dem Boden oder hoch oben platziert ist. Aber es muss sich unbedingt an einem ruhigen, dunklen Ort befinden, damit die Henne ungestört ihrem Brutgeschäft nachgehen kann.

A *Ein Legenest braucht nicht immer geschlossen sein, eine einfache Kiste genügt auch.*

B *Zwei übereinander gestapelte und befestigte Kisten schaffen mehr Intimität.*

C *Auch ein vorne offener Plastikbehälter leistet gute Dienste.*

D *Mehrere Legeboxen auf einmal schafft man ganz leicht mit einer Holzverschalung.*

E *Um die Eier, ohne sich zu bücken, einsammeln zu können, sind hoch platzierte Legenester ideal – vorausgesetzt, die Hühner haben eine Leiter. Bei Brut ist diese Anordnung trotzdem nicht die beste Lösung, weil frisch geschlüpfte Küken leicht abstürzen können.*

Am Abend ist die Sitzstange schon bald besetzt. Es kommt sogar vor, dass manchen Hühnern dieser Instinkt verloren ging und sie ihn durch den Kontakt zu Artgenossen wiederfanden.

Sitzstangen

Aus ihrem Überlebensinstinkt heraus lassen sich Hühner in erhöhter Position nieder. Trotzdem bleiben sie Landvögel. Ihre Füße und Muskeln eignen sich nicht dafür, einen Ast zu umschließen, wie es zum Beispiel ein Spatz tun würde. Daher empfiehlt sich für sie eine rechteckige, an den Kanten abgerundete Sitzstangen. Ihre Stärke hängt davon ab, wie lang sie ist und wie viel Gewicht sie tragen soll. Die Hühnerfüße sollen flach auf der Stange aufliegen, und daraus errechnet sich die Breite der Stange. Eine zu breite ist immer besser als eine zu schmale. Passt sie also für Ihr größtes Huhn, dann auch für Ihr kleinstes. Ebenso können Sie eine natürliche Sitzstange verwenden, etwa einen Ast, sofern er breit genug ist oder abgehobelt wurde, damit er eine glatte Oberfläche hat.

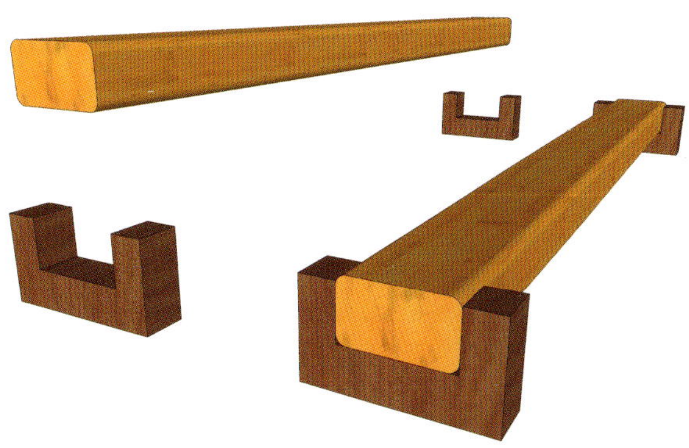

Am einfachsten ist es, die Sitzstange auf u-förmigen Auflagen zu platzieren, die mit den Wänden verschraubt werden.

Die richtige Einstreu

Bei der Einstreu habe ich wie jeder Anfänger, einen Erfahrungsprozess hinter mir.

- **Weizenstroh oder Heu.** Beides war zu Beginn meine erste Wahl. Doch ich habe schnell bemerkt, dass die Reinigung sehr mühsam war, weil beide keine absorbierenden Eigenschaften haben.
- **Lein- oder Hanfstroh.** Diese wurden mir von Züchterkollegen empfohlen und haben sich als sehr effizient herausgestellt. Bei jedem Ausmisten – mindestens ein Mal pro Woche, kann man gezielt den mit der Einstreu verklumpten und getrockneten Kot einsammeln. Die geringe Strohmenge, die dabei verloren geht, lässt sich leicht ersetzen.
- **Sand.** Nach einigen Jahren des Ausprobierens habe ich mich dann für Sand entschieden. Er ist kostengünstig und effizient, saugt die Hinterlassenschaften perfekt auf und verhindert, dass sich Milben einnisten. Sie können sich nur schwer im Sand ansiedeln und die darin enthaltene Kieselsäure beschädigt ihre empfindliche Haut. Sehr schwer zu bekommen, aber noch besser eignet sich Meersand, weil er reich an Muschelkalk und kleinen Kieseln (als Magensteinchen für die Hühner) ist. Zwei Säcke Sand reichen für ein ganzes Jahr.

Aufgepasst!

Verwechseln Sie bitte nicht die Einstreu im Hühnerstall, die vor allem dazu dient, den Kot zu absorbieren und auszutrocknen, mit derjenigen für die Legenester. Diese ist dafür da, dass sich die Henne im Nest wohlfühlt. Für Legenester eignen sich Weizenstroh oder Heu, genauso gut können Sie aber staubfreie Holzchips oder Farnblätter, frisch oder getrocknet, verwenden.

Lein- oder Hanfstroh erhalten Sie in Form von kleinen Fasersplittern.

Und die Kostenseite?

Gekaufte Hühnerställe

Im Handel gibt es viele Hühnerstallmodelle, die Sie selber zusammenbauen können. Preislich liegen sie zwischen € 100 für einen kleinen Stall für zwei Hühner und € 600 und mehr für die größeren Modelle für zehn bis zwölf Hühner. In Spezialgeschäften haben Sie immer mehrere zur Auswahl, und Sie können in Ruhe den Stall auswählen, der Ihren Anforderungen an Größe und andere Merkmale am ehesten entspricht.

Umgebaute Hühnerställe

Die günstigste und am schnellsten umsetzbare Lösung ist der Umbau eines bereits bestehenden Gebäudes. Im Handel erhalten Sie kleine Gartenhäuschen aus Holz von 2 bis 3 m² Fläche bereits für unter € 300. Aber aufgepasst: Diese Häuschen haben oft keinen Boden, sodass Sie die Kosten dafür noch zum Preis addieren müssen. Hütten aus Metall eignen sich nicht als Hühnerstall, weil sie weder ausreichend gegen Kälte noch Hitze isoliert sind. Am wenigsten kostet der Umbau eines Häuschens, das sich bereits auf Ihrem Grundstück befindet. Sobald Sie es hergerichtet haben, müssen Sie nur noch Legenester und Sitzstan-

Eine Kiste als Legenest, die mit Farnblättern – im Sommer frische, im Winter getrocknete – ausgelegt ist, wird von den Hühnern das ganze Jahr gern angenommen.

gen einbauen. Am einfachsten geht das mit recycelten Gegenständen oder Materialien.

Hühnerställe Marke Eigenbau

Bauen Sie Ihren Stall selbst, reduzieren sich die Kosten um rund 40 %, verglichen mit einem fertig gekauften. Wenn Sie die nötigen Baumaterialien bereits haben, kann es sogar noch günstiger werden. Wie auch immer: Ich habe schon Hühnerställe gesehen, die aus alten Möbeln, etwa einem Schrank, einer Kommode oder selbst aus Fahrzeuganhängern (mobiler Stall!) konstruiert wurden.

Legenester

Auch hier gibt es viele Modelle: mit Sitzstangen, mit Eierwärmesystem, zum Aufstellen oder an die Wand hängen. Sie liegen zwischen 40 bis 60 €. Ich finde aber, dass keines dieser Modelle es mit dem guten, alten Recycling-Nest aufnehmen kann. Ein solches lässt sich mit etwas Fantasie aus verschiedenen Gegenständen herstellen: etwa einem Briefkasten, den Schubladen eines alten Möbels, einem Weidenkorb und viel, viel mehr ... Natürlich müssen diese Gegenstände für Ihr Geflügel sicher und komfortabel sein und sie sollten Parasiten keine Möglichkeiten bieten, sich einzunisten.

Einstreu

Um größere Mengen an Lein- oder Hanfstroh zu bekommen, gehen Sie am besten in ein großes Gartencenter, in die Abteilung „Gartenbedarf“ (Stroh zur Beetabdeckung) oder „Heimtiere“ (Boxeneinstreu für Pferde). Ein Preisvergleich ist hier schwierig, weil unterschiedliche Verkaufseinheiten verfügbar sind (kg, Liter, m^3): Die Preise schwanken zwischen 12 € und über 30 € für 20 kg Einstreu). Der Preis für einen Sack Bausand (35 kg) beträgt hingegen rund 3 €.

Tipp

Produktkataloge zur Geflügelhaltung sind zahlreich im Internet zu finden. Sie können ganz leicht vergleichen und Ihr Bauprojekt bis ins kleinste Detail durchkalkulieren:

- Preise für Baumaterialien erfahren Sie auf den Webseiten für Heimwerkerbedarf oder Baustoffhandel.
- Bausätze für Hühnerställe, Zubehör (Legenest, Futterstelle, Trinkbehälter) sowie Futtermittel (Getreide, Pellets, verschiedene Futterergänzungsmittel) erhalten Sie auf den Webseiten der Fachhändler für Geflügelbedarf.
- Die Tiere selbst erhalten Sie beim Züchter im Kleintierzuchtverein oder über Züchter-Webseiten.

Hühner kaufen

Sie wissen nun, wie viele Tiere Sie unterbringen können, wie viel Sie ausgeben wollen und warum Sie Hühner halten möchten:
– Fleisch und Eier gewinnen
– nur Eier gewinnen, weil Sie Ihre Hühner nicht schlachten und essen wollen oder können
– Ihren Garten durch Geflügel beleben
– sich täglich mit Ziergeflügel beschäftigen
– Ihre Speiseabfälle zum Teil wiederverwerten ...
Wie auch immer Sie sich Ihre kleine Familienzucht vorstellen, Sie werden die passenden Hühner dafür finden.

Vorbereitungen vor dem Kauf

Oft ist die Vorfreude so groß, dass sich der Verstand ausschaltet und man die Tiere ganz spontan erwirbt! Einfacher wird es aber, wenn Sie vor Ankunft der Hühner einiges parat haben:
- einen praktischen Hühnerstall
- ein ausreichend großes Außengehege, notfalls auch gesichert
- unverzichtbares Zubehör wie Futterstelle, Tränke, verschiedene Einrichtungsobjekte
- einen Futtervorrat (Körner und/oder Pellets)
- einen Vorrat an Einstreu.

Sollten Sie schon Hühner haben und Ihren Bestand vergrößern oder ändern wollen, dann denken Sie auch an einen Quarantänebereich.

Wie teuer sind Hühner?

Der Preis hängt ab von Alter, Rasse, bisweilen auch von Geschlecht und Größe.
Alter. Je jünger ein Tier ist, desto preisgünstiger ist es, vor allem die herkömmlichen Hühner, nicht unbedingt aber die Rassehühner. Man kann sich zwischen folgenden Optionen entscheiden (nach aufsteigendem Preis):
- befruchtete Eier, die Sie in einen Brutapparat oder unter eine Henne legen müssen
- Eintagsküken, die Sie unter eine Lampe oder Henne setzen müssen
- Jungtiere, die noch Ihrer Zuwendung bedürfen
- selbstständige, ausgewachsene Tiere.

Rasse. Der Preis richtet sich nach Seltenheit: exotische Rassen, die schwer zu bekommen sind; Rassen, die gerade wieder eingeführt werden; neue Rassen; Zucht eines neuen Farbschlags; schwer zu züchtende Rassen ...
Geschlecht. Hähne sind oft günstiger als die viel gefragteren Hennen.
Größe. Kleine Hühner sind weniger teuer als große. Dies gilt vor allem für herkömmliche Hühner, nicht unbedingt für Rassehühner.

Kauf von befruchteten Eiern

Bei befruchteten Eiern können Sie das Geschlecht nicht vorherbestimmen und das birgt Überraschungen! Zwar sind nach dem Schlupf durchschnittlich 50 % der Küken männlich und 50 % weiblich, doch kommt es nicht selten vor, dass von sechs geschlüpften Küken vier Hähne und nur zwei Hennen sind – nicht gerade das erhoffte Ergebnis! Außerdem sollten Sie wissen, dass durch Verpackung, Transport und Auspacken die Eier oft als Omelett ankommen – vor allem, wenn sie eine lange Reise hinter sich haben.

Meine vier ersten Hühner, die ich 2007 auf dem Markt erstand, sind Industrie-Hybriden. Eine ganz klassische Auswahl: von jeder Farbe ein Huhn.

Aufgepasst!

Hühner werden heute auch auf dem Postweg verschickt. Oft sind hierbei die Versandkosten nicht unerheblich, vor allem bei weiten Strecken oder einer kleinen Anzahl von Tieren. So wird der Preis schnell unverhältnismäßig für einen Hobbyhalter. Wenn Sie sich Tiere schicken lassen, dann lassen Sie sich vorher einen Kostenvoranschlag machen.

Wo kaufe ich Hühner?

Auf Kleintiermärkten, bei Kleintierzüchtervereinen und Geflügelausstellungen: Die Liste ist lang! Hinzu kommen noch Tauschbörsen von Züchtern und Kleinanzeigen von Privatpersonen, oft auch im Internet. Hühner zu erwerben ist also kein Problem, wenn man weiß, wo man was bekommt.

Geflügelmärkte

Bauern- und Geflügelmärkte finden von Frühjahrsanfang bis Herbstende statt. Hier werden meist Industriehybriden, aber auch Masthähnchen angeboten, seltener jedoch Rassehühner. Dafür müssen Sie sich an einen Rassehühnerzüchter wenden.

Kleintierzüchterverein

Hier finden Sie eine reiche Auswahl an einheimischen und exotischen Geflügelrassen. Beim Besuch einer Zuchtanlage haben Sie die Chance, die Zuchttiere zu begutachten und mit dem Züchter zu sprechen. Dies wird Ihnen helfen, eine genaue Vorstellung davon zu bekommen, welche Hühner sich für Sie eignen.

Durchschnittspreise

	Rassehühner	Zwerghühner	Hybriden	Allgemeine Informationen
Bruteier	1 bis 3 €	1 bis 3 €	Nicht erhältlich	Keine Garantie für Befruchtung des Bruteis
Eintagsküken	ca. 4 €	ca. 4 €	Nicht erhältlich	Unter Umständen keine Geschlechtsbestimmung
Jungtiere (mind. 8 Wochen alt)	ca. 6 €	ca. 6 €	Nicht erhältlich	Hier kann man von Züchtern Tiere mit kleinen rassischen Fehlern erhalten, die für den Hobbyhalter ohne Bedeutung sind. Geschlecht eindeutig zu erkennen.
Legereif	ca. 10 €	ca. 10 €	8 bis 14 €	

Praktisch überall finden Geflügelausstellungen statt. Es ist unmöglich, alle zu besuchen, aber wenn eine in Ihrer Nähe stattfindet, wäre es schade, sie zu verpassen. Es ist eine einmalige Gelegenheit, die unterschiedlichsten Züchter zu treffen und Dutzende von Hühner- und Geflügelrassen zu bewundern.

Außer im Winter findet man auf vielen Märkten einen Geflügelhändler. Sprechen Sie ihn einfach an und fragen Sie nach seiner Adresse. Zuchtanlagen befinden sich aus hygienischen Gründen oft etwas außerhalb. Sie werden dort vielleicht auch anderes Geflügel wie Truthühner, Enten, Perlhühner und Gänse finden...

Landwirtschaftsmessen und Geflügelausstellungen

Auf erstgenannten werden sämtliche Bauernhoftiere angeboten, die zweiten sind spezialisierter. Aber auf beiden haben Sie Gelegenheit, mit Züchtern zu sprechen. Beschaffen Sie sich am besten einen Katalog, in dem die Aussteller mit Namen, Anschrift und Zuchtbereich verzeichnet sind: Informationen, die sich für Sie als wertvoll erweisen könnten. Termine und Veranstaltungsort von Ausstellungen erfahren Sie beim Fremdenverkehrsamt.

Was ist mit Kleinanzeigen?

Hier wird sowohl viel Gutes als auch viel Schlechtes zum Verkauf angeboten! Ich würde Ihnen dringend dazu raten, sich vor dem Kauf Informationen über den Züchter einzuholen.

Kann ich auf Betrügereien hereinfallen?

Seien Sie beruhigt, es gibt nicht sehr viele! Im Folgenden einige Klassiker, denen Sie eventuell zum Opfer fallen könnten:

Überhöhte Preise

Rasse- oder Hybridhühner, große oder kleine Tiere, Leistung und verschiedene Zuchtformen ... Der Wert eines Tieres hängt von mehreren Kriterien ab, wo auch die Farbe bei verschiedenen Tieren einer Rasse eine Rolle spielen kann. Am einfachsten ist es, sich zu informieren. Viele Züchter geben Preise auf ihrer Internetseite oder auf Anfrage an, und so können Sie vergleichen, nachdem Sie sich mit mehreren in Verbindung gesetzt haben.

Herkömmliche Hühner zum Preis von Rassehühnern

Für das ungeschulte Auge ist es schwierig, Hühnerrassen voneinander zu unterscheiden. Man hat mir von Leuten berichtet, die über-

zeugt waren, reinrassige Marans oder Amrocks gekauft zu haben, um dann herauszufinden, dass es einfache Hybriden waren. Sie hatten natürlich nicht die erwünschten Qualitäten und waren zu einem viel zu hohen Preis verkauft worden!
Wenn Sie sich auf eine oder mehrere Rassen festgelegt haben, dann lesen Sie sich deren offiziellen Rassestandard durch (im Internet). Eine Verwechslung lässt sich meist durch einige charakteristische anatomische Details ausschließen.

Gesunde Hühner

Es ist meist schwierig, sich unter all den beinahe gleich aussehenden Tieren ein Huhn auszusuchen. Wenn Sie den Verkäufer gut kennen, dann vertrauen Sie ihm und fragen ihn um Rat. Wenn nicht, dann ist es wie ein Sprung ins kalte Wasser! Hier einige Kriterien, die Sie selbst bei den Tieren leicht beobachten können:

- Auge und Schnabel dürfen keine Flüssigkeit absondern.
- Die Atmung muss im Ruhezustand geräuschlos sein.
- Kamm und Kehllappen erscheinen oft blass und unterentwickelt: kein Grund zur Beunruhigung! Dies kommt oft bei Jungtieren vor, die in spärlich beleuchteten Gebäuden großgezogen wurden; sie dürfen jedoch weder Verkrustungen noch abgestorbene oder blaurot verfärbte Stellen aufweisen.
- Hinterteil und gesamtes Gefieder müssen sauber sein.
- Das Tier darf keine sichtbaren Parasiten aufweisen.
- Im Vergleich mit den anderen Tieren soll das Huhn eine normale Aktivität zeigen und sich nicht in eine Ecke zurückziehen.

Ich persönlich nehme mir immer viel Zeit beim Hühnerkauf. So kann ich mir die Tiere genau anschauen und ihr Verhalten beobachten. Meist ziehe ich meine Hand am Gitter entlang und beobachte dann, welches Huhn vor meiner Annäherung Angst zeigt und welches an den Zaun herankommt, um nach meiner Hand zu picken: Ich entscheide mich dann immer für das Zutraulichere!

Dem Verkäufer die richtigen Fragen stellen

Hier einige Punkte, die Sie noch klären sollten, zum Beispiel Rasse, Charakter, Brüten, Eiablage, Brutpflege, Flugfähigkeit und Ähnliches, außerdem verschiedene Informationen, an die Sie vielleicht beim Kauf nicht unbedingt denken:

- Welche Impfungen hat das Tier erhalten?
- Wurde es gegen Kokzidien behandelt?
- Ist eine Nahrungsumstellung (Pellets/Körner) notwendig?
- Gibt es besondere Merkmale, die man über das Tier oder sein Alter wissen sollte?
- Welche Vorsichtsmaßnahmen müssen getroffen werden, um das neue Tier in die bestehende Gruppe zu integrieren?
- Muss es entwurmt werden, und wenn ja, wann?

Bei Bedarf stellen Sie als Gedächtnisstütze eine kleine Fragenliste zusammen.

Sonderfall: schlechte Federqualität bei Hühnern

Hühner haben eine strenge Hierarchie, sodass sie sich gegenseitig schon einmal picken. Das ist völlig normal. Unter schlechten Haltungsbedingungen kann es aber soweit kommen, dass durch ständiges Picken Kahlstellen entstehen und es sogar zu Kannibalismus unter den Hühnern kommt. Haben diese Untugenden erst einmal um sich gegriffen, bekommt man sie eigentlich nicht mehr in den Griff. Da helfen auch spezielle Sprays, weniger Licht und etwas Salz im Trinkwasser nicht mehr. Hier kann man nur die Haltungsbedingungen ändern – mit neuen Hühnern. Aber aufpassen: Das Federpicken hat nichts mit den Kahlstellen zu tun, die auf dem Rücken der Hennen beim Treten des Hahns entstehen. Das ist typisch und zeugt von einem intakten Familienleben Ihrer Hühner.

Beringung

Beim Kauf sind Ihre Hühner wahrscheinlich beringt. Es gibt zwei Arten von Ringen:

- der **abnehmbare Ring**, der dem Züchter hilft, die Tiere wiederzuerkennen
- der **offizielle Ring**, der auf Ausstellungen Pflicht ist.

Der kleine, geschlossene Zylinder aus Hartplastik wird dem Tier im Alter von etwa zwei Monaten über einen Fuß gezogen, wo er das ganze Leben lang bleibt.

Bei jeder Rasse gibt es für männliche beziehungsweise weibliche Tiere einen präzisen Durchmesser und für jedes Jahr eine bestimmte Farbe.

Der offizielle Ring liefert einige Informationen:

- EE steht für „Europäischer Verband“
- Ein Buchstabe für jedes Land (D für Deutschland)
- Ringdurchmesser
- Jahr
- Identifikationscode für jedes Tier.

Der Ring muss im unteren Teil des Fußes verschiebbar sein. Bei Hähnen aber ist darauf zu achten, dass mit wachsendem Sporn der Ring nach Möglichkeit oberhalb zum Sitzen kommt.

Bei einem Vorfall, der zum Anschwellen des beringten Fußes wie hier im Bild führt, müssen Sie das Tier im Auge behalten.

Offizielle Ringfarbe für jedes Jahr

Die Farben wiederholen sich alle sechs Jahre. Die offiziellen Ringe können Sie über die Webseite des BDRG bestellen.

Das Umfeld mit einbeziehen

Wenn Ihre Kinder den Bau eines Hühnerstalls mit Neugier und Vorfreude begleiten, so muss das nicht unbedingt für die ganze Nachbarschaft gelten! Es ist daher empfehlenswert, wenn Sie, bevor Sie sich ans Werk machen, alle Familienmitglieder und auch Ihre Nachbarn von Ihrem Vorhaben in Kenntnis setzen.

Das Gemüsebeet im Nachbargarten: ein verlockender Platz für freilaufende Hühner!

Mit Claude, meinem Nachbarn, habe ich mich auf einen guten Kompromiss geeinigt, damit er keinen Schaden von meinem Hobby hat.

Die Sache mit den Nachbarn

Je größer Ihr Hühnervolk, desto schwieriger wird es, dem Hobby zu frönen, ohne jegliche Beschwerden von Seiten der Nachbarn. Die Argumente sind immer die gleichen: Hühner machen Lärm, ziehen Fliegen und Ratten an und stinken! Um Konflikte zu vermeiden, selbst wenn Sie im Recht sind, ist es daher ratsam, die Lage bereits im Vorfeld etwas zu sondieren. Informieren Sie Ihre Nachbarn darüber, was sie in Bezug auf Lärm, Gerüche und Fliegen erwarten könnte: Sie haben schließlich nicht vor, eine industrielle Zuchtanlage aufzubauen! Trotz allem ist mitunter ein kleines Opfer angesagt, das heißt, sich – zumindest für den Anfang – mit einem Minimum von zwei Hühnern zu begnügen. Und keinem Hahn!

Gut zuhören und reagieren

Bald nachdem ich meinen Hühnerstall hatte, gab uns ein Nachbar zu verstehen, dass in seinem Gemüsegarten Schäden zu erkennen seien. Den Übeltäter zu überführen, dauerte

nicht lange: Eines meiner Hühner hatte täglich das Gehege verlassen, um sich an Nachbars Setzlingen, Erdbeeren und Salatblättern gütlich zu tun. Damit sie nicht mehr über den Zaun fliegen konnte, musste ich bei der Ausreißerin einen Flügel stutzen!
Mit dem Nachbarn kommen wir seither gut aus:

- Ich schenke ihm regelmäßig frische Eier und er gibt mir dafür Früchte und Gemüse.
- Ich recycle Hühnermist und -federn für die Anreicherung seines Komposthaufens.
- Ich nehme ihm die bei der Schafschur anfallenden Wollreste ab, um damit die Hühnernester auszupolstern, außerdem sein angefaultes Obst und Gemüse, das für Hühner noch gut genug ist.
- Seine Enkelkinder kommen oft ans Gehege heran, um die Hühner zu necken und zu beobachten.

Und die übrige Familie?

Ehrlich gesagt war meine Lebensgefährtin anfangs nicht gerade begeistert, dass schon bald Hühner in unserem Garten herumlaufen würden. Nach und nach hat sie sich aber an ihre Anwesenheit gewöhnt und sieht sie mittlerweile mit anderen Augen. Heute, sechs Jahre nach seiner Fertigstellung, beherbergt unser Hühnerhaus Dutzende Rassehühner. Und sie, die zu Beginn nichts davon wissen wollte, kümmert sich um die Hühner, wenn ich ein paar Tage abwesend bin. Sie beteiligt sich gern an Pflegemaßnahmen – es ist immer besser, wenn man zu zweit ist – und nimmt sich Zeit, unser kleines Hühnervolk zu beobachten ... Mit der Zeit kam das alles ganz von selbst.

Hahn oder kein Hahn?

Oft entpuppen sich Hähne als Streitobjekt, weil sie schon vor Sonnenaufgang anfangen zu krähen. Als ich zwei Monate nach Ankunft meiner ersten Hühner einen jungen Hahn dazu setzte, war die erste Nacht für uns sehr kurz. Er krähte um vier Uhr morgens! Doch überraschenderweise gewöhnten wir uns bereits im Lauf der ersten Woche daran. Seither hat der Hahnenschrei uns und unsere Nachbarn nie mehr um unseren Schlaf gebracht. Er wurde Teil der Alltagsgeräusche und keiner nimmt mehr Notiz davon, genauso wie man vorbeifahrende Autos oder Flugzeuglärm nicht mehr hört. Sie könnten sich also durchaus für einen Hahn entscheiden, auch wenn er für die Eiergewinnung nicht unbedingt gebraucht wird, dafür aber um die Hennen zu begatten und ihre Rangordnung in der Gruppe aufrechtzuerhalten.

Gut zu wissen

Das Kikeriki ist nicht das einzige Problem, das ein Hahn durch seine Anwesenheit mit sich bringen kann. Es gibt sehr besitzergreifende Hähne, die niemand an ihre Hennen heranlassen und geradezu kämpferische Individuen, die auf alles losgehen, was sich bewegt!
Beim Kauf ist solches Verhalten nicht immer ersichtlich und in der Folge nur schwer zu beheben. Sich von dem Tier zu trennen, auf die eine oder andere Weise, ohne sich von dieser Unannehmlichkeit aus dem Konzept bringen zu lassen, ist die einfachste Lösung.
In den allermeisten Fällen sind Hähne gutmütige Dickerchen, vor denen man nichts zu befürchten hat.

Endlich sind sie da ...

Der lang ersehnte Moment ist gekommen: Ihre Hühner sind bei Ihnen! Ob es sich um Ihre ersten handelt oder sie Ihre bestehende Gruppe vervollständigen sollen: Eine erfolgreiche Integration hängt größtenteils von Ihrer Vorgehensweise ab. Zum Glück gibt es einfache Methoden, mit denen man gute Erfolge erzielt.

Die Hühner willkommen heißen

Auch wenn es vielleicht nicht so aussieht: Die frisch angekommenen Hühner haben großen Stress hinter sich. Sie wurden eingefangen, transportiert und schließlich an einem für sie unbekannten Ort wieder ausgeladen.

- **Bei ihrer Ankunft** benötigen die Tiere Ruhe zur Eingewöhnung. Setzen Sie sie in den Hühnerstall, mit Wasser und Futter, ohne sie erst mal ins Gehege zu lassen. Je geräumiger der Stall ist, desto besser! Im Allgemeinen lässt man die Tiere für zwei bis drei Tage eingesperrt, mitunter reichen aber auch 24 Stunden. Wichtig ist, dass die neuen Hühner mindestens eine Nacht im neuen Stall verbringen, damit sie sich daran gewöhnen, ihn wiedererkennen und am Abend selbstständig aufsuchen.
- **Während der ersten Stunden** können Sie den Hühnern ruhig ab und zu einen Besuch abstatten, wobei Sie sich mit lauter Stimme ankündigen sollten. Vermeiden Sie aber schnelle Bewegungen, um die Tiere nicht zu erschrecken. Nehmen Sie sich Zeit, setzen Sie sich in eine Ecke und beobachten Sie sie: So gewöhnen Sie die Hühner an Ihre Anwesenheit und Stimme.
- **Nach Ablauf dieser Zeit** lassen Sie die Hühner aus dem Stall. Machen Sie dies am Morgen. Dieser erste „Ausflug“ ist ein interessanter Moment, vorausgesetzt Sie bringen etwas Geduld mit. Es kann etwas dauern, bis sich die Hühner ins Freie wagen – zwischen einigen Minuten und mehreren Stunden. Nachdem sie die Hemmschwelle überwunden haben, wird zuerst eine Henne den Stall verlassen, danach alle anderen. Dies gibt Ihnen Aufschluss über den Charakter Ihrer neuen Untermieter! Anfangs werden sich die Tiere nicht weit vom Stall entfernen und bereits beim kleinsten Alarm dorthin zurückkehren. Im Lauf des Tages werden sie dann ihren Aktionsradius immer weiter ausdehnen und ihrer Beschäftigung nachgehen, also nach Nahrung suchen, Staubbäder nehmen, Gefieder pflegen ... Achten Sie darauf, dass sie den Weg zu Futter und Wasser finden.
- **Am Abend** müssen die Hühner in den Stall, bevor es ganz dunkel wird. Ihr Sehvermögen erlaubt es ihnen nicht, sich bei Dunkelheit noch richtig fortzubewegen. In diesem Moment sollten Sie die Hühner durchzählen, damit auch wirklich alle im Stall sind, denn sonst könnten Sie einige Überraschungen erleben. Ein Huhn kann beispielsweise:

Gut zu wissen

- Wenn Sie einen Hühnerstall mit Außengehege besitzen, ist die Sache einfacher, denn die neuen Hühner können nicht entkommen. Sperren Sie sie dennoch die ersten 24 Stunden in den Stall ein (nicht in das Außengehege lassen). Es ist wichtig, dass die Tiere begreifen, wo sie die Nacht verbringen sollen.
- Die Integration wird erleichtert, wenn alle Hühner gleichzeitig ankommen, und nicht einzeln im Abstand von einigen Tagen. Ist dies nicht möglich, dann lassen Sie alle Tiere eingesperrt, um sie dann gleichzeitig nach draußen zu lassen.
- Planen Sie für die Integration genügend Zeit ein: Ferien, Wochenende, freier Tag...

- beim Betreten des Stalls zögern. Dann sollten Sie es leicht anschubsen.
- sich dafür entscheiden, die Nacht lieber in einem Baum oder unter einem Busch zu verbringen.
- sich verlaufen und in der Dunkelheit umherirren, weil es zum Stall zurückfinden möchte und dabei den Lauten seiner Artgenossen folgt.

Solchen schlechten Angewohnheiten sollten Sie sofort entgegenwirken. Bleibt ein Huhn unauffindbar, können Sie nur eins machen: ihm am nächsten Abend auflauern, wenn es versucht, seine Heldentat vom Vorabend zu wiederholen und Sie dabei zu seinem Versteck führt. Setzen Sie es dann in den Stall.

Hühner in eine bestehende Gruppe integrieren

In diesem Fall gestaltet sich die Integration etwas heikler, weil neue Tiere in eine Gruppe eingeführt werden sollen, die ihre Hierarchie aufgebaut hat und bereit ist, ihr Revier zu verteidigen.

- **In der Anfangszeit** ist eine Quarantäne unumgänglich, damit keine weiteren Probleme entstehen (siehe Kastentext).
- **Nach Ablauf dieser Zeit** müssen sich die Neuankömmlinge weitere ein bis zwei Tage gedulden, bevor sie in die Freiheit dürfen. Nachts schlafen sie im Stall mit den anderen Hühnern, aber in einen Käfig eingesperrt. Das Gleiche passiert am Tag. So haben sie zwar Kontakt zu ihren Artgenossen, fühlen sich dabei aber sicher. Bei dieser Integrationsmethode muss man die Hühner während der schwierigen Anfangsphase nicht ständig im Auge behalten: Sie gewöhnen sich so schnell aneinander, ohne sich zu attackieren oder auf den Neuen herumzupicken. Oft haben Hähne kein Problem damit, neue Hühner in ihre Gruppe aufzunehmen, nicht so die alteingesessenen Hennen, die mitunter einige Tage lang die Neuen drangsalieren.
- **Am Abend des zweiten Tages**, wenn die alten Hühner den Stall aufsuchen, lassen Sie die Neuankömmlinge aus ihrem Käfig heraus und schließen den Stall für die Nacht. In der Dämmerung werden keine Streitigkeiten auftreten. Es gibt Geflügelzüchter, die ihre Tiere in diesem Moment mit Wasser besprühen, dem Essig oder Lavendel beigemischt wurde, damit alle Tiere den gleichen Geruch an sich haben. Eine althergebrachte Methode, deren Wirksamkeit ich nicht bestätigen kann.
- **Am darauffolgenden Morgen** sollten Sie möglichst einige Stunden lang anwesend sein, nachdem Sie die Stalltür geöffnet haben. Sobald die Hühner im Freien sind, müssen sich die Neuen mit der ungewohnten Umgebung und den Feindseligkeiten ihrer Artgenossen auseinandersetzen. Beim ersten Aufeinandertreffen besteht die Gefahr, dass sich die Tiere mit Schnabelhieben und Krallen traktieren: Es könnte daher nötig sein, dass Sie dazwischen gehen, bevor die Situation eskaliert. Solche Auseinandersetzungen sind kaum zu vermeiden, weil sie notwendig sind, die Rang-

Quarantäne ist unverzichtbar

Während dieser Zeit sollten Sie die neuen Tiere im gleichen Stall isoliert halten, ohne Kontakt zum übrigen Geflügel. Die Quarantäne kann zwei bis drei Tage, bei Problemfällen auch mehrere Wochen dauern.
Ziel ist:
- den neuen Tieren eine Ruhephase vor ihrer Integration zu gönnen.
- sie an eine neue mikrobielle Umgebung zu gewöhnen.
- sicherzustellen, dass sie keine Krankheit entwickeln (aufgrund von Stress oder einer vorangegangenen Ansteckung).
- ihr allgemeines Verhalten kennen zu lernen.
- einen etwaigen Befall mit Außenparasiten zu behandeln (Milben).
- den Kot zu untersuchen, an dem sich der Gesundheitszustand ablesen lässt.
- eine Nahrungsumstellung vorzunehmen.

Alles eine Sache des gesunden Menschenverstands, werden Sie sagen ... und doch ignorieren viele diese Phase und haben später die Konsequenzen zu tragen. Dass meistens alles gutgeht, bedeutet noch lange nicht, vor dem Einschleppen eines ansteckenden Virus oder Parasiten oder einer extremen Reaktion der Tiere auf den Ortswechsel gefeit zu sein.

Damit sich die Tiere wohlfühlen – und falls sie dort länger als erwartet verbleiben müssen – sollte der Platz für die Quarantäne großzügig bemessen sein.

ordnung in der Gruppe neu zu strukturieren. Trotz allem sollten Sie aufpassen: Kamm und Kehllappen sind sehr empfindliche Teile, die bei Verletzung leicht zu bluten beginnen. Doch selbst das fordert die Tiere zu exzessivem Picken heraus, was es zu verhindern gilt.

- **Am gleichen Abend** sollten Sie darauf achten, dass die neuen Hühner den Stall und einen geeigneten Schlafplatz finden.
- **In den folgenden Tagen** sollten die Feindseligkeiten der alteingesessenen Hühner langsam beendet, und die Neuen, die sich wahrscheinlich ihrerseits zu einer „Untergruppe" zusammengeschlossen haben, nach und nach in der Gruppe integriert sein. Alle Mitglieder des Hühnerclans werden sich nach kaum einer Woche zusammengerauft haben.

Gut zu wissen

- Wenn Sie die Hühner paarweise oder zu dritt integrieren, können Sie vermeiden, dass ein einzelnes Tier allein den Feindseligkeiten seiner Artgenossen ausgesetzt ist.
- In einem großzügig bemessenen Gehege können die Neuen vor den „alten" Hühnern fliehen und müssen ihnen nicht gezwungenermaßen über den Weg laufen.
- Die Integrationsmethode ist immer dieselbe, egal, wie groß die Tiere sind. Hühner aller Größen können zusammen gehalten werden.
- Im Fall einer blutenden Wunde muss das Tier zuerst versorgt werden, bevor es zu den anderen zurückgesetzt wird.
- Sollte sich unter den alteingesessenen Hühner ein besonders streitsüchtiges befinden, so sollten Sie dieses während der Integrationsphase der Neuen isoliert halten.

Vorsicht: Hühner machen süchtig!

Ich habe mich für die Hühnerzucht entschieden, weil ich meine eigenen Bio-Eier und etwas Landleben direkt vor der Haustür haben wollte. Auch nostalgische Erinnerungen an den Hühnerhof meiner Großeltern spielten mit ... Früher betrachtete ich Hühner mit den Augen eines Laien und hielt sie für ziemlich dumm, weil sie ihre Tage mit Scharren und Picken zubrachten. Ich ahnte nicht, welch leidenschaftliches Interesse diese Tiere in mir wachrufen würden!

Geteilte Begeisterung

Diese Begeisterung traf ich bei vielen Hühnerliebhabern an, besonders in speziellen Internetforen, wo man sich Ratschläge holen kann, einige sprachen sogar von einem Virus! Was haben wir gemeinsam? Wir alle haben mit einem kleinen Bestand von zwei bis drei Hühnern angefangen und sind jetzt bei einem nicht unerheblichen Tierbestand gelandet, weil wir fasziniert sind von der Vielfalt der Hühner hinsichtlich Größe, Form, Farbe, Leistung und Charakter, die sie zu bieten haben.

Unvorstellbar, dass Annabelle ohne die Hilfe ihrer gefiederten Begleiterinnen im Garten arbeitet.

Wenn man überdies die Hühner in einer artgerechten Umgebung und nicht in Massentierhaltung hält, dann bietet sich uns die Gelegenheit, diese Vögel aus nächster Nähe zu betrachten und sie ohne störende Käfige bei ihren täglichen Beschäftigungen zu begleiten. Es sind wirklich zutrauliche Tiere, deren vielfältiges soziales Verhalten in der Gruppe, oder sollte man eher sagen „Clan“, sich lohnt, zu beobachten.

Vielfältige Interaktionen

Von Anfang an war es mein Wunsch, meinen Hühnern sowohl Freilauf zu gewähren als auch sie vom Haus aus zu sehen, nicht um sie zu überwachen, sondern allein wegen der Freude am Beobachten. Auf diese Weise konnte ich ihre zahlreichen Interaktionen sowohl mit Artgenossen als auch mit der Umgebung miterleben. Im Folgenden möchte ich einige Beispiele dafür nennen:

- die Geschwindigkeit, mit der sie sich an ihre Umgebung anpassen (Motorenlärm, Zusammenleben mit anderen Haustieren)
- die Art und Weise, mit der sie sich ihr Terrain zunutze machen (Bereiche für Futtersuche, Kotabsatz und Ruhepausen)
- der Aufbau einer Rangordnung, die sich im Lauf der Zeit entwickelt, je nach stattfindenden Ereignissen wie neu hinzukommende oder abgehende Tiere, Schlupf der Küken ...

- kollektive soziale Bindungen (Futtersuche, Schutz, Beteiligung an der Kükenaufzucht)
- agonistische Verhaltensweisen (Dominanz/ Unterwerfung)
- Sympathien oder Rivalitäten zwischen den einzelnen Tieren
- der Jahreszeitenrhythmus (Fortpflanzung, Brut, Schlupf, Mauser, Winterruhe)
- die unterschiedlichen Lautäußerungen, die sich keinesfalls nur auf „Kikeriki" und „gack gack" beschränken. Experten haben rund dreißig verschiedene Lautäußerungen ausgemacht: darunter für Gefahr aus der Luft, Gefahr am Boden, Geolokalisierung, Entdeckung einer Futterquelle, Henne, die ihre Küken mit Lauten dirigiert und andere.

Oft ergeben sich lustige Begegnungen zwischen Hühnern und anderen Haustieren: Hier versuchen die Katze Indy und ein Brahma-Huhn sich gegenseitig einzuschüchtern, um an einen Happen Futter zu kommen.

Ein ständiges Spektakel

Meine Hühner lassen mich an vielen lustigen oder anrührenden Momenten teilhaben:
- das Schlüpfen und die Aufzucht der Küken durch die Glucke
- die Freude, täglich wunderschöne, frische Eier einsammeln zu können
- wenn die Tiere nach Insekten springen oder ihnen hinterher rennen
- richtiggehende Spiele, wenn etwa plötzlich ein Frosch vorbeihüpft

Eine Auswahl an Rassehühnereiern in unserer Küche. Farbe, Form und Größe sind ganz unterschiedlich, der Geschmack jedoch bei allen ausgezeichnet.

- wenn die ganze Meute Hals über Kopf herbeistürzt, sobald sich das Küchenfenster öffnet, der beliebte Ort für die Futterverteilung
- die „Überwachungstruppe", die mich bei jeder Gartenarbeit begleitet, sich auf den Werkzeugen niederlässt und zu allem ihre Kommentare abgibt
- der Briefträger, der sich nicht traut, die Post auszuliefern, weil der Hahn auf dem Briefkasten sitzt und ihn angeblich böse anschaut
- wenn sich bei kaltem Wetter die Hühner in den Legenestern zusammenkuscheln, wobei die Kleinsten versuchen, unter die wärmenden Körper der größeren zu schlüpfen – was nicht immer gelingt
- die Art und Weise, wie die Hähne, die untereinander kaum aggressiv sind, ihre Hennengruppe anführen und dabei ständig versuchen, ihrem Rivalen ein Huhn auszuspannen.

Und noch vieles andere mehr, denn im Hühnervolk ereignet sich zu jeder Tageszeit irgend etwas!

Meine beiden Hähne bekämpfen sich zwar nicht, sind aber in ständigem Wettstreit um die Hennen. Beide verbringen einen Großteil des Tages damit, wie ein Hütehund ihre Hühner zusammenzuhalten, um sie vor den Zugriffen des Rivalen zu schützen.

Clevere Hühner

Normalerweise ergreift ein Huhn die Flucht vor jedem Raubtier. Eine Ausnahme gibt es aber: Wenn es darum geht, seine Küken vor Gefahr zu beschützen, wächst ein Huhn über sich selbst hinaus. Eines Tages wurde ich Zeuge eines solchen Vorfalls. Aufgeschreckt durch eine ungewöhnliche Unruhe und durchdringende Schreie, stürzte ich aus dem Haus und sah, wie sich meine Hühner vor einem bestimmten Teil des Zauns zusammendrängten und dabei aus Leibeskräften gackerten. Unter ihnen befand sich eine junge Henne, deren kaum fünf Tage alten Küken unauffindbar waren. Zwei Meter hinter dem Gehege thronte eine große, graue Katze, deren Verhalten erahnen ließ, was vorgefallen war. Nachdem ich die Katze mit einem gehörigen Wasserguss in die Flucht gejagt und vergeblich versucht hatte, die Küken wiederzufinden, gab ich auf ... Nur eine halbe Stunde später – mittlerweile war wieder Ruhe eingekehrt – sah ich, wie sich ein Huhn unter großer Anstrengung aus einem dichten Gestrüpp herausquälte, begleitet von altbekanntem Gepiepse: Die drei Küken folgten der Henne auf dem Fuß! Dieses Huhn, das nicht ihre Mutter war, hatte sich der Kleinen angenommen und sie von sich aus etwa hundert Meter vom Ort des Geschehens weggeführt. Es war aber nicht irgendein Huhn, denn von da an übernahm es quasi die Patenschaft für diese Küken und kümmerte sich um sie, wenn sich ihre Mutter der Gefiederpflege widmete. Bei diesem Szenario musste ich feststellen, dass sich der Hahn vollkommen im Hintergrund hielt, während seine Hennen die Küken beschützten, an vorderster Front und mit richtiggehender Strategie.
In einem anderen Zusammenhang beobachtete ich, wie eine Henne Wasser aus einem Trinkbehälter entnahm, der für die Küken unerreichbar war, um es dann mit dem Schnabel an die Nachkommenschaft zu verteilen.

Zur Freude des Betrachters und als Verschönerung des Gartens gibt es nichts Besseres als ein paar Rassehühner mit oft wunderschön gefärbtem Gefieder, hier Wyandotten.

2

Hühnerrassen erkennen

Die Liste an Hühnerrassen ist so lang, dass sicher jeder etwas Passendes für sich finden wird. So sind die im Folgenden beschriebenen 30 Rassen nur eine Auswahl. Die vollständigen Rassestandards können Sie im Internet oder in Büchern nachsehen. Viele der großen Hühnerrassen gibt es jetzt auch als Zwergform, auf die ich in diesem Kapitel aber nicht eingehen werde. Sie sollten jedoch beachten, dass die Zwerge nicht zwangsläufig alle Qualitäten ihrer großen Schwestern besitzen müssen!
Bald schon werden sehr wahrscheinlich neue Rassen eingeführt werden, durch das Wiederaufleben alter Rassen oder als vollständige Neuzüchtungen, und ganz sicher arbeiten die Rassezüchter bereits an neuen Farbschlägen. Wenn Sie sich für eine Rasse entscheiden, dann wählen Sie am besten eine, die für Ihre Haltungsart am besten geeignet ist.

Wenn es eine große Rasse auch als Zwergform gibt, dann beziehen sich die Informationen in den Kästen immer auf die charakteristischen Eigenschaften der großen Form. Die ebenfalls dort aufgeführten Zahlen sind Durchschnittswerte und auch als solche zu betrachten.

Araucana

Araucanas heben sich von anderen Hühnern durch ihren eigenartigen Körperbau und die grünlichen Eier ab. Es sind selbstständige, lebhafte Hühner, deren Vertrauen man sich erst verdienen muss, um sie schätzen zu lernen.

Herkunft	Chile
Durchschnittsgewicht	Hahn: 2-2,5 kg; Huhn: 1,6-2 kg
Legeleistung	+++
Eier	50 g – blassgrün bis olivfarben
Fleischqualität	+++
Brutverhalten	++
Flugeigenschaften	+
Besonderheit	schwanzlos
Gängige Farbschläge	blau, weizenfarbig, weiß, wildfarbig, gesperbert, schwarz, goldfarbig ...

Herkunft: Das Ende des 19. Jahrhunderts in Chile entdeckte Araucana stammt von zwei in Südamerika heimischen Rassen ab, von denen es einige bemerkenswerte Eigenschaften geerbt hat. In Europa wurde es gegen 1920 eingeführt.

Charakteristika: Die mittelgroßen Araucana verhalten sich am Boden sehr lebhaft. Da ihnen das Steißbein fehlt, besitzen diese Hühner keinen Schwanz. Das hindert sie zwar nicht am Fliegen, doch wird dadurch die Paarung erschwert, weil die Deckfedern die Kloake etwas verdecken. Einige Tiere besitzen Ohrbüschel, „Bommeln" genannt.

Haltung: Araucana sind gute Legehennen und passen sich an die unterschiedlichsten Klimabedingungen an. Sie eignen sich zur Mast und ihr Fleisch ist ausgezeichnet. Hähne sind mitunter etwas angriffslustig, ein Erbe ihrer Vorfahren.

Von links nach rechts: Hahn weizenfarbig, Huhn blau-weizenfarbig mit Bommeln und Huhn weizenfarbig.

Gut zu wissen

- Araucana gibt es mit Bart und Bommeln. Es werden immer Barttiere mit Bommeltieren gepaart, um einen Letalfaktor auszuschließen.
- Verwechseln Sie Araucanas nicht mit den Ameraucanas, die in den 1970er Jahren in den USA gezüchtet wurden, um die Fehler der ursprünglichen Rasse zu „korrigieren". Ameraucanas besitzen einen Schwanz und das letale Gen ist nicht vorhanden. Ihre Eier sind jedoch nach wie vor grün.
- Araucanas gibt es auch als Zwergform.
- Oft liest man, die Eier von Araucanas enthielten weniger Cholesterin als herkömmliche, was aber durch keine Studie belegt ist.

Antwerpener Bartzwerge

Herkunft	Belgien
Durchschnittsgewicht	Hahn: 700 g; Henne: 660 g
Legeleistung	++
Eier	35 g – weißlich
Fleischqualität	-
Brutverhalten	+
Flugeigenschaften	+++
Gängige Farbschläge	wachtelfarbig, schwarz-weiß-gescheckt, schwarz, weiß ...

Diese zarten Hühner haben gerade mal die Größe von drei Äpfeln und einen stolzen Gang! Der Hahn ist oft sehr selbstsicher, vor allem wenn es um seine Hennen geht, die er auch gegen weit größere „Feinde" verteidigt.

Ein Paar Antwerpener Bartzwerge in Isabell-porzellanfarbig.

Herkunft: Das Ende des 19. Jahrhunderts gezüchtete Antwerpener Barthuhn wurde 1905 in Belgien als Rasse anerkannt.

Charakteristika: Diese sehr lebhafte kleine Rasse besitzt ausgezeichnete Flugeigenschaften. Sie kann sehr zutraulich werden, wenn man sich ausgiebig mit ihr beschäftigt. Der kaum entwickelte Kamm und der Kinn- und Backenbart verleihen dem Kopf etwas Besonderes und Seltenes. Die Flügel werden nach unten getragen.

Haltung: Wie viele Zwergrassen wird auch das Antwerpener Barthuhn vorwiegend als Ziergeflügel gehalten, es besitzt jedoch noch gut ausgeprägte Brutinstinkte. Die Hennen sind gute Glucken, aber nur mittelmäßige Legehennen. Die Rasse kommt mit wenig Auslauf zurecht, etwa in einer Voliere.

Gut zu wissen

Die in Belgien sehr bekannten und weit verbreiteten Antwerpener gehören zu den sechs alten Rassen von belgischen Barthühnern, darunter die Grübbe, Ückeler, Everberger, Watermaalsche und Boosvorder.

Brakel

Herkunft	Belgien
Durchschnittsgewicht	Hahn: 2-2,75 kg; Henne: 1,75-2,25 kg
Legeleistung	+++
Eier	55-60 g – weiß
Fleischqualität	+++
Brutverhalten	+
Flugeigenschaften	++
Gängige Farbschläge	gold, silber

Brakelhühner sind eine ursprüngliche Rasse mit großen, dunklen Augen, die ihnen einen ganz besonderen Blick verleihen. Das Brakel gehört wegen seines geringen Gewichts eher zu den Legerassen.

Herkunft: Die ersten Spuren der Brakel-Hühner lassen sich ab 1416 feststellen. Durch ihre Hofhuhnqualitäten sind sie zwischen Ende des 19. und Anfang des 20. Jahrhunderts im Süden der Niederlande und im Norden Frankreichs anzutreffen, später auch in England, Deutschland und sogar den USA. Der Rassestandard wurde 1904 anerkannt.

Charakteristika: Diese mittelgroße, robuste Rasse ist sehr flugfreudig und macht bei Gefahr oder zu niedriger Einzäunung durchaus Gebrauch von den Flügeln. Sie ist sehr gut an nordeuropäisches Klima angepasst. Beim Hahn ist der einfache Kamm sehr ausgeprägt, bei den Hennen wird er während der Brutzeit seitlich abgeklappt getragen.

Haltung: Brakel sind exzellente Legehennen mit bis zu 200 Eiern pro Jahr. Ihr Brutinstinkt ist hingegen kaum ausgeprägt, sodass man sie nur selten mit Küken sieht. Die Rasse eignet sich sehr gut für die Freilandhaltung und braucht einen großen Auslauf.

Gut zu wissen

In den Niederlanden heißt diese Rasse Campiner-Hühner und ist etwas kleiner; in Nordfrankreich heißt sie Poule de Hergnies. Da es bei letzterer Unstimmigkeiten zwischen den belgischen und französischen Züchtern gab, besitzt diese Rasse ihren eigenen Standard und Beschreibung.

Hahn und Hennen der Rasse Brakel in Silber.

Brahma

Das Brahma ist ein würdiger Vertreter der Riesen unter den Hühnerrassen. Es ist von gutmütigem Wesen, wird leicht zutraulich und braucht recht wenig Auslauf. Statur und Größe der Hähne sind imposant: teils über 60 cm! Trotzdem sind sie meist sehr sanftmütig.

Herkunft	Asien
Durchschnittsgewicht	Hahn: 3,5-5 kg; Henne: 3-4,5 kg
Legeleistung	++
Eier	55 g – rosé
Fleischqualität	++
Brutverhalten	+++
Flugeigenschaften	-
Besonderheit	legen auch im Winter
Gängige Farbschläge	weiß-schwarz-columbia, gelb-schwarz-columbia, rebhuhnfarbig-gebändert, blau-rebhuhnfarbig-gebändert.

Drei Brahmas: Hennen in der Farbe Blau-silberrebhuhnfarbig, Hahn in Silberrebhuhnfarbig.

Herkunft: Allgemein ist man sich einig, dass das Brahma aus Ostasien stammt, doch tatsächlich ist seine Geschichte unklar. Um 1840 gelangten die ersten Exemplare von Shanghai nach New York. Zu dieser Zeit werden diese Hühner Shanghai oder Brahmaputra genannt, weil man davon ausging, dass sie aus einer Kreuzung zwischen Cochin und Malayischen Kämpfern hervorgingen. 1853 kommen die Brahma zuerst in England, dann in Frankreich an. In dieser Zeit wird die Rasse noch als Cochin beschrieben, nur robuster, mit einfachem Kamm (was jetzt nicht mehr zutrifft) und ungewöhnlicher Silberfarbe. Da diese Rasse relativ spät im *Standard* auftaucht (1865 in England und 1876 in den USA) wird vermutet, dass die ursprünglichen Tiere sowohl in Amerika als auch in Europa nochmals gekreuzt wurden, um die Brahma-Hühner zu erhalten, wie wir sie jetzt kennen.

Charakteristika: Brahma haben zwar einige Merkmale ihrer kämpferischen Vorfahren beibehalten – den raubvogelartigen Kopf bei der Henne und die hohe, nach vorn getragene Brust beim Hahn. Doch den streitbaren Charakter haben sie jedenfalls nicht geerbt, ganz im Gegenteil: Brahma zählen zu den friedfertigsten Hühnern überhaupt. Ihr Gewicht und die Flügelgröße sind der Grund für ihre Flugunfähigkeit. Durch die üppig befiederten Füße sowie die geringe Größe von Kamm und Kehllappen sind diese Hühner gut an Kälte angepasst.

Haltung: Da diese Hühner quasi flugunfähig sind, lassen sie sich gut in einem Auslauf mit niedrigem Zaun halten. Allgemein sind Brahma gemächliche Tiere, die sich nicht viel bewegen. Auch die Legeleistung gilt nicht als außergewöhnlich gut, und die Eier sind in Relation zur Größe des Huhns eher klein. Doch die Henne erfüllt ihre Pflicht bei der Aufzucht der Küken vorbildlich. Das Fleisch ist von guter Qualität, wenn man sich die Zeit nehmen will, diese langsam wachsenden Hühner zu mästen. Bis sie ausgewachsen sind, dauert es 9 bis 12 Monate.

Gut zu wissen

- Brahma waren an der Schaffung oder Verbesserung zahlreicher anderer Rassen auf der ganzen Welt beteiligt.
- Im 20. Jahrhundert kam auch die Zwergform auf den Markt.

Burma

Herkunft	Asien (Burma/ Holland)
Durchschnitts-gewicht	Hahn: 750-900 g; Henne: 600-700 g
Legeleistung	+
Eier	35 g – weiß
Fleischqualität	-
Brutverhalten	+
Flugeigenschaften	+
Gängige Farbschläge	weiß, schwarz, gelb, blau, khaki

Nachdem sie lange Zeit verschwunden war, wurde diese kleine Hühnerrasse in ihrer Urform wieder von einigen französischen Züchtern eingeführt.

Herkunft: Das Ende des 19. Jahrhunderts aus Burma nach Schottland eingeführte Burma-Huhn passte sich nur schlecht an das nordeuropäische Klima an. Am Ende war die Rasse schnell wieder verschwunden – außer einem einzigen Hahn, der zur Zucht einer englischen Linie dienen sollte, die jedoch einem kleinen Kreis vorbehalten war. Ab etwa 1990 ließen zwei holländische Züchter diese Rasse wieder aufleben. Sie brauchten über zehn Jahre, um den Stamm des Burma-Huhns wieder zu erschaffen. 2007 beendeten sie jedoch ihre Arbeit und gaben ihren Tierbestand auf. Einige der Tiere wurden dann von einer Handvoll französischer Züchter übernommen, die mit der Zucht fortfahren und die Rasse fest verwurzeln wollten. Man kann nur hoffen, dass man diese wunderschönen Tiere künftig wieder in unseren Gärten bewundern kann.

Charakteristika: Burma-Zwerghühner besitzen eine Haube, die sie nach hinten tragen, und einen Bart bei der holländischen Linie. Die meist kurzen Füße sind üppig befiedert und mit einer „Manschette" versehen. Die nicht sehr flugfreudigen, dafür aber zutraulichen Hühner lassen sich in einem Auslauf mit niedriger Umzäunung halten.

Haltung: Da die Legeleistung nur mittelmäßig ist und die Tiere nur gelegentlich brüten, sind diese Zwerghühner vorwiegend für die Hobbyhaltung gedacht.

Gut zu wissen

Besonders in feuchten Regionen sollte man auf Haube, Bart und die befiederten Füße achten.

Chabo

Chabo, sehr kleine Hühner in ihrer Urform, werden vor allem als Hobbyhühner gehalten. Da sie den Schwanz senkrecht nach oben tragen und ihr Körper beinahe den Erdboden berührt, sehen sie für mich aus, als ob sie wie kleine Boote auf dem Gras dahinsegeln würden ...

Herkunft	Japan
Durchschnittsgewicht	Hahn: 600-700 g; Henne: 500-600 g
Legeleistung	+
Eier	30 g – weiß
Fleischqualität	-
Brutverhalten	+++
Flugeigenschaften	++
Besonderheit	mit glattem, gelocktem oder seidigem (eher selten) Gefieder
Gängige Farbschläge	weiß, gelb mit schwarzem Schwanz, gescheckt, schwarz ...

Herkunft: Chabo wurden ab 1854 von Japan aus nach Europa importiert, auf niederländischen Gemälden sind sie aber schon im 17. Jahrhundert zu sehen.

Charakteristika: Durch den hoch aufragenden Schwanz wirken Chabo sehr kompakt und untersetzt. Dieser Eindruck wird beim Hahn noch durch den stark entwickelten Kamm verstärkt. Durch die nach unten zeigenden Flügel sind ihre kurzen Füße oft verdeckt. Die Züchter haben sich mit dieser Rasse intensiv beschäftigt und zahlreiche Varietäten erschaffen: mit drei Gefiederarten und neuen Formen wie schwanzlos, schwarzhäutig, mit sehr großem Kamm, mit Bart. Chabo gehören zu den echten Zwerghühnern.

Haltung: Da diese Hühner vorwiegend als Hobbytiere gehalten werden, ist ihre Legeleistung nur mittelmäßig. Die Hennen sind jedoch gute Glucken, die sich um ihre Küken kümmern. Chabo können zwar recht gut fliegen, wenn nötig. Sie bleiben aber meist gelassen und werden leicht zahm. Chabo sind ruhige Zwerghühner mit intensivem Familienleben. Daher lässt sich bei ihnen viel über das Hühnerverhalten lernen. Wegen der kurzen Beine hält man sie am besten auf kurz geschnittenem Rasen. Sie scharren so gut wie nicht, sodass sie keinen großen Schaden anrichten, wenn sie einmal ins Gemüsebeet dürfen.

Gut zu wissen

In der Nachzucht fallen immer wieder Tiere mit längeren Läufen an. Diese können Sie von Hobbyhaltern meistens günstig bei den Züchtern erwerben.
Chabo sind eine alte japanische Hühnerrasse, die dort den Status eines nationalen Kulturdenkmals hat.

Drei Chabo, von links nach rechts: schwarze Henne mit seidigem Gefieder, blauer Hahn mit Silberkragen sowie eine blaue Henne – die beiden letzten mit glattem Gefieder. Der Hahn besitzt einen Bart.

Cochin

Cochin zählen zu den Riesen unter den Hühnerrassen. Es sind robuste Hühner, die sich eigentlich überall anpassen können.

Herkunft	China
Durchschnittsgewicht	Hahn: 3,5-5,5 kg; Henne: 3,5-4,5 kg
Legeleistung	+
Eier	55 g – cremefarben
Fleischqualität	-
Brutverhalten	+++
Flugeigenschaften	-
Besonderheit	legt auch im Winter Eier
Gängige Farbschläge	gelb, weiß, schwarz, blau, gesperbert ...

Ein stattlicher schwarzer Cochin-Hahn mit zwei Hennen – eine in Schwarz, die andere in der Farbe Splash.

Herkunft: Cochin sind asiatische Hühner, die nach 1840 nach Europa kamen, als sich die orientalischen Häfen dem internationalen Handel öffneten. Sie stammen aus China und nicht, wie der Name „Cochin“ vermuten ließe, aus der vietnamesischen Provinz Cochin-China.

Charakteristika: Durch die imposante Größe und das üppige Gefieder erscheinen diese Hühner eher rundlich, vor allem die Hähne. Füße und Fußgelenke sind stark befiedert. Ihr Gewicht hindert sie am Fliegen. Die Rasse ist sehr friedfertig und anspruchslos in der Haltung.

Haltung: Das Fleisch dieser Hühner ist von mittlerer Qualität und auch die Legeleistung beschränkt sich auf 80 bis 100 Eier pro Jahr. Die Hennen sind hingegen ausgezeichnete Glucken, die manchmal, bedingt durch ihren korpulenten Körperbau, etwas ungeschickt sind im Umgang mit den Küken.

Gut zu wissen

Oft wird zu Unrecht vermutet, das Zwerg-Cochin (siehe Seite 81) sei die Miniausgabe der Cochin. Diese Verwechslung kommt dadurch zustande, dass die Zwerg-Cochin in England und in den USA als Cochin Bantam bezeichnet werden.

Amrocks

Wenn es ein Rassehuhn gibt, das noch heute einen üppigen wirtschaftlichen Nutzen bringt, dann sind es die Amrocks. Bei ihnen wurde der Gedanke „Leistung und Schönheit" bis zum heutigen Tag in der Zucht verankert.

Herkunft	USA / Deutschland
Durchschnitts-gewicht	Hahn: 3-4 kg; Henne: 2,5-3 kg
Legeleistung	+++
Eier	58 g – braun
Fleischqualität	+++
Brutverhalten	+
Flugeigenschaften	+
Besonderheit	frühe Geschlechtserkennung
Gängige Farbschläge	gestreift

Herkunft: Die Ursprünge der Amrocks liegen in den Vereinigten Staaten und hier hauptsächlich in Worcester/Massachusetts, wo die Vorläufer als „Barred Rocks" zuerst ausgestellt wurden. Dabei handelte es sich im Grunde um nichts anderes als um ein reines Wirtschaftshuhn. Nach dem Zweiten Weltkrieg gelangten die Amrocks nach Deutschland, wo die Rasse züchterisch verfeinert und die Merkmale perfekter herausgezüchtet wurden.

Charakteristika: Gleich von Beginn an waren Amrocks bei den Züchtern sehr beliebt, und das liegt sicherlich an ihren hervorragenden Leistungsmerkmalen. Interessant sind aber auch die Formmerkmale: Die Hühner sollen einer liegenden Glocke gleichen.

Haltung: Amrocks brauchen eine gehaltvolle Fütterung, damit sie ihre Leistungsqualitäten voll entfalten können. Ein großer Auslauf, den sie den ganzen Tag in ihrer typisch ruhigen Art durchstreifen, kommt ihnen dabei entgegen.

Gut zu wissen

Amrockküken können für den Züchter schon nach dem Geschlecht sortiert werden, denn Flaumfarbe und Kopfzeichnung sind bei Hennen- und Hahnenküken unterschiedlich. Kaufen Sie sich also Amrockküken auf dem Markt, sollten Sie darauf achten, dass nicht zu viele Hähne dabei sind.

Hennen der Rasse Amrocks mit ihrer typischen Gefiederzeichnung.

Faverolles / Deutsches Lachshuhn

Seine ausgezeichnete Fleischqualität und Frühreife sind unschlagbar! Vor der industriellen Hühnerhaltung, die sich übrigens sämtliche Qualitäten dieser Rasse zunutze gemacht hat, gehörte die Rasse zu den meistverbreiteten Hühnern.

Herkunft	Frankreich/ Deutschland
Durchschnittsgewicht	Hahn: 3-4 kg; Henne: 2,5-3,25 kg
Legeleistung	++
Eier	55 g – blassrosé
Fleischqualität	+++
Brutverhalten	+
Flugeigenschaften	+
Besonderheit	frühe Geschlechtserkennung (nicht bei allen Farbschlägen); legen auch im Winter Eier; Hennen mit fünf Zehen
Gängige Farbschläge	lachsfarben, weiß, schwarz, gesperbert, blau ...

Herkunft: Faverolles wurden Ende des 19. Jahrhunderts von Züchtern in der Region Houdan und Faverolles (Eure-et-Loir) geschaffen, um schnellwachsende Hühner mit schmackhaftem Fleisch zu erhalten. Sie entstanden aus Houdan, Brahma, Cochin und Dorking. Die lachsfarbene Variante mit dem sogenannten Eulenkopf entstand in Frankreich, in Deutschland eine eigene Variante mit dunklerem Farbton, das Deutsche Lachshuhn. Ihr Standard wurde 1930 offiziell anerkannt.

Charakteristika: Die friedfertigen, eher schwerfälligen Tiere (vor allem die Hähne) sind nicht flugfreudig. Die kaum entwickelten Kehllappen und die unter Bart und Koteletten verborgenen Ohrlappen verleihen ihnen den berühmten „Eulenkopf“, der sie so besonders macht. Lachshühner besitzen befiederte Füße und eine fünfte Zehe.

Haltung: Die ruhigen und wenig scheuen Lachshühner wurden vorwiegend wegen ihres Fleisches gezüchtet. Die Legeleistung beträgt 140 Eier pro Jahr, die Hennen sind jedoch keine guten Glucken. Durch das schnelle Wachstum erreichen die Tiere bereits mit vier Monaten ein Gewicht von 2,5 kg. Sie sind sehr vital und kommen mit allen klimatischen Bedingungen zurecht.

Gut zu wissen

Die früher in helle und dunkle Faverolles unterteilte Rasse wurde 2009 vom französischen Geflügelzüchterverband umbenannt und so entstanden die französischen Faverolles und die Deutschen Lachshühner. Bei beiden kann das Geschlecht früh bestimmt werden. Damit der Bart beim Trinken nicht immer durchnässt, sollten die Hühner Näpfe mit kleiner Trinkrinne bekommen.

Hahn und Hennen der Rasse Deutsches Lachshuhn (dunkel gefärbt).

Gauloise dorée

Bei dieser vom EE, dem Europäischen Verband für Geflügel-, Tauben-, Vogel-, Kaninchen- und Caviazucht, anerkannten Hühnerrasse handelt es sich um ein inzwischen seltenes französisches Landhuhn, das durchaus auf einen Hühnerstall verzichten kann, wenn es Bäume zur Verfügung hat.

Herkunft	Frankreich
Durchschnittsgewicht	Hahn: 2,5-3 kg; Henne: 2 kg
Legeleistung	++
Eier	55-60 g – weiß
Fleischqualität	+++
Brutverhalten	++
Flugeigenschaften	+++
Besonderheit	gehört zu den Wahrzeichen Frankreichs, trotzdem wenig verbreitet
Gängige Farbschläge	goldfarbig

Herkunft: Das Gauloise dorée ist die älteste französische Landhuhnrasse. Schon Julius Cäsar beschrieb es in seinem Werk *Der Gallische Krieg* (58–50 v. Chr.). Seit Beginn der modernen Geflügelzucht erfreut sich die Rasse keiner großen Beliebtheit mehr, wahrscheinlich wegen ihres geringen Gewichts. Ab 1894 wurde das Gauloise erstmals auf einer Ausstellung präsentiert, doch sein Standard erst 1923 anerkannt. Nach dem Zweiten Weltkrieg verschwand die Rasse nach und nach und galt in den 1980er Jahren als ausgestorben.

Charakteristika: Während die Hennen ein schlichtes, der Tarnung dienendes Federkleid tragen, schmückt sich der Hahn mit einem Gefieder mit vielen Farbreflexen. Er ist das Sinnbild des französischen Wappentieres, dem gallischen Hahn. Die mittelgroßen, lebhaften goldenen Gallier haben sich ihre sehr guten Flugeigenschaften bewahrt. Die Gauloise mögen ein weitläufiges Gelände, auf dem sie unermüdlich nach Nahrung suchen. Sie sind sehr selbstständig und man muss etwas Zeit darauf verwenden, bis man sich ihnen nähern darf: Doch letztendlich werden auch sie zutraulich – vor allem die Hähne!

Haltung: Die Hennen zeigen eine gute Legeleistung von etwa 150 Eiern pro Jahr. Wenn die Tiere auch nicht viel Fleisch liefern, so ist es doch sehr zart und wohlschmeckend. Die Hennen brüten nur mittelmäßig, kümmern sich aber perfekt um die Küken.

Hahn und Hennen der Rasse Gauloise dorée mit ihren wildhuhnartigen Gefiederfarben.

Gut zu wissen

Die Färbung des Gauloise dorée, sowohl der Henne als auch des Hahns, sowie sein charakteristischer Körperbau zeigen nahe Verwandtschaft zum Bankivahuhn, dem goldfarbigen asiatischen Wildhuhn. Nach neuesten Erkenntnissen soll es der Vorfahr all unserer Hühner sein.

Hamburger

Herkunft	Indonesien/Holland-England
Durchschnittsgewicht	Hahn: 2-2,5 kg; Henne: 1,5-2 kg
Legeleistung	+++
Eier	55 g – weiß
Fleischqualität	++
Brutverhalten	+
Flugeigenschaften	+++
Gängige Farbschläge	gold-/silbersprenkel, gold-/silberlack, schwarz, weiß ...

Diese Rasse verbindet außergewöhnliche Eleganz mit sehr guter Legeleistung.

Hahn und Henne der Rasse Hamburger in der Farbe Silberlack.

Herkunft: Die modernen Hamburger entstammen einer Kreuzung zwischen gebänderten und gesprenkelten Hamburgern, die beide zwischen Ende des 18. und Anfang des 19. Jahrhunderts in Holland beziehungsweise England gezüchtet wurden. Das Hamburger wird bereits 1599 beschrieben und seine Vorfahren sollen Tiere aus Indonesien gewesen sein.

Charakteristika: Diese lebhaften, mittelgroßen Hühner können ausgezeichnet fliegen. Bis sie zutraulicher werden, brauchen die vom Wesen her eher scheuen Tiere einige Zeit.

Haltung: Das Hamburger-Huhn kann es unbestritten mit den schönsten Ziergeflügelrassen aufnehmen und ist dabei noch eine ausgezeichnete Legehenne mit 140 bis 180 Eiern pro Jahr, allerdings eine schlechte Glucke. Die Rasse ist schnellwachsend, mit äußerst schmackhaftem Fleisch.

Gut zu wissen

- Der Name Hamburger hat nichts mit der Herkunft dieser Rasse zu tun. Hamburg war ganz einfach der erste Transithafen, über den diese Hühner nach Europa gelangten.
- Existiert auch in Zwergform.

Holländische Haubenhühner

Sehr elegante und zutrauliche Hühner, die nie ohne ihren Federhut ihren Stall verlassen.

Herkunft: Die Holländischen Haubenhühner sind eine alte Rasse aus den Niederlanden, die Ende des 19. Jahrhunderts anerkannt wurde. Ihre Herkunft ist kaum bekannt, man weiß nur, dass sie früher gute Landhühner waren, ihre Urigkeit aber eingebüßt haben, weil sie nach ästhetischen Gesichtspunkten gezüchtet wurden.

Charakteristika: Holländer sind kleine Hühner mit einer üppigen Haube, die bei den Hennen tatsächlich die Form eines Pompons haben. Beim Hahn wird sie nach hinten getragen. Holländer

Ein Pärchen Holländer Haubenhühner, das Huhn vorne in der Farbe Gelb mit weißer Haube.

Herkunft	Niederlande
Durchschnittsgewicht	Hahn: 2-2,5 kg; Henne: 1,5-2 kg
Legeleistung	+
Eier	45 g – weiß
Fleischqualität	+++
Brutverhalten	+
Flugeigenschaften	+
Besonderheit	Federhaube
Gängige Farbschläge	schwarz mit weißer Haube, weiß mit schwarzer Haube, gelb, blau, weiß ...

Haltung: Holländer werden heute hauptsächlich als Hobbygeflügel gehalten, sie sind mittelmäßige Legehennen und keine guten Glucken. Ihr Fleisch ist jedoch immer noch so zart und delikat wie das ihrer Vorfahren.

Gut zu wissen

- Holländer Haubenhühner sind nicht zu verwechseln mit den Paduanern, denen sie sehr stark ähneln.
- Die Zwergform ist viel weiter verbreitet als die Urform.

Holländische Zwerghühner

Herkunft	Holland
Durchschnitts-gewicht	Hahn: 500-550 g; Henne: 450-500 g
Legeleistung	*
Eier	28 g – weiß
Fleischqualität	-
Brutverhalten	*
Flugeigenschaften	***
Besonderheit	frühe Geschlechtserkennung bei einigen Farbschlägen möglich
Gängige Farbschläge	goldhalsig, silberhalsig, schwarz, blau, weiß, gesperbert, sowie zahlreiche andere Farbvarianten

Die Holländischen Zwerghühner sind eine echte Zwergrasse, die keine großen Ansprüche an die Haltung stellt und sich auch mit einem kleineren Auslauf begnügt.

Herkunft: Diese auch als Zwergholländer bezeichnete Rasse hat ihren Ursprung in den Niederlanden. Dort ist ihr Standard seit 1906 offiziell anerkannt.

Charakteristika: Körperbau und Silhouette sind ähnlich wie beim Bantam, mit Ausnahme des einfachen Kamms. Durch ihre geringe Größe sind diese Tiere sehr lebhaft, fliegen und sitzen gern auf Bäumen.

Haltung: Das Brutverhalten ist gering und die Legeleistung nur mittelmäßig: Die friedfertigen Holländischen Zwerghühner sind daher vorwiegend als Zierde gedacht. Da es bei Züchtern auf der ganzen Welt beliebt ist, gibt es diese Rasse in zahlreichen Farbschlägen.

Gut zu wissen

Bei einigen Farbschlägen ist eine frühe Geschlechtserkennung der Küken möglich.

Hahn und Henne der Rasse Holländische Zwerghühner in der Farbe Gold.

Bantam

Diese Zwergrasse ist in ihrem ursprünglichen schwarzen Federkleid besonders prachtvoll, weil da die großen, perlmuttfarbenen Ohrscheiben gut zur Geltung kommen. Das Bantamhuhn hat von Natur aus viele gute Eigenschaften, die es bewahrt hat.

Herkunft: Bantamhühner tauchen Mitte des 19. Jahrhunderts in Frankreich auf, ihre indonesische Herkunft ist jedoch umstritten. Bei der heutigen Rasse wurde die Selektion in England vorgenommen.

Charakteristika: Das lebhafte und aufmerksame Zwerghuhn kann auch gut fliegen. Die weißen Ohrscheiben sind stark ausgeprägt. Die Flügel werden nach unten getragen.

Haltung: Bantams sind gute Legehennen, die zwischen 100 und 150 Eier pro Jahr produzieren. Außerdem sind sie ausgezeichnete Glucken und Kükenmütter. Das Fleisch ist zwar schmackhaft, doch entspricht die Größe eines Hähnchens gerade mal der einer Taube.

Herkunft	ungewiss
Durchschnittsgewicht	Hahn: 600 g; Henne: 500 g
Legeleistung	**
Eier	25-30 g – weiß
Fleischqualität	**
Brutverhalten	**
Flugeigenschaften	***
Besonderheit	stark ausgeprägte Ohrscheiben
Gängige Farbschläge	schwarz, weiß, gesperbert, gelb, blau, goldporzellanfarbig, perlgrau...

Gut zu wissen

Bantamhühner sind nicht zu verwechseln mit den javanesischen Wildhühnern.

Bantamhahn und -henne in Gold-porzellanfarbig.

Houdan

Houdan sind stattliche Tafelhühner aus Frankreich. Derzeit sind sie sehr selten, sodass es sehr schwierig ist, überhaupt Tiere zu bekommen.

Herkunft: Frankreich ist ein Land der Feinschmecker. Es ist deshalb verständlich, dass hier mehrere Rassen mit vorzüglicher Fleischqualität erzüchtet wurden. Dazu zählen auch die Houdan, die unter anderem durch Einkreuzung von Dorking noch üppiger in ihrer Größe wurden. Darüber hinaus haben Houdan aber noch weitere Exklusivitäten: eine Haube, fünf Zehen und einen Schmetterlingskamm.

Charakteristika: Houdan sind sehr ruhige Hühner und haben jede Menge Besonderheiten. Sie für Ausstellungszwecke zu züchten, ist deshalb nicht leicht.

Haltung: Wie alle Haubenhuhnrassen sollten auch die Houdan bei längeren Regenperioden im Stall gehalten werden. Dennoch sind sie alles andere als verweichlicht.

Herkunft	Frankreich
Durchschnittsgewicht	Hahn: 2,5-3,5 kg; Henne: 2-3 kg
Legeleistung	++
Eier	53 g – weiß
Fleischqualität	+++
Brutverhalten	++
Flugeigenschaften	+
Besonderheit	fünf Zehen, Schmetterlingskamm, Haube, Bart
Gängige Farbschläge	schwarz-weiß-gescheckt

Gut zu wissen

Es gibt auch Zwerg-Houdan, doch sind diese mindestens genauso selten.

Houdan-Henne in Schwarz-weißgescheckt.

Marans

Wegen der berühmten schokoladenfarbigen Eier wird diese Rasse bei Hobbyhaltern immer beliebter. Marans sind ausgezeichnete Hofhühner für jeden Zweck: Eier, Fleisch und Kükenaufzucht.

Herkunft	Marans, Frankreich
Durchschnittsgewicht	Hahn: 3,5-4 kg; Henne: 2,5-3 kg
Legeleistung	++
Eier	65-75 g – schokoladenfarben bis violett
Fleischqualität	+++
Brutverhalten	++
Flugeigenschaften	+
Besonderheit	Eierschalen in Schokobraun
Gängige Farbschläge	schwarz-kupfer, schwarz, weiß, blau-kupfer ...

Herkunft: Die Rasse lässt sich bis ins 12. Jahrhundert zurückverfolgen, als im damals von den Engländern besetzten Hafen von La Rochelle einige Kampfhähne an Land gebracht wurden. Es folgten Kreuzungen mit lokalen Marans-Hennen, deren Nachkommen gegen 1893 wiederum mit Langschan-Hühnern (China) gekreuzt wurden, die rötliche bis violette Eier legen. Die Marans waren nun entstanden, wurden aber lange Zeit als herkömmliche Hühner dieser Region angesehen. Ihr Standard wurde 1931 offiziell anerkannt.

Charakteristika: Es sind robuste, urige Hühner, die eher als schwerfällig gelten, obwohl sie durchaus, wenn nötig, Gebrauch von ihren Flügel machen. Die Fußgelenke sind leicht befiedert.

Haltung: Marans gelten als mittelmäßige Legehennen mit 140 bis 160 Eiern pro Jahr. Die Eier sind oft überdurchschnittlich groß. Die Hennen brüten, widmen sich der Kükenaufzucht und produzieren qualitativ gutes Fleisch.

Gut zu wissen

- Ab 1965 waren die Marans Teil der vom französischen Nationalen Agrarfoschungsinstitut INRA durchgeführten Erzeugung von industriellen Legehennen mit rötlichen Eiern. Besonders in England, aber auch auf allen anderen ausländischen Märkten, waren die Eier von Marans sehr gesucht, weil man sie für besser als alle übrigen hielt. Tatsächlich ist es so, dass Schale und Schalenhaut der Marans-Eier dicker sind und sie so länger gelagert werden können: Selbst auf langen Schiffsreisen zu den britischen Inseln blieben die Eier frisch!
- Marans gibt es auch als Zwergform, die von den Engländern in den 1930er Jahren entwickelt wurde.

Hahn und Hennen der Rasse Marans in der Farbe Schwarz-kupfer.

Deutsche Zwerghühner

Die lebhaften, urigen Zwerge können trotz allem sehr zutraulich werden. Ihr Gefieder zeigt sich in den prächtigsten Farben.

Herkunft	Deutschland
Durchschnittsgewicht	Hahn: 750 g; Henne: 600 g
Legeleistung	+
Eier	30 g – weiß
Fleischqualität	-
Brutverhalten	+
Flugeigenschaften	+++
Gängige Farbschläge	goldhalsig, silberhalsig, birkenfarbig, schwarz, goldporzellanfarbig, perlgrau...

Herkunft: Die Zwergrasse wurde erstmals 1917 in Deutschland vorgestellt und ging aus einer Kreuzung von deutschen Zwerghühnern und Phönix-Hähnen aus Japan hervor.

Charakteristika: Es handelt sich um echte Zwerghühner, die sehr agil und elegant sind und sich ihre exzellente Flugfähigkeit bewahrt haben. Sie besitzen weiße, herzförmige Ohrscheiben und sind in sehr zahlreichen Farbtönen erhältlich. Die Hähne zeigen einen dichten Schwanz, der mit langen Sichelfedern geschmückt ist.

Haltung: Die vor allem als Ziergeflügel gehaltenen Zwerghühner brüten gut und sind aufmerksame Mütter.

Hahn und Henne der Rasse Deutsche Zwerghühner im Farbenschlag Goldhalsig.

Australorps

Als es darum ging, die Wirtschaftlichkeit von Hühnern zu steigern, hat so ziemlich jedes Land eine spezielle Wirtschaftsrasse erzüchtet. Im Gegensatz zu heutigen Hybriden mussten diese Rassen meist Zwiehühner sein: mit stattlicher Legeleistung und als ordentlicher Braten.

Herkunft	Australien
Durchschnittsgewicht	Hahn: 3-4 kg; Henne: 2,5-3 kg
Legeleistung	++
Eier	55 g – weiß
Fleischqualität	++
Brutverhalten	+
Flugeigenschaften	++
Besonderheit	helle Fußsohlenfarbe
Gängige Farbschläge	schwarz, blaugesäumt, weiß

Herkunft: Australien ist wohl mehr für seine Schafzuchten bekannt als für seine Geflügelzuchten. Wohl die wenigsten wissen, dass die Australorps aus Down Under kommen. Dort wurden sie unter Hilfe von Orpington zu Beginn des 20. Jahrhunderts gezüchtet. Dennoch kamen sie erst Mitte des 20. Jahrhunderts nach Deutschland. Hier dauerte es dann nicht lange, bis sich viele Züchter für sie interessierten, die die ursprüngliche Zuchtidee bis zum heutigen Tag beibehalten haben. Australorps sind schnellwüchsig, befiedern sich zügig und bringen in beiden Nutzungsrichtungen noch immer hervorragende Leistungen. Bei einer gehaltvollen Fütterung sind 180 Eier zu erreichen. Dies kann sogar noch gesteigert werden, wenn man in der dunklen Jahreszeit die Lichtdauer etwas verlängert. Damit zählen Australorps zu den wirtschaftlichsten Rassehühnern.

Australorps-Hühner mit einem schönen und stattlichen Hahn!

Charakteristika: Australorps sind von der Größe her stattliche Hühner. Vom Wesen her sind sie eher ruhig, sodass sie nicht besonders gern fliegen und auch mit niedrigen Zäunen gut zurecht kommen. Da Australorps eine sehr gute Legeleistung haben, brüten sie kaum, das eine schließt das andere aus. Wer also Australorps nachziehen möchte, muss entweder auf eine andere Rasse zurückgreifen oder wie üblich die Brutmaschine anwerfen.

Haltung: Obwohl aus dem warmen Australien stammend, sind Australorps sehr robust. Selbst im Winter zeigen sie eine ordentliche Legeleistung. Haben sie ausreichend Auslauf, suchen sie sich viel Futter selbst, was ihre Haltung noch lohnenswerter macht.

Gut zu wissen

Australorps haben immer eine helle Fußsohlenfarbe, obwohl die restlichen Läufe immer dunkel sind.

Orpington

Orpington gehören zu den größten Hühnerrassen. Lassen Sie sich aber nicht durch die imposante Größe täuschen: In Wirklichkeit sind diese Tiere sehr friedfertig.

Herkunft	Grafschaft Kent, England
Durchschnittsgewicht	Hahn: 4-4,5 kg; Henne: 3-3,5 kg
Legeleistung	+
Eier	53 g – leicht rötlich
Fleischqualität	+
Brutverhalten	+
Flugeigenschaften	-
Besonderheit	legen auch im Winter
Gängige Farbschläge	gelb, weiß, schwarz, blau, gelb-schwarzgesäumt

Hahn und Henne der Rasse Orpington in der Farbe Gelb-schwarz gesäumt.

Gut zu wissen

Orpington existieren auch in Zwergform.

Herkunft: Das Orpington entstand Ende des 19. Jahrhunderts in Südengland als Kreuzung aus mehreren Rassen aus der ganzen Welt: schwarzes Minorka (Europa), schwarzes Plymouth Rock (Nordamerika) und Langschan (China). In der Folgezeit wurden noch andere Rassen hinzugezogen, um die verschiedenen Farbschläge zu erhalten.

Charakteristika: Orpington sind rundlich wirkende, ruhige Hühner. Sie haben keinen großen Aktionsradius, sondern begnügen sich auch mit einem kleineren Auslauf. Durch ihr Gewicht und die (im Verhältnis zur Körpergröße) kleinen Flügel können die Tiere nur schlecht fliegen.

Haltung: Obwohl Orpington nur eine mittelmäßige Legeleistung von 120 Eiern pro Jahr zeigen, sind die Hühner doch sehr vielseitig: Sie brüten ausgezeichnet und kümmern sich sehr gut um die Küken, die Masthühner erreichen ein stattliches Gewicht und sind gut im Geschmack, können jedoch nicht mit den besten Fleischrassen mithalten.

Paduaner

Paduaner sind äußerst elegante Rassehühner, aber bei den Züchtern leider sehr selten. In der Regel sind sie sehr zahm und benötigen verhältnismäßig wenig Platz. Bei längeren Regenperioden sollte man sie aber besser im Stall halten.

Herkunft	Unbekannt
Durchschnitts-gewicht	Hahn: 2-2,5 kg; Henne: 1,5-2 kg
Legeleistung	++
Eier	45-50 g – weiß
Fleischqualität	+++
Brutverhalten	+
Flugeigenschaften	nicht besonders gut
Besonderheit	Federhaube
Gängige Farbschläge	gold-/silber-schwarzgesäumt, weiß, blau, schwarz

Herkunft: Die sehr alte Rasse wird bereits um 1600 beschrieben, ihr Ursprung ist jedoch umstritten. Sie war an der Neuschöpfung französischer Rassen beteiligt, wie beispielsweise Houdan oder Crève-Coeur. Letztere haben von den Paduanern die Haube und vor allem das exquisite Fleisch geerbt.

Charakteristika: Die zarten, mittelgroßen Hühner besitzen Bart und eine Haube, sodass man sie bei Feuchtigkeit besonders beobachten sollte. Paduaner scharren nur wenig. Das hat den Vorteil, dass sie auch auf einer Rasenfläche gut zu halten sind.

Haltung: Paduaner werden meist als Ziergeflügel gehalten. Ihre Legeleistung ist mit 100 bis 120 Eiern pro Jahr mittelmäßig, und sie brüten nur gelegentlich. Trotz ihrer geringen Größe ist das Fleisch saftig und delikat.

Gut zu wissen

- Während bei der Henne die Haube meist eine abgerundete Form aufweist, ist sie beim Hahn oft struppig.
- Besonders schön sieht eine Gruppe mit verschiedenen Farbschlägen aus.
- Die sogenannten großen Paduaner sind viel weniger verbreitet als die Zwergform.

Hahn und Hennen der Rasse Zwerg-Paduaner in der Farbe Chamois-weißgesäumt. Das Huhn im Vordergrund hat ein gelocktes Gefieder.

Zwerg-Cochin

Herkunft	China
Durchschnittsgewicht	Hahn: 750-850 g; Henne: 750 g
Legeleistung	++
Eier	35 g – eierschalenfarbig
Fleischqualität	+++
Brutverhalten	+++
Flugeigenschaften	+
Gängige Farbschläge	über 20 Farben

Wenn man einer Hühnerrasse nur schwer widerstehen kann, dann sind es die Zwerg-Cochin – echte Federbällchen auf kurzen Beinen, mit unnachahmlicher Gangart. Ihre rundliche Form und Zutraulichkeit haben diese Rasse zu einer der weltweit am weitesten verbreiteten gemacht.

Drei Zwerg-Cochin in der Farbe Gelb: der Hahn mit gelocktem Gefieder, die Hennen mit glattem.

Herkunft: Die aus China stammenden Hühner gelangten in der zweiten Hälfte des 19. Jahrhunderts nach England und durchliefen unter den Händen amerikanischer und britischer Rassezüchter einige Veränderungen.

Charakteristika: Sie sind echte Urzwerge und existieren nicht als große Rasse. Daher sind sie nicht die Zwergform der Cochin. Diese stammen aus Vietnam, damals Cochin-China genannt. Die kurzen Füße der Zwerg-Cochin und die stark befiederten Gelenke wirken, als schwebten die Tiere dicht über dem Boden. Der Schwanz wird kugelförmig getragen, was besonders bei den Hennen stark ausgeprägt ist.

Haltung: Obwohl sie vorwiegend als Ziergeflügel gelten, brüten sie fleißig und zeigen eine gute Legeleistung. Manche Züchter legen ihnen die Eier anderer Rassen, ja sogar anderer Vogelarten unter. Die Hennen kümmern sich überdies sehr gut um ihre Küken.

Gut zu wissen

Zwerg-Cochin sind pflegeleichte Hühner, die sich gut für Anfänger eignen. Sie sind leicht zu beschaffen und in sehr vielen Farbschlägen erhältlich.

Moderne Englische Zwerg-Kämpfer

Herkunft	England
Durchschnittsgewicht	Hahn: 600 g; Henne: 500 g
Legeleistung	+
Eier	25-30 g – cremefarben
Fleischqualität	-
Brutverhalten	+
Flugeigenschaften	+++
Besonderheit	sehr lange Beine
Gängige Farbschläge	goldhalsig, silberhalsig, kennfarbig, weizenfarbig ...

Sie sind die Mini-Ausgabe der großen Modernen Englischen Kämpfer. Die Tiere sind ausgeglichen, weder ängstlich noch aggressiv, und mit Kämpfen verbindet sie nichts mehr außer ihrem Namen. Sie sind zutraulich, anhänglich, von seltener Eleganz, zeigen aber noch ihre ursprüngliche Kämpferstatur.

Herkunft: Die Rasse wurde Ende des 19. Jahrhunderts in England gezüchtet. Es existieren zwei Typen der **Zwerg-Kämpfer**: der moderne Typ – zart, schlank, mit langen Beinen, die ihm einen grazilen Gang verleihen, und der alte Typ, der robuster und untersetzter ist.

Charakteristika: Der Moderne Englische **Zwerg-Kämpfer** gehört zu den leichtesten Hühnern. Der sehr schlanke, lang gestreckte Körper sitzt auf dünnen, langen Beinen. Moderne Englische Zwerg-Kämpfer sind äußerst ruhig, sodass mit ihnen richtig „gespielt“ werden kann.

Haltung: Diese Rasse wird vor allem als Zier- und Ausstellungsgeflügel gehalten und ist in sehr vielen Farben erhältlich. Die Hennen legen nicht viele Eier, kümmern sich aber gut um die Kükenaufzucht.

Hahn und Hennen der Rasse Moderne Englische Zwerg-Kämpfer in der Farbe Goldhalsig.

Gut zu wissen

Diese Rasse war nur kurz in einer Hahnenkampfarena zu sehen, dann wurden die Hahnenkämpfe verboten und man züchtete über einen Zeitraum von rund siebzig Jahren einen feingliedrigen Ausstellungstyp der Rasse.

Seidenhühner

Die in der Welt der Hühner einzigartigen Tiere sind quasi wandelnde Federbüschel, verziert mit einem duftigen Pompon. Ihre bemerkenswerten Eigenschaften und das zutrauliche Wesen machen sie zu einer sehr geschätzten Rasse.

Herkunft	Asien
Durchschnittsgewicht	Hahn: 1,4 kg; Henne: 1,1-1,4 kg
Legeleistung	+
Eier	35-40 g – cremefarben
Fleischqualität	+
Brutverhalten	+++
Flugeigenschaften	-
Besonderheit	seidiges Gefieder, schwarz gefärbte Haut und Knochen, fünf Zehen
Gängige Farbschläge	weiß, schwarz, blau, gelb, grausilber

Herkunft: Der Ursprung des Seidenhuhns ist unklar, wahrscheinlich stammt es aber aus Asien. Marco Polo sah sie um 1270 in Südchina. Wann sie nach Europa importiert wurden, ist unbekannt. Als „Gauklerhühner" soll es sie in Europa schon seit dem Mittelalter geben. Offiziell tauchen die Hühner 1874 im American Standard of Perfection auf.

Charakteristika: Das Erste, was bei diesen Hühnern ins Auge sticht, ist das seidige, haarähnliche Gefieder. Wegen dieses Gefieders sind die Hühner praktisch flugunfähig. Doch sie haben noch mehr Besonderheiten zu bieten: einen ungewöhnlichen walnussförmigen Kamm, befiederte Füße mit fünf Zehen und türkisblaue Ohrscheiben. Und die kleinen Hühner gehören zu den äußerst wenigen Rassen, bei denen Haut, Knochen und Fleisch vollkommen schwarz gefärbt sind. Ihr Fleisch wird in Asien sehr geschätzt, für uns sieht es gewöhnungsbedürftig aus. Geschmacklich unterscheidet es sich jedoch nicht.

Haltung: Seidenhennen eilt ihr Ruf als perfekte Brüterinnen und Kükenmütter zu Recht voraus. Sie können hundert Eier pro Jahr ausbrüten, wenn sie nicht zu viel Zeit auf einem Gelege verbringen. Oft schiebt man ihnen zum Ausbrüten sogar Eier anderer Rassen oder sogar anderer Vogelarten unter.

Gut zu wissen

Seidenhühner wurden früher in China als „Wollhühner" oder „Schwarzknochenhühner" bezeichnet und zu medizinischen Zwecken genutzt. Die Rasse existiert auch als Zwergform.

Weißer Seidenhuhn-Hahn mit zwei schwarzen Hennen und einer Henne in Grau-silber.

Rhodeländer

Rhodeländer sind ausgezeichnete Hofhühner, für die sich viele Züchter interessieren. Ihr rotes Federkleid bringt etwas Farbe in den Hühnerstall.

Herkunft	Nordamerika
Durchschnittsgewicht	Hahn: 3,5 – 4 kg; Henne: 2,4-3 kg
Legeleistung	++
Eier	55-60 g – braun
Fleischqualität	++
Brutverhalten	+
Flugeigenschaften	+
Besonderheit	legt auch im Winter
Gängige Farbschläge	dunkelrot

Herkunft: Die Tiere wurden ab Mitte des 19. Jahrhunderts in den USA, auf Rhode Island, selektiert. Die gleichnamigen Hühner entstanden aus einem lokalen roten Huhn, das mit asiatischen Rassen und amerikanischen Legehuhnrassen gekreuzt wurde. 1889 wurde das Rhode Island im amerikanischen Standard offiziell anerkannt.

Charakteristika: Das urige Huhn von stattlicher Größe ist kaum aggressiv, mitunter jedoch etwas scheu. Rhodeländer verwenden nicht viel Zeit auf die Nahrungssuche und begnügen sich auch mit einem kleineren Auslauf. Sie können recht gut fliegen und bei Gefahr durchaus bis zu 1,50 m hohe Umzäunungen überwinden.

Haltung: Die Hühner sind mit rund 160 Eiern pro Jahr exzellente Legehennen, die auch gut brüten und sich um die Aufzucht der Küken kümmern. Sie eignen sich zur Mast und liefern qualitativ hochwertiges Fleisch.

Gut zu wissen

Bei der Zucht der industriellen roten Legehennen hat das Rhode-Island-Huhn großen Anteil.

Federfüßige Zwerghühner

Herkunft	Holland
Durchschnitts-gewicht	Hahn: 750-850 g; Henne: 650 g
Legeleistung	+
Eier	35 g – weiß bis cremeweiß
Fleischqualität	-
Brutverhalten	+
Flugeigenschaften	+
Besonderheit	sehr üppig befiederte Füße
Gängige Farbschläge	gold-porzellanfarbig, isabell-porzellanfarbig, schwarz, weiß, weiß-schwarz-columbia, goldhalsig ...

Diese Zwerghuhnrasse ist unter Tausenden wiederzuerkennen. Die Tiere sind vom Wesen her zutraulich und haben eine unnachahmliche Art zu laufen.

Herkunft: In Holland kennt man dieses Huhn bereits seit dem 17. Jahrhundert und vermutlich hat der Rassestandard seinen Ursprung in England.

Charakteristika: Diese Hühner existieren nur in der Zwergform und haben als Besonderheit die am üppigsten befiederten Füße alle Hühnerrassen. Nach der alljährlichen Mauser zeigt sich das Federfüßige Zwerghuhn mit einem neuen Fächer aus Federn an beiden Füßen. Ideal für sie ist natürlich ein kurzer Rasen, aber auch sonst kommen diese Hühner gut zurecht. Die Federn werden dann eben etwas abgestoßen, doch das ist nur für den Ausstellungszüchter ein Handicap bei der Bewertung. Die eher ruhige Rasse, die manchmal aber auch überraschend lebhaft sein kann, wird sehr schnell zahm.

Haltung: Die meist als Ziergeflügel gehaltenen Hühner gibt es in zahlreichen schönen Farbtönen. Sie legen und brüten nur mittelmäßig.

Gut zu wissen

Werden Federfüßige Zwerghühner im Freiland gehalten, nutzen sich die Federn an den Füßen ab und zerfleddern schnell. Erhalten lassen sich diese so besonderen Attribute nur bei der Volierenhaltung.

Hahn und Henne der Rasse Federfüßige Zwerghühner in Isabell-porzellanfarbig.

Sebright

Raffiniert, grazil, elegant … die Reihe ließe sich beliebig fortsetzen, um die kleinen, von Hobbyhaltern geschätzten Sebright gebührend zu beschreiben. Sie sehen stets aus, als kämen sie in Galakleidung daher. Sie sind lebhaft und quirlig, wobei die Hähne oft „arrogant„ erscheinen, was angesichts ihrer geringen Größe recht amüsant wirken kann.

Herkunft	England
Durchschnitts-gewicht	Hahn: 600 g; Henne: 500 g
Legeleistung	*
Eier	30-35 g –weiß
Fleischqualität	-
Brutverhalten	*
Flugeigenschaften	***
Besonderheit	beim Hahn: das Fehlen bestimmter sekundärer Geschlechtsmerkmale
Gängige Farbschläge	gold, silber …

Herkunft: Die Sebright zählen zu den ältesten Rassen Englands und wurden um 1800 von Sir John Sebright herausgezüchtet. Es brauchte rund 15 Jahre, um die Rasse so zu entwickeln, wie wir sie jetzt kennen. Einige der Rassen, die zur Entstehung der Sebright beigetragen haben, sind unter anderem so bekannte wie Zwerg-Cochin, Bantam oder Paduaner.

Charakteristika: Sebright sind echte Zwerge und werden vorwiegend als Zierhühner gehalten. Zu ihren Besonderheiten zählen die gesäumten Federn sowie das Fehlen bestimmter sekundärer Geschlechtsmerkmale beim Hahn: Seine Körperform ist identisch mit der der Henne, Neben- und Hauptsicheln auf Rücken beziehungsweise Schwanz fehlen, der Sporn ist kaum oder überhaupt nicht vorhanden. Durch ihr geringes Gewicht können die Tiere sehr gut fliegen – manchmal bis aufs Hausdach!

Haltung: Sebright-Hühner wurden nicht auf Leistung gezüchtet: Die Hennen legen kaum Eier und brüten nur gelegentlich, wobei sie durchaus auch einmal das Gelege im Stich lassen oder die Küken vernachlässigen. Um ihre Fortpflanzung sicherzustellen, ist es besser, die Eier einer anderen Henne unterzuschieben oder in den Brutautomaten zu legen.

Gut zu wissen

Das Sebright war die erste Hühnerrasse, für die um 1810 ein offizieller Club gegründet wurde: der Sebright-Bantam-Club, von Sir John Sebright persönlich ins Leben gerufen.

Hahn und Hennen der Rasse Sebright in der Farbe Silber-schwarzgesäumt.

Serama

Herkunft	Malaysia
Durchschnitts-gewicht	Hahn: unter 500 g; Henne: unter 425 g
Legeleistung	+
Eier	15-25 g – cremeweiß
Fleischqualität	-
Brutverhalten	++
Flugeigenschaften	+
Besonderheit	Fortpflanzungs-probleme bei sehr kleinen Tie-ren
Gängige Farbschläge	gelb, schwarz, weizenfarbig, gescheckt, weiß

Diese Rasse gelangte erst vor kurzer Zeit nach Europa und gilt als kleinstes Huhn der Welt.

Serama-Hennen in Gescheckt und Hahn in der Farbe Gold-weizenfarbig.

Herkunft: Serama entstanden in den 1980er Jahren in Malaysia, wo sie sehr beliebt und seit 1990 auf zahlreichen Ausstellungen zu sehen sind. Die Begeisterung für diese Minihühner bei einigen ausländischen Züchtern führte dazu, dass sie 2000 zuerst in die USA, 2004 nach England, 2006 nach Holland und 2010 nach Frankreich importiert wurden. Auch in der Schweiz und Deutschland werden sie nun gehalten, ohne bisher als Rasse anerkannt zu sein.

Charakteristika: Serama sind echte Zwerghühner. Die sehr kompakt wirkenden Tiere tragen Flügel und Schwanz beinahe senkrecht. Man muss zwischen dem amerikanischen Standard, der drei Gewichtsklassen führt, und dem europäischen, der nur eine Klasse hat, unterscheiden. In Malaysia werden die Serama auf Körperhaltung gezüchtet, was dazu führt, dass die Züchter immer größeren Wert auf Kleinheit und Körperform legen, etwa Brust stark nach vorne gewölbt, Hals nach hinten gebogen und so weiter. Die eher ruhigen und zutraulichen Serama fliegen selten, sind aber bei Gefahr durchaus dazu in der Lage.

Haltung: Diese Zierhühner wurden selbstverständlich nicht auf Leistung gezüchtet. Die Hennen legen nur mittelmäßig, brüten aber gut und kümmern sich um die Aufzucht der Küken. Durch ihre geringe Größe können Serama auch auf sehr kleinem Raum gehalten werden.

Gut zu wissen

Der amerikanische Standard umfasst drei Gewichtsklassen

	Hahn	Henne
Klasse A	bis 350 g	bis 325 g
Klasse B	bis 500 g	bis 425 g
Klasse C	bis 600 g	bis 500 g

Sultanhühner

Diese eher seltene Rasse ist nicht so leicht zu beschaffen und besitzt überdies besondere Eigenschaften, die vom Halter viel Aufmerksamkeit verlangen.

Herkunft	Türkei (Urrasse)
Durchschnitts-gewicht	Hahn: 1,5-2 kg; Henne: 1-1,5 kg
Legeleistung	-
Eier	55 g – weiß
Fleischqualität	-
Brutverhalten	-
Flugeigenschaften	+
Besonderheit	fünf Zehen
Gängige Farbschläge	weiß

Ein Paar Sultanhühner.

Herkunft: Sultanhühner sollen 1854 von der Türkei nach Belgien importiert worden sein, waren jedoch Anfang des 19. Jahrhunderts wieder verschwunden. Unsere heutigen Sultanhühner sind das Ergebnis einer Rekonstruktion der ursprünglichen Rasse.

Charakteristika: Die mittelgroßen Hühner besitzen so viele „fedrige" Attribute wie Haube, Koteletten, Bart und stark befiederte Füße, dass sie äußerst sensibel auf Regen, Matsch und Kälte reagieren und somit für ein Leben in Garten und Natur ungeeignet sind, wenn Sie Wert auf immer ganz makellose Fußbefiederung legen. Dies spricht für eine Volierenhaltung der Sultanhühner. Vom Wesen her sind sie ruhig, kaum aggressiv und sie werden leicht zahm.

Haltung: Sultanhühner wurden vor allem zur Zierde gezüchtet. Die Hennen legen und brüten kaum und vergessen manchmal sogar ihre Küken.

Gut zu wissen

Weil es die Sultanhühner nur in Weiß gibt, wird die Haltung dadurch erschwert, das Gefieder ganzjährig makellos sauber zu halten. Sultanhühner in Blau und Schwarz kommen zwar vor, jedoch noch nicht bei uns.

Sussex

Sussex-Hühner sind eine exzellente Mischrasse. Sie sind sehr robust und dadurch meist leicht zu halten.

Herkunft	Sussex – Südengland
Durchschnittsgewicht	Hahn: 3-4 kg; Henne: 2,5-3 kg
Legeleistung	+++
Eier	60 g – cremefarben bis gelb
Fleischqualität	+++
Brutverhalten	++
Flugeigenschaften	+
Besonderheit	legen auch im Winter
Gängige Farbschläge	weiß-schwarzcolumbia, gelbschwarzcolumbia, braun-porzellanfarbig ...

Herkunft: Auch wenn sie ihren Ursprung anscheinend in der Zeit der Belagerung Englands durch die Römer haben sollen, so wurden die heutigen Sussex-Hühner erst Anfang des 20. Jahrhunderts gezüchtet. Über die verschiedenen Rassen, die dazu beigetragen haben, sind sich die Experten noch nicht einig. Zweifellos aber fließt asiatisches Blut, etwa von Brahma, in ihren Adern.

Charakteristika: Diese Tiere gehören zu den schweren Rassen und sind deshalb wenig flugfreudig.

Haltung: Die ausgezeichneten Hofhühner legen bis zu 200 Eier im Jahr, brüten und kümmern sich um die Aufzucht der Küken. Sie lassen sich gut mästen und liefern viel Fleisch. Sussex vertragen Feuchtigkeit relativ gut.

Sussex-Gruppe in der Farbe Weiß-schwarzcolumbia, daneben (ganz rechts) eine grausilberne Henne, die wie das Farbnegativbild der anderen Hühner wirkt.

Gut zu wissen

Die echten Sussex-Rassehühner sind nur in Weiß-schwarzcolumbia erhältlich und nicht zu verwechseln mit den vielen Industriehybriden, die aus ihnen herausgezüchtet wurden. Letztere sind weniger voluminös. Die Hybriden werden oft auf den Märkten angeboten, kosten weniger und sind sehr produktiv. Aber meist besitzen sie nicht mehr die Landhuhnqualitäten ihrer Urahnen, besonders bei der Fleischqualität und dem Brutverhalten. Sussex gibt es auch als Zwergform.

Bunte Sussex-Gruppe.

Wyandotten

Wyandotten weisen viele ästhetische Qualitäten auf, besonders wenn ihr Federkleid blau, weiß oder schwarz gesäumt ist. Darüber hinaus sind es vielseitige Hofhühner.

Herkunft	USA
Durchschnitts-gewicht	Hahn: 3,4-3,8 kg; Henne: 2,5-3 kg
Legeleistung	++
Eier	60-65 g – cremefarben
Fleischqualität	++
Brutverhalten	+
Flugeigenschaften	+
Gängige Farbschläge	weiß, schwarz, gestreift, gold-schwarzgesäumt, blau, rot …

Herkunft: Die Rasse wurde Ende des 19. Jahrhunderts in den USA anerkannt, wobei ihr Ursprung nach wie vor im Dunkeln liegt. Zu der Zeit waren diese Hühner sehr beliebt und wurden schon um 1890 nach England, später auch nach Frankreich importiert. Zahlreiche Rassen waren an der Entstehung der vielfältigen Farbschläge beteiligt, in denen die heutigen Wyandotten erhältlich sind.

Charakteristika: Die robuste Rasse passt sich problemlos an alle Klimabedingungen an. Die Tiere fliegen nur, wenn es unbedingt erforderlich ist, und auch dann nur auf kurze Strecken und in geringer Höhe.

Diese Wyandotten-Gruppe besteht aus einem Hahn und einer Henne in der Farbe Gold-blaugesäumt, sowie einem Huhn in der Farbe Gold-weißgesäumt (hinter dem Hahn).

Haltung: Mit 160 Eiern pro Jahr zeigen Wyandotten eine gute Legeleistung. Sie produzieren viel Fleischmasse, ohne jedoch die Qualität der besten Fleischrassen zu erreichen. Die Hennen brüten gut und ziehen ihre Nachkommen auf. Die Hähne sind meist nicht angriffslustig. Sie gewöhnen sich schnell an Kinder, von denen sie sich gern füttern und pflegen lassen und die auch die Eier einsammeln dürfen, natürlich unter der Aufsicht eines Erwachsenen.

Gut zu wissen

Die Rasse existiert ebenfalls in der Zwergform. Die Hennen legen auch im Winter.

Hybridhühner

Sie sind zutraulich, pflegeleicht, sehr rentabel – Industriehühner eignen sich ideal für Anfänger.

Herkunft	weltweit
Durchschnittsgewicht	Legehennen: Hahn: 2,5-3 kg; Henne: 2-2,5 kg Zweinutzungshühner: Hahn: 3-3,5 kg; Henne: 2,5-3 kg
Legeleistung	+++
Eier	60-70 g – rotbraun bis hellrot bzw. weiß
Fleischqualität	++
Brutverhalten	+
Flugeigenschaften	+
Gängige Farbschläge	rotbraun, weiß, schwarz, schwarz mit braunem Hals, gesperbert ...

Herkunft: Industrie-Hybridhühner kamen in der Zeit zwischen 1960 und 1970 auf. Es handelt sich bei ihnen nicht um eigentliche Rassen, denn sie werden mit dem Ziel immer höherer Produktivität gezüchtet und müssen regelmäßig neu gekreuzt werden. Aktuell werden in Deutschland jährlich rund 60 Millionen Legehennen für die Industrie gezüchtet.

Charakteristika: Sich Hybridhühner zu beschaffen ist kinderleicht: Man findet sie auf fast jedem Kleintiermarkt. Dort werden meist zwei Typen dieser Hühner angeboten: kleine Legehühner wie das bekannte rotbraune Legehuhn oder auch eine weiße Linie, die etwas leichter im Körper ist. Während die braunen Hennen kaum fliegen, können es die weißen umso besser. Die außerdem noch angebotenen Hybridhühner in anderen Farben können es in der Leistung mit diesen beiden Grundvarianten nicht aufnehmen, übertreffen aber die Rassehühner immer noch deutlich.

Haltung: Die besten Legehennen legen während der ersten zwei Jahre über 300 Eier pro Jahr. Danach nimmt die Legeleistung rapide ab und hört dann abrupt auf. Zwiehühner legen etwas weniger. Beide Hühnertypen brüten jedoch nur selten.

Gut zu wissen

Unabhängig von der Herkunft legt kein Huhn im Lauf seines Lebens mehr als allerhöchstens tausend Eier. Industriehühner werden unnatürlicherweise so gezüchtet, dass sie schnell wachsen und praktisch täglich ein Ei legen. Ihr „Kapital“ an Eiern ist somit viel schneller erschöpft als bei Rassehühnern.

Was die Legeleistung betrifft, sind Hybridhühner unangefochten die Champions.

3

Der Alltag mit Hühnern

Der Umgang mit dem Geflügel kann sich auf ein Minimum beschränken: Futterration für mehrere Tage hinstellen, kurzes Saubermachen und Eier einsammeln. Aber durch die Erfahrungen, die ich gemacht habe, bin ich sicher, dass ich, wenn ich mein Geflügel so oft wie möglich beobachte, bei den Hühnern Erkrankungen, Verletzungen, Rangordnungskämpfe … oder Sonstiges wie schadhafte Zäune oder einen reparaturbedürftigen Hühnerstall viel schneller entdecken und die Probleme beheben kann, bevor sie schlimmer werden. Sofern möglich, richte ich es so ein, dass ich meine Hühner mehrmals täglich aufsuche: Stall öffnen, sauber machen, Eier einsammeln, füttern, abends die Tiere wieder einsperren. Auf diese Weise können Sie zudem eine engere Bindung zu Ihren Tieren aufbauen.

Kikeriki – der Tag beginnt!

Alle Hähne krähen – die großen mit tiefer, sonorer, mittelgroße Tiere mit klarer, kräftiger Stimme und die kleinen krähen eher schrill und oft heiser. Wie bei vielen Vögeln melden sich die männlichen Tiere zu Wort, um ihr Revier abzugrenzen und ihre Anwesenheit zu signalisieren. Intensität, Höhe und Dauer des „Gesangs" geben Aufschluss über die Qualitäten des „Platzhahns"!

Der Hahn richtet sich auf, reckt den Hals nach vorn und lässt sein Kikeriki ertönen. Am Ende des Schreis ist oft ein Röcheln zu hören, was keinesfalls auf Atemnot hindeutet, wenn der Hahn wieder einatmet.

Der Tag bricht an ...

Hähne beginnen schon vor Tagesanbruch mit dem Krähen: oft bereits schon ab vier oder fünf Uhr morgens. Der Hahnenschrei, den man vielleicht so übersetzen könnte: „Ich bin der Schönste, der Größte und der Stärkste, und das alles hier gehört mir", ertönt mehrmals täglich, je nachdem, wohin sich der Hahn innerhalb seines Territoriums bewegt. Wie oft gekräht wird, hängt von Verschiedenem ab, etwa dem Charakter des einzelnen Hahns, der Gegenwart weiterer Hühnervölker in der Nachbarschaft, was die Hähne dazu ermuntert, sich gegenseitig mit großer Ausdauer zu antworten, oder der Anwesenheit eines jungen, heißblütigen Hahns.

Wie entsteht ein Hahnenschrei?

Zum Krähen verwenden Hähne ihr Stimmorgan, die sogenannte Syrinx. Sie ist bei Singvögeln sehr komplex gestaltet, bei Hühnervögeln sehr einfach. Sie befindet sich am Übergang von der Luftröhre zu den Bronchien. Entgegen weit verbreiteter Meinung besteht die Syrinx nicht aus Stimmbändern, sondern einer straff gespannten Membran, ähnlich einem Trommelfell, die der Hahn in Vibration versetzt, indem er die Luft aus seiner Lunge herauspresst.

Teilansicht des Atmungssystems

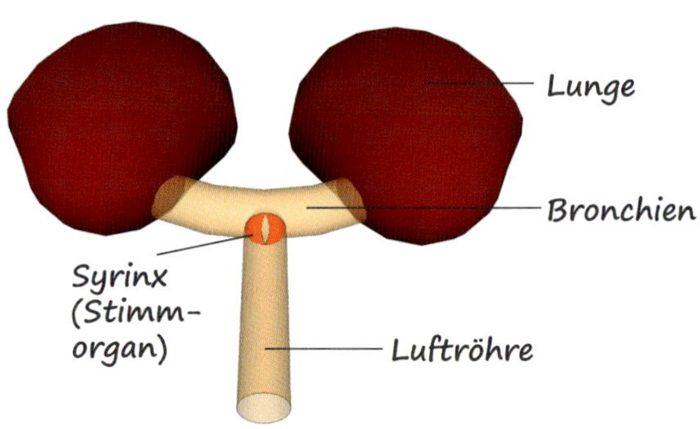

Um in der gesamten Umgebung gehört zu werden, begibt sich ein Hahn auch mal in die Höhe.

Gut zu wissen

- Zwerghähne krähen zwar nicht so laut, doch klingt ihr Schrei oft viel schriller und unangenehmer.
- Hähne beginnen kurz vor ihrer Geschlechtsreife mit dem Krähen, so etwa mit vier bis fünf Monaten.
- Ein Hahn, der kräht, ist meist auch ein gesunder Hahn.
- Hähne krähen nicht nur am Morgen, sondern mehrmals täglich.

Kann man einen Hahn am Krähen hindern?

Trotz des Ärgers, den ein krähender Hahn verursachen kann, ist es unmöglich, ihn daran zu hindern. Käme nur die Kastration (Kapaunisieren) infrage, die in Frankreich erlaubt ist und in Deutschland früher ebenfalls üblich war. Kapaune krähen überhaupt nicht, besitzen aber auch nicht mehr das Verhalten normaler Hähne. Allerdings dürfen nach dem Tierschutzgesetz Eingriffe wie beispielsweise eine Kastration nur durch einen Tierarzt nach wirksamer Betäubung durchgeführt werden. Es ist übrigens auch verboten, bei einem Hahn die Syrinx operativ entfernen zu lassen, um ihn am Krähen zu hindern.

Visite im Hühnerstall

Normalerweise geht man mindestens einmal täglich in den Stall, um die Eier einzusammeln. Dabei können Sie gleich den Stall auch misten und kontrollieren. Das dauert keine Minuten und stellt sicher, dass
- die Hühner in einer sauberen Umgebung leben
- keine Geruchsbelästigung und Fliegen auftreten
- an bestimmten Stellen keine Parasiten einziehen
- Sie etwas Zeit mit Ihren Tieren verbringen, die dabei immer um Sie herum sind.

Die richtigen Handgriffe bei einer Stippvisite

Zustand des Hühnerstalls vor der Reinigung

Kot und einzelne Federn, die in der Einstreu, hier im Sand, herumliegen, kommen davon, dass die Tiere zwischen Tagesanbruch und dem Aufmachen des Stalls aktiv werden.

Makellos saubere Eier deuten darauf hin, dass auch das Legenest reinlich ist.

Eier einsammeln

Sammeln Sie die Eier stets mit gewaschenen Händen ein und bringen Sie sie dann in Sicherheit!

Ausmisten

Je nach Verschmutzung ersetzen Sie zum Mist entfernen das Zeitungspapier oder anderes Material, mit dem das Kotbrett ausgelegt ist, teilweise oder ganz. Wenn Sie nur ein Dutzend Hühner halten, wissen Sie schnell, welches Huhn wo schläft. Platzieren Sie die Zeitungen an den entsprechenden Stellen. Kot am Boden wälzen Sie etwas im Sand und entfernen ihn mit einer kleinen Schaufel.

Gut zu wissen

Hühnerkot
- setzt Ammoniak frei
- gehört zu den wichtigsten Krankheitsüberträgern
- ballt sich zusammen und wird schnell zu einer Brutstätte für Parasiten.

Tipp

Während meiner Tätigkeit im Hühnerstall trage ich immer unauffällige Kleidung, weil meine Tiere mich so gewöhnt sind. Jede Veränderung – etwa ein Regenschirm, ein Regenmantel in grellen Farben, ungewohnt großes Arbeitsgerät oder Ähnliches – kann unter den Tieren große Aufregung hervorrufen.

Kontrolle parasitengefährdeter Stellen – ein- bis zweimal pro Woche, vor allem im Frühjahr und Herbst

Auf der Suche nach Spuren von Parasiten sollten Sie vor allem dunkle Ecken oder auch Mausefallen, die Sie dort aufgestellt haben, inspizieren:

1. unterhalb der Legenester
2. unter bzw. in der Kiste, wo die Zeitungen aufbewahrt werden
3. hinter dem Wäschekorb, der oft auch als Sitzstange benutzt wird, wenn ich ihn nicht gerade brauche, um ein Tier von den anderen zu separieren
4. hinter dem Brett, das tatsächlich eine notdürftige Milbenfalle darstellen soll
5. in allen Ecken des Stalls und unter dem Linoleum

Wann ist die beste Zeit dafür?

Ihre Visite könnte zu jeder Tageszeit stattfinden, und zwar wenn die Hühner alle draußen sind. Reinigen Sie den Hühnerstall gleich am Morgen, nachdem Sie die Tiere ins Freie gelassen haben, dann bleibt er den ganzen Tag über sauber. In folgenden Fällen sollten Sie von einer Inspektion absehen:

- Wenn bei starkem Regen oder Schnee der Stall der einzige Zufluchtsort für die Hühner ist, müssen Sie ihn zu einem anderen Zeitpunkt reinigen.
- Wenn eine Henne gerade ein Ei legt, sollte sie nicht den Eindruck bekommen, dass sie sich an einem stark frequentierten Ort befindet und sich dann womöglich zum Legen nach einer anderen Stelle umsehen.

Wie oft wird die Einstreu in den Legenestern erneuert?

In den Nestern muss die Einstreu (Stroh, Heu…) nur alle zwei bis drei Wochen ausgetauscht werden. Es gibt aber eine Ausnahme: Wenn ein Huhn das Legenest zum Schlafen aufsucht, hinterlässt es in der Nacht dort seinen Kot. Entdecken Sie beim Einsammeln ein schmutziges Ei, dann reinigen Sie das betreffende Legenest – das dauert nur eine Minute!

„Und wenn ich den Hühnerstall nicht täglich reinige?"

Das tägliche Saubermachen hat nichts mit Pedanterie zu tun, es dient lediglich dem Wohlbefinden der Tiere. Sie wären überrascht, wenn Sie Ihre Nase nur ein- bis zweimal im Monat in Ihren Hühnerstall stecken würden, was bei Modellen, die von außen zugängliche Legenester haben, durchaus vorstellbar wäre! Wenn Sie für eine tägliche Inspektion nicht die Zeit aufbringen können, dann machen Sie den Stall so oft wie irgend möglich sauber!

Alle Hühner zu Tisch!

Da Hühner Allesfresser sind, können sie von einer großen Auswahl an Nahrungsmitteln leben: Körnern, Pflanzen, Früchten, Insekten, Kleintieren ... In unserer Familienzucht haben sie oft freien Zugang zu Nahrung und könnten sich theoretisch den ganzen Tag vollstopfen. Doch die Tiere begnügen sich damit, das zu fressen, was sie für ihren täglichen Bedarf brauchen. Eine der Hauptbeschäftigungen von Geflügel ist die Suche nach Futter und die Hühner verbringen den größten Teil des Tages damit.

Ernährung – Körner und Wasser ...

Sobald sich die Tür des Hühnerstalls öffnet, haben die Hühner nur eins im Sinn: ihren Kropf zu füllen. Mit Schwung begeben sie sich sofort in Richtung Futternapf und Tränke, die sie an Form und Farbe wiedererkennen. Sie sind in der Lage, sie selbst dann zu finden, wenn Sie die Näpfe an eine andere Stelle stellen. Den Tag über kommen sie immer wieder an den Futterplatz, vor allem noch einmal am Abend, bevor sie in den Stall eingesperrt werden.

Das Morgenritual: Meine kleine Hühnerkarawane marschiert schnurstracks zum Futterplatz.

Körnerfutter

Die Tiere wandeln Körner in Energie um. Ich persönlich verfüttere eine fertige „Hühnerhofmischung“. Die empfohlene Tagesmenge liegt bei 100 g Körnerfutter pro Tier und Tag. Einen niedrigeren Bedarf haben Hühner, die einen abwechslungsreichen und geräumigen Auslauf nutzen können.

Um die Tagesration für Ihre Tiere zu berechnen, füllen Sie einen Behälter mit rund 100 g Körnerfutter, entsprechend etwa einem kleinen Glas Senf. Bei zehn Hühnern füllen Sie die Futternäpfe zehn Mal mit dieser Dosis. Am gleichen Abend schauen Sie nach, wie viel aus den Näpfen aufgenommen wurde: Sind sie ganz leer oder noch halb voll? Dann erhöhen oder verringern Sie die Menge für den nächsten Tag entsprechend. Nach einigen Tagen wird sich die Tagesration für Ihre Tiere bei einer bestimmten Menge eingependelt haben.

Beachten Sie, dass der Futterbedarf im Winter um einiges höher ist. Beispiel: Für meine elf Hühner, die reichlich Auslauf haben, beträgt die Tagesration im Sommer nur 500 g, im Winter dagegen zwischen 600 und 700 g. Wissenswert ist auch, dass ölhaltige Körner, wie Mais oder Sonnenblumenkerne, im Winter mehr gefressen und im Sommer liegen gelassen werden.

Wenn man mehrere Futternäpfe zur Verfügung stellt, lassen sich Rangordnungs-Konflikte, die aus Futterneid entstehen, vermeiden.

Eine handelsübliche Körnermischung aus Weizen, Mais, Gerste und Hafer.

Wasser

Wasser ist ebenfalls Bestandteil der Ernährung. Der Körper eines Huhns besteht zu 70 % aus Wasser, ein Ei zu 65 %. Wasser spielt eine wichtige Rolle bei der Nähstoffaufnahme und auch bei der Ausscheidung von Giftstoffen. Außerdem hilft es, die Körpertemperatur der Tiere zu regulieren. Bei starker Hitze steigt die Wasseraufnahme mitunter drastisch an. Eine Stelle, wo ganztägig sauberes, frisches Wasser zur Verfügung steht, ist daher unverzichtbar.

Energieaufteilung einer Körnerfutterration (100 g)
Gelb: *Brutto-Energiezufuhr für 100 g Körnerfutter (400 kcal)*
Rot: *35 %, nicht verwertbarer Anteil, wird in Form von Kot ausgeschieden*
Orange: *11 %, durch Körperwärme verbrauchte Energie*
Hellgrün + Dunkelgrün: *Netto-Energie*
Dunkelgrün: *28 %, Energie für Wachstum oder Eiproduktion*
Hellgrün: 26 %, Energie für die Aufrechterhaltung der Vitalfunktionen

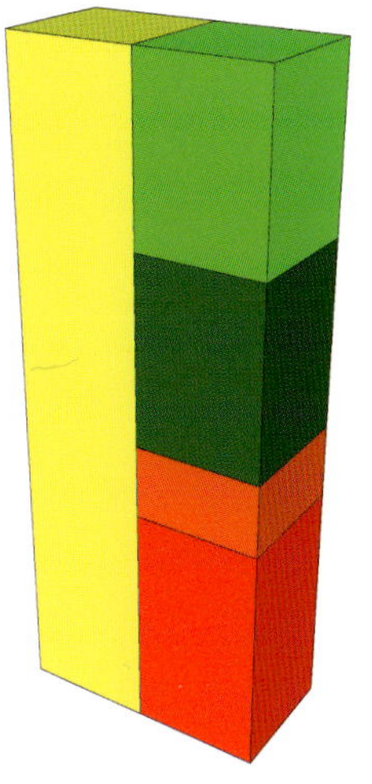

Gut zu wissen

- Bei Regen kann ein Futternapf mit nur einer Tagesration Körnerfutter draußen stehen bleiben: Die Tiere nehmen die Körner auch in feuchtem Zustand auf. Nicht dagegen Pellets: Sie lösen sich in Wasser sehr schnell auf. Dann eignet sich am besten ein überdachter Futterplatz.
- Stellen Sie mindestens zwei Futternäpfe einige Meter voneinander entfernt auf, dann bleiben für die rangniedrigeren Tiere nicht nur die Reste, sondern sie bekommen das gleiche Futter wie die dominanten.
- Verteilen Sie auch Küchenabfälle und -reste an verschiedenen Stellen, damit jedes Tier davon fressen kann.

Erkundungsgänge

Nach ihrem Abstecher zur Futterstelle gehen die Hühner auf Erkundung. Sie durchforsten jeden Quadratzentimeter ihres Territoriums nach weiteren Nahrungselementen. Und hier kommt die Qualität des Geheges ins Spiel: Insekten, Larven und Würmer liefern Proteine, die für die Aufrechterhaltung der Vitalfunktionen unverzichtbar sind. Außerdem haben die Hühner ab und zu die Chance, einen kleinen Frosch oder ein junges Säugetier aufzuspüren. Maulwürfe, Spitzmäuse oder andere Mäuse stehen durchaus auch auf dem Speiseplan.

Während sich die letzten Hühner noch am Futternapf aufhalten, ist der Rest der Truppe bereits auf Erkundung unterwegs, um nach Essbarem zu suchen.

Die unterschiedlichen Früchte und Pflanzen, die im Gehege wachsen, wie Äpfel, Birnen, Kirschen, Brombeeren ... liefern zeitweise wichtige Vitamine. In großen Mengen wird Gras wegen seiner Fasern und Nährstoffe aufgenommen. Vögel benötigen auch Mineralstoffe – vor allem Phosphor und Calcium, die eine wichtige Rolle beim Knochenaufbau und der Produktion der Eierschalen spielen. Wenn Ihre Hühner nur einen begrenzten Auslauf haben, auf dem nicht mehr viel zu holen ist, sollten Sie die Körnerrationen mit vollwertigen Pellets anreichern, um den Stoffwechselbedarf abzudecken. Mit Vitaminen angereicherte Nahrungsergänzungsmittel wie Lebertran können auch hin und wieder direkt unter das Futter gemischt werden. Auch frisch gemähtes Gras stößt bei den Hühnern auf großes Interesse!

Essensreste

Eine nicht unerhebliche Nahrungsergänzung kommt auch aus der Küche: von Garnelen-Karkassen bis hin zu Obst- und Gemüseschalen oder gekochten Nahrungsmittelresten – den Hühnern schmeckt alles, oder fast alles. Sie sind sogar in der Lage, das Fleisch von einem Fischskelett oder sogar einem ihrer Artgenossen abzulösen!

Man sollte aber nicht glauben, man könne Hühnern alles verfüttern. Rohe Kartoffeln etwa sind extrem toxisch. Denken Sie auch daran, dass Geflügel keine Zähne besitzt und so das Zerkleinern von Nahrung für sie schwierig ist. Bereiten Sie Nahrungsreste entsprechend auf. Wenn Sie Schalen von Obst und Gemüse den Hühnern in rohem Zustand vorwerfen, können die Tiere sie nicht aufnehmen und sie verderben. Schneiden Sie die Schalen in Streifen und kochen Sie sie einige Minuten in Wasser – dann werden Ihre Hühner sich mit Vergnügen darauf stürzen! Manche Menschen haben Bedenken, Reste von Gemüse aus konventionellem Anbau zu verfüttern. Um Spuren von Pestiziden und anderen Chemikalien zu entfernen, genügt es nicht, Obst und Gemüse nur zu waschen, und es ist bekannt, dass sich Rückstände davon im Fleisch der Tiere wiederfinden. Bei Eiern gehen die Meinungen noch weiter auseinander. Handeln Sie also nach Ihrer eigenen Überzeugung ...

Futterbrei nach Art des Hauses

Breie erhalten die Tiere zusätzlich zum Körnerfutter. Für die Zubereitung nehmen Sie am besten günstige Nahrungsmittel wie Reste aus Küche und Garten. Der Futterbrei dient verschiedenen Zwecken, zum Beispiel:

- zur Verabreichung eines Medikamentes
- zur Stärkung eines Tieres in der Rekonvaleszenz
- zur Unterstützung der Hennen in besonders energieintensiven Phasen wie Mauser, Brut ...
- zur Aufwärmung im Winter (warme Futterbreie), zumal die Hühner von der Wärme auch noch profitieren, wenn sich das Futter im Kropf befindet
- zur Ergänzung der Nahrung, wenn die Tiere nicht mehr alles im Auslauf vorfinden, also Fasern, Vitamine, Mineralstoffe, Proteine ... Für diesen Zweck werden Futterbreie am häufigsten verwendet.
- und natürlich als besondere Leckerei von Zeit zu Zeit.

Reis, Thunfisch, gehackte Zwiebeln und etwas Lebertran: Dieses Rezept wird von der Hühner-Jury für gut befunden.

Was kommt in einen Futterbrei?

- Obst und Gemüse (50 % der Gesamtmenge): gekocht oder roh geraspelt, aus dem Garten Rüben, Kohl, Karotten, Erbsen, Bohnen, Lauch, Äpfel, Birnen ..., dazu zerkleinerte Brennnesseln – eine interessante Futterpflanze, die Hühner in der Natur selten fressen
- Reis, Teigwaren, Grieß oder Brot (35 % der Gesamtmenge), also Nahrungsmittel, die leicht zu beschaffen sind und wenig kosten
- tierisches Eiweiß (15 % der Gesamtmenge): Fleischreste oder die Köpfe von Sardinen, Makrelen, Garnelen, hart gekochte, zerkleinerte Eier ...

Die Liste ließe sich beliebig lang fortsetzen. Im Sommer nehmen die Hühner gern auch mal ein Taboulé, genau wie im Winter die Reste einer Suppe mit Speckeinlage! Beachten Sie dabei aber in jedem Fall, dass die oben angegebenen prozentualen Anteile der einzelnen Bestandteile stimmen. Bei einer prophylaktischen Behandlung (siehe Seite 179) können Sie dem Futterbrei noch spezielle Bestandteile hinzufügen.

Vorbeugen ist besser als heilen

Wie so oft ist bei der Ernährung Ihrer Hühner Prävention angesagt – beachten Sie einige Regeln, ersparen Sie sich viele Probleme:

- Wenn Sie sich bei einem Nahrungsmittel nicht sicher sind, verfüttern Sie es lieber nicht und erkundigen Sie sich zuerst.
- Ein Zuviel an Fett, Salz und Zucker ist tödlich.
- Vorsicht bei Resten von Fertiggerichten oder verarbeiteten Produkten, in denen diese Inhaltsstoffe versteckt enthalten sind.
- Verfüttern Sie nicht übermäßig viele Molkereiprodukte, die Laktose enthalten: Vögel sind keine Säugetiere, die mit Muttermilch groß werden. Ihr Verdauungsapparat ist für diese Produkte nicht gemacht und Milchprodukte kommen in ihrer Natur nicht als Nahrungsmittel vor. Für die Calciumversorgung nehmen Sie besser zerstoßene Schalentiere.
- Fleischreste werden meist nur in geringen Mengen verfüttert, und das ist gut so – nicht aus Angst, die Hühner könnten zu Fleischfressern werden (das sind sie schon

längst), sondern weil sie in der Natur Fleisch nur in extrem geringen Mengen finden, etwa wenn sie einen Kadaver entdecken oder ein kleines Tier erwischen.

- Manche Nahrungsmittel führen zu starkem Futterneid und die Tiere stürzen sich darauf. Bereiten Sie die Essensreste so zu, dass dem Geflügel nicht der Bissen im Hals stecken bleibt und es erstickt: Schneiden Sie Fleisch ganz klein und legen Sie Pommes zum Einweichen in lauwarmes Wasser und um Salz und einen Teil des Fetts abzuwaschen.
- Gastrolithen (Magensteinchen) sind kleine, millimetergroße Kiesel, die oft von Hühnern geschluckt werden, um die Verdauung zu unterstützen. Hat Ihr Auslauf keine kleinen Steinchen, sollten Sie den Hühnern groben Sand zur Verfügung stellen oder Grit, den Sie im Handel erhalten.

Ein besonderes Verdauungssystem

Obwohl Hühner in der Lage sind, bestimmte Nahrungsmittel (Fleisch, Gemüse...) mit Schnabel und Füßen grob zu zerreißen, gelangen doch die Futterstücke, die sie verschlucken, indem sie den Kopf nach hinten biegen, unzerkleinert in ihren Körper. Aufgenommene Körner besitzen eine mehr oder weniger resistente Schutzummantelung. Aber das Verdauungssystem eines Huhns ist perfekt an seine Ernährungsweise angepasst: Es wandelt die Nahrung in die Grundstoffe um, die erforderlich sind, damit der Organismus perfekt funktionieren kann.

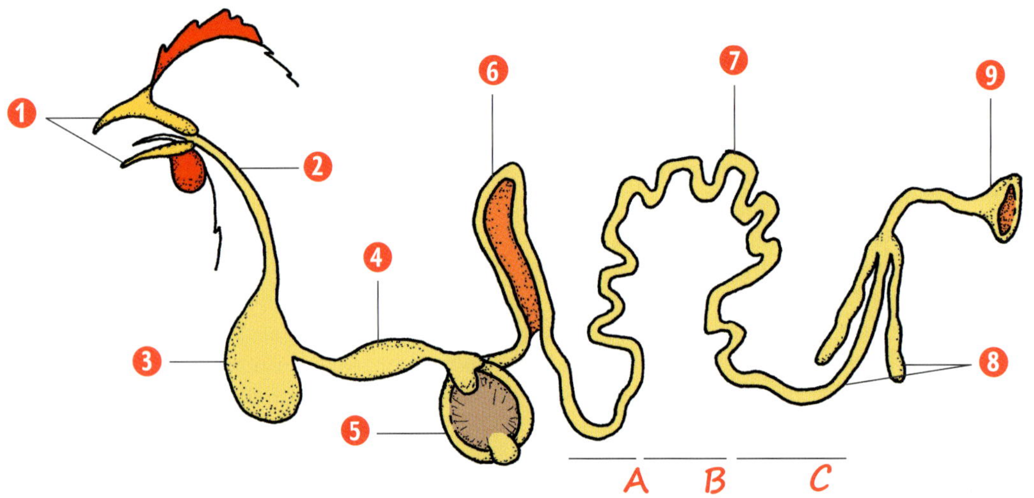

1 **Schnabel:** *besteht aus einem oberen und einem unteren Teil. An der Spitze und an den Seiten ist er am härtesten. Er ist ständig am Picken und nützt sich so auf natürliche Weise ab.*

2 **Speiseröhre:** *ein schlauchartiges Organ, das die Nahrung vom Schnabel in den Kropf befördert.*

3 **Kropf:** *befindet sich unten am Hals. Hier wird die Nahrung gelagert, um sie mit Hilfe von Wasser aufzuweichen, während die Bakterienflora einen Teil der Stärke verdaut. Ist der Kropf gefüllt, ist er von außen sichtbar und man kann seinen Inhalt durch Abtasten erraten.*

4 **Proventriculus** *(Vormagen): chemischer Magen. Hier wird die Nahrung durch Säuren und Enzyme zersetzt.*

5 **Muskelmagen:** *ein kräftiger Muskel, der die Funktion des mechanischen Magens gewährleistet. Während der Kontraktionen des Muskelmagens wird das Futter mit Hilfe der Gastrolithen zerquetscht. Während des Verdauungsvorgangs wird die Nahrung mehrere Male zwischen Vor- und Muskelmagen hin und her bewegt.*

6 **Pankreas:** *Organ zur Verdauung von Fetten, Proteinen, Stärke und Zucker.*

7 **Darm:** *unterteilt sich in drei Bereiche: A Zwölffingerdarm, B Leerdarm, C Hüftdarm.*

8 **Blinddarm:** *besteht aus linkem und rechtem Blinddarm. Ein Organ, über das nur wenig bekannt ist, es spielt aber eine Rolle für die Immunität und die Verdauung spezieller Substanzen.*

9 **Kloake:** *Ausscheidungsorgan für Exkremente.*

Insekten– besondere Leckerbissen für Hühner

Da ich in meinem Garten keine Chemikalien einsetze, entferne ich das Unkraut an Wegrändern oder bestimmten Gartenflächen durch Abdecken mit einer Plane. Diese Vorgehensweise erfordert etwas Zeit, ist aber ganz einfach und die Hühner können anschließend die Fläche von allem befreien, was dort kreucht und fleucht, etwa Würmer, Larven, Insekten ...

Der Bereich, wo sich jetzt noch Hühner tummeln, wird abgetrennt, um dort ein Gemüsebeet anzulegen.

Die Fläche wird mit einer Plane abgedeckt, damit die Vegetation darunter abstirbt.

Drei Wochen später sind unter der Plane nur noch ein paar verwesende Pflanzenteile vorhanden, aber auch Insekten aller Art. Jetzt ist es an der Zeit, die gefiederten „Erdarbeiterinnen“ auf die Fläche zu lassen! Die Hühner dürfen sich mehrere Tage hintereinander an diesem Ort austoben und die Erde auflockern.

Futter- und Trinkbehälter

Ich habe mir angewöhnt, die Futternäpfe täglich, die Tränken alle zwei bis drei Tage, bei Hitze täglich, frisch zu füllen. So habe ich jederzeit ihren Sauberkeitszustand im Blick und kann leichter überprüfen, wie viel die Tiere gefressen haben. Große Behältnisse, die man für ein bis zwei Wochen auf Vorrat befüllen kann, verwende ich nur ausnahmsweise, wenn ich zum Beispiel ein paar Tage verreisen muss. Sie werden schnell unhygienisch durch Ungeziefer, Kot, Bakterien, Algen und Pilze.

Die langgestreckten Hühner-Futtertröge sind praktisch und kostengünstig. Modelle aus Metall haben eine viel längere Lebensdauer als solche aus Plastik. Die darauf befindlichen Trennstäbe, oft abnehmbar, verhindern, dass sich die Hühner beim Fressen gegenseitig picken. Solche Rangordnungsstreitigkeiten können weitgehend abgemildert werden, wenn man mehrere Futtertröge aufstellt – hier zwei für ein Dutzend Hühner, damit alle Hühner gleich viel Futter abbekommen.
Beim Trinknapf habe ich mich für eine gängige Zylindertränke aus Plastik entschieden. Obwohl dieses Modell nicht ganz wartungsfreundlich ist, so ist doch der Wasserstand immer sichtbar und es lässt sich schnell erkennen, ob sich im Sommer die winzigen Grünalgen angesiedelt haben oder auch jede andere Art der Verschmutzung. Die Modelle aus Weichplastik halten länger – rund drei Jahre – als die aus Hartplastik, die aber unter Sonneneinstrahlung leicht brüchig werden und oft nicht mal ein Jahr überdauern. Damit das Wasser nicht verunreinigt wird, wenn die Hühner in der Erde scharren, sollte man den Trinknapf auf einen Stein stellen.

Mais ist bei vielen Vögeln sehr beliebt, doch die Körnermischung, die ich lange Zeit verfüttert habe, enthielt Maiskörner, die für die kleinen Gäste wie Spatzen zu groß und zu hart waren. Als ich meinen Futterlieferanten wechselte, verfütterte ich dann eine Mischung mit geschrotetem Mais. Von heute auf morgen waren meine Futternäpfe von Wildvögeln aus der Umgebung geradezu umlagert!
Um Abhilfe zu schaffen, musste ich meine alten Futtertröge ersetzen: Jetzt verwende ich einfach Plastikeimer mit Deckel, etwa einen 20 l-Farb- oder einen 5 l-Joghurteimer für die kleinen Hühner – alle beide recycelt, in die ich in gleichem Abstand jeweils vier Löcher gebohrt habe. Größe und Höhe dieser Öffnungen müssen an die Hühner angepasst werden. Diese Eimer, die noch mit einem Gegenstand beschwert werden müssen, wirken auf die meisten Futterdiebe abschreckend.

Obwohl Spatzen die häufigsten Gäste an den Futtertrögen sind, gibt es auch andere Vögel, die an der „Festtafel“ Platz nehmen: 1 Elstern, 2 Tauben, 3 Eichelhäher, 4 Amseln, 5 Buchfinken, 6 Ammern.

Zeit für Gefiederpflege

Wenn es etwas gibt, was charakteristisch für Vögel ist, dann die Federn! Selbst wenn das Huhn sich mittlerweile meist auf der Erde fortbewegt, so ist es doch zum Fliegen gemacht. Das Gefieder insgesamt verleiht dem Vogel seine Aerodynamik und Flugfähigkeit. Gleichzeitig bietet es Schutz gegen Wasser, Sonne und Kälte und spielt eine Rolle bei Fortpflanzung und Tarnung.

Federn und Gefieder

Federn bestehen fast ausschließlich aus Keratin. Chemisch gesehen sind sie gleich beschaffen wie unsere Haare und Nägel, aber auch wie die Hörner, Hufe oder Krallen von Säugetieren, und sogar wie die Schuppen von Reptilien.
Bei einer Feder unterscheidet man mehrere Teile:

- den *Calamus* (Federspule). Er sitzt in der Haut und ist der hohle Teil der Feder. Der Calamus ist mit Muskelgewebe verbunden, was es dem Vogel ermöglicht, sein Gefieder ganz nach Belieben aufzuplustern oder anzulegen.
- den *Schaft*. Er ist die Verlängerung der Federspule.
- die *Federfläche*. Sie befindet sich zu beiden Seiten des Schaftes und bildet eine glatte Fläche, die sogenannte Fahne. Die Federfläche besteht aus Hunderten kleiner Federäste, von denen mit Rillen versehene Bogen- und mit Häkchen versehene Hakenstrahlen abzweigen. Sie sind mit bloßem Auge als winzige Härchen erkennbar.
- die *Federfahne*. Wenn man auf sie leichten Zug ausübt, dann spürt man einen Widerstand, bevor sich zwei Äste voneinander lösen. Das Ganze lässt sich durch Darüberstreichen mit der Hand wieder verbinden, etwa nach dem Prinzip eines Klettverschlusses.

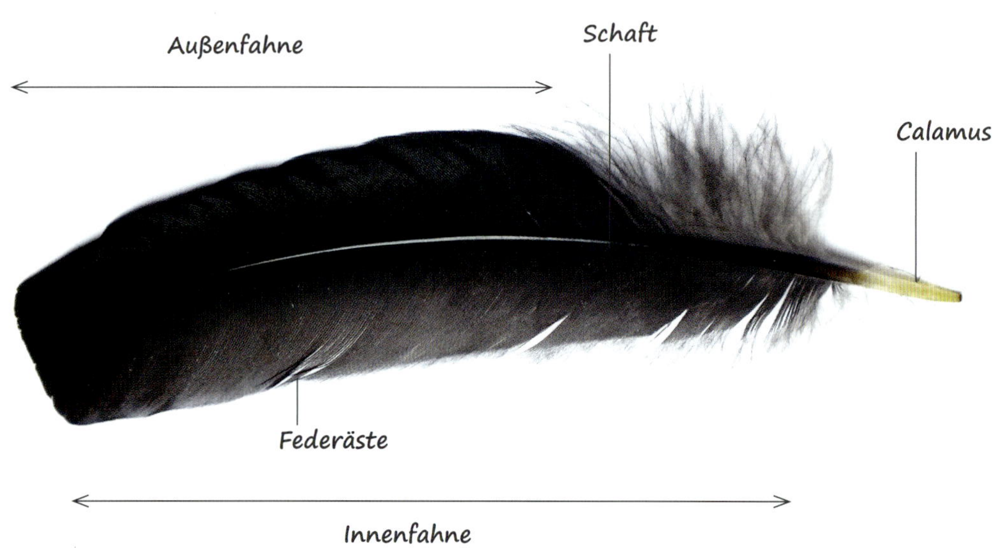

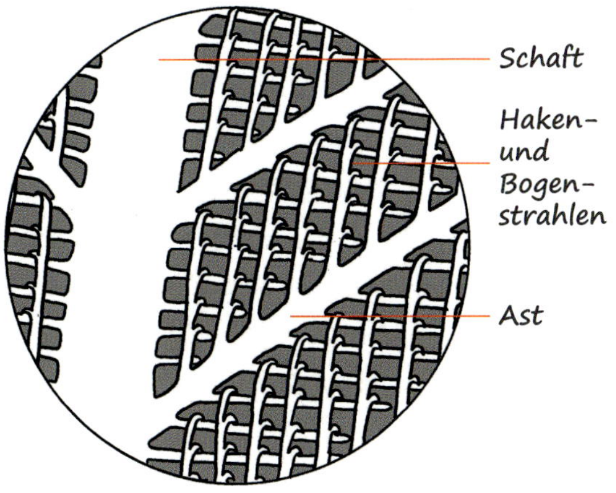

Aufbau der Feder

Federlose und befiederte Bereiche beim Huhn

Hühner besitzen rund 3.000 Federn, die aber nicht gleichmäßig auf dem gesamten Körper verteilt sind. Es gibt Bereiche mit Federn, Federfluren genannt, und nackte Hautzonen, die als Federraine bezeichnet werden.

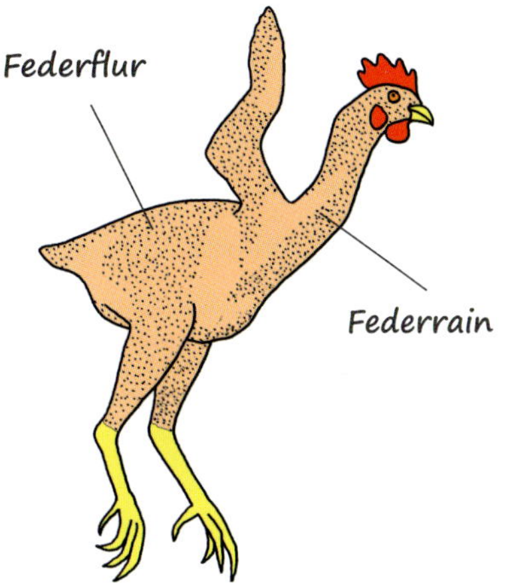

Gut zu wissen

Manche Industriehühner besitzen ein Gefieder, das viel weniger dicht ist, um das spätere Rupfen zu erleichtern.

Gefiederaufbau bei Hahn und Henne

Das Gefieder setzt sich aus Steuer-, Schwung- und Deckfedern und aus Körperfedern zusammen. Letztere bestehen aus Daunen und Konturfedern. Bei fast allen Rassen besitzt der Hahn als sogenannte sekundäre Geschlechtsmerkmale die Sichelfedern am Schwanz, den Sattel am hinteren Teil des Rückens und die Halsfedern.

Eine Henne, die sich durch das Schütteln der Gefiederpartien mit Erdpartikeln einpudert.

Staubbäder

Jeder hat schon mal einen Vogel beobachtet, wie er sich in einer Wasserpfütze das Gefieder säubert. Hühner machen es auf andere Art und Weise: Sie bevorzugen Staub- oder Sandbäder. So können sie das Gefieder von überschüssigem Fett befreien und außerdem Ungeziefer, vor allem Läuse, in Schach halten. Dieser Beschäftigung gehen sie, wenn es das Wetter erlaubt, mehrmals täglich nach, und zwar jeweils 10 bis 30 Minuten lang.
Dicht am Boden liegend, plustert das Huhn sein Gefieder auf und wirft mit den Füßen Staubwolken und Erde über den gesamten Körper, oder es scheuert sich ausgiebig an den Rändern des Erdlochs. Dabei ist ihm sowohl feuchte als auch vollkommen trockene Erde willkommen. Diese Staubbäder haben (leider!) die berühmten „Schlaglöcher“ zur Folge, die enorme Ausmaße annehmen können, weil Hühner immer wieder die gleichen Orte aufsuchen.

Tipps

- Um die Entstehung zu großer Schlaglöcher zu vermeiden, decken Sie sie einfach zu oder legen Sie einen Stein oder Ast darauf. So sind Ihre Hühner gezwungen, sich einen anderen Ort für die Gefiederpflege zu suchen.
- Wenn Ihre Hühner in ihrem Auslauf keine Stelle zur Gefiederpflege haben, dann stellen Sie ihnen eine niedrige Kiste von ausreichender Größe zur Verfügung, die Sie mit Erde, Sand und Holzasche (im Verhältnis 50 % / 25 % / 25 %) befüllen.

Gut zu wissen

Staubbäder und das Glätten des Gefieders sind beides Anzeichen, dass es den Tieren gut geht.

Ein Huhn wälzt sich in Asche.

Nach dem Staubbad schüttelt sich das Huhn, um die restliche Erde loszuwerden.

Glätten des Gefieders

Das Gefieder zu glätten ist die zweite Beschäftigung, die der Körperpflege dient. Dabei wird das Federkleid wieder in Ordnung gebracht: Es kommt tatsächlich häufig vor, dass sich die Federäste aushaken und die Federfahnen damit nicht mehr unversehrt erscheinen. Wenn die Äste nicht mehr richtig ineinander greifen, bringt das Huhn sie mit dem Schnabel wieder in Ordnung. Hühner glätten ihr Gefieder den ganzen Tag über, manchmal auch in der Gruppe während einer Ruhepause.

Zwei Hühner glätten ihr Gefieder: Dabei wird der Kopf in die Federn gesteckt.

Die Bürzeldrüse ist eine kleine, weißliche Kugel an der Schwanzwurzel, die oft durch winzige Federchen verdeckt wird. Nicht zu verwechseln mit einer Zecke!

Dieses Huhn reibt seinen Kopf an der Bürzeldrüse. Hierbei ist die Muskeltätigkeit an den Federspulen gut zu sehen, durch die das Gefieder am unteren Teil des Rückens angehoben wird, damit das Huhn leichter an die Drüse herankommt.

Eine Fadenfeder. Wer schon einmal ein Huhn gerupft hat, kennt diese sehr feinen Härchen, die am Ende des Rupfvorgangs abgeflammt werden.

Einfetten des Gefieders

Trotz täglicher Gefiederpflege nutzen sich die Federn ab und müssen außerdem regelmäßig gefettet werden. Dafür verwendet das Huhn ein wachsartiges Sekret von seiner Bürzeldrüse an der Schwanzwurzel. Es entnimmt das Fett und verteilt es mit dem Schnabel auf den Federn. Da der Hühnerhals extrem biegbar ist, gelangen die Tiere so an sämtliche Körperstellen, außer an den oberen und hinteren Teil des Kopfes. Diesen reiben sie direkt an der Bürzeldrüse. Von vielen Nerven durchzogene Tastorgane, die Fadenfedern, die wie feine Härchen aussehen und sich zwischen den übrigen Federn befinden, halten die Hühner ständig über ihren Gefiederzustand auf dem Laufenden.

Mauser

Das Gefieder wird jedes Jahr komplett erneuert. Entdecken Sie überall verstreut im Hühnerstall und Garten Federn, dann hat die Zeit der Mauser begonnen. Sie kann in der Zeit zwischen dem Ende des Sommers und Anfang des Winters stattfinden, wobei es aber sehr schwer ist, sich zeitlich festzulegen. Je nach Tier unterschiedlich, geht die Mauser mal spektakulär oder diskret, verfrüht oder verspätet, schnell oder langsam vonstatten. Es ist eine Zeit, die die Tiere in jedem Fall viel Energie kostet. In den vier bis sechs Wochen der Mauser legen die Hühner auch keine Eier. Während der ersten Tage der Mauser wachsen die Federn im Innern einer Keratinhülle nach, danach entwickeln sie sich außerhalb in Form kleiner Pinsel weiter. Die Schutzhülle aus Keratin zerfällt schließlich und eine komplett neue Feder hat sich entwickelt.

Beispiel für eine beeindruckend schnelle Mauser.

Detailansicht des Gefieders. Deutlich zu erkennen sind die alten, abgenutzten und glanzlosen, sowie die neuen, perfekt geformten und glänzenden Federn.

„Hermondine" vorher-nachher: oben spärliches Gefieder, keine Schwanzfedern, neue Federhüllen am Hals, unten frisch gemausert.

Gut zu wissen

- Oft treten von einer Mauser zur anderen Veränderungen in Farbe und Zeichnung des Gefieders auf. So kann mit zunehmendem Alter eine bestimmte Farbe dominieren. Zu den merkwürdigsten Begebenheiten, an die ich mich erinnere, gehört ein schwarzweißer Hahn, der schließlich weiß-schwarz wurde (eine komplette farbliche Umkehr!), um dann im folgenden Jahr wieder seine normale Farbe anzunehmen ...
- Es kommt vor, dass zu Frühlingsanfang eine vorgezogene Mauser stattfindet, die aber weit weniger ausgeprägt verläuft.
- Bei manchen Hybridhühnern kann die Mauser auch zweimal jährlich stattfinden.

Gut zu wissen

Der Rassegeflügelstandard kann auf der Webseite des Bundes Deutscher Rassegeflügelzüchter, https://www.bdrg.de/der-verband, bestellt werden. Darin sind die anerkannten Farbschläge jeder Rasse beschrieben. Auch auf zahlreichen Webseiten oder Foren von Hobbygeflügelhaltern findet man Informationen.

Einige Beispiele für Farbenschläge

Die Farbe Gesperbert entsteht durch schwarz-lichtgrau gebänderte Federn. Die gesperberte Henne ist immer dunkler als der Hahn.

Hahn und Henne der Rasse Antwerpener Bartzwerge in Goldporzellanfarbig. Oft kommt der gleiche Farbschlag bei Hahn und Henne unterschiedlich zum Ausdruck.

Farbenschläge und Zeichnungsformen

Die Gefiederfarbe hängt vom Vorhandensein von Pigmenten (schwarz, braun, gelb, rot) beziehungsweise deren Abwesenheit (weiß) ab. Zahlreiche Farbnuancen entstehen, wenn sich diese Pigmente vermischen. Weitere entstehen durch Mikrostrukturen, die das Licht brechen und irisierende Effekte hervorrufen, wie es etwa beim Pfau der Fall ist. Alle diese Arten der Farbgebung können gleichzeitig vorliegen und neue Farben hervorbringen. Seit Ende des 19. Jahrhunderts sind Züchter damit beschäftigt, verschiedene Rassen zu kreuzen, um neue Farben oder Zeichnungsformen des Gefieders zu kreieren oder zu verankern. Hühner können sich also mit unzähligen Federkleidern schmücken, die hier nicht alle aufgelistet werden können, ob ein- oder vielfarbig, mit oder ohne Zeichnung.

Hamburger in der Farbe Silberlack. Wenn Schwarz und Weiß gleichmäßig verteilt scheinen, dann trägt nur die äußerste Spitze der Feder einen schwarzen Fleck. Der Sprenkeleffekt entsteht durch die Übereinanderlagerung der Federn.

Brahma-Hühner in der Farbe Rebhuhnfarbig-gebändert. Hier entsteht der Effekt durch die dreireihige Zeichnung auf jeder Feder.

Hahn und Henne der Rasse Sebright, bei denen jede einzelne Feder schwarz gesäumt ist.

Hahn und Hennen der Rasse Brakel in Silber.

Hahn und Hennen der Rasse Sussex in Braun-porzellanfarbig. Auf Schwung- (linkes Bild) und Deckfedern (rechtes Bild) sind die Farben meist unterschiedlich verteilt.

Besondere Gefiederformen

Eine Feder im Profil gesehen, weist eine bestimmte Krümmung auf, um sich optimal an die Körperform des Vogels anzupassen. Durch Selektion konnte der Mensch Vögel mit umgekehrter Federkrümmung, also gekräuseltem Gefieder, züchten. Diese Gefiederart ist das Gegenstück zum klassischen, glatten Gefieder. Seidenhühner besitzen ein sogenanntes seidiges Gefieder: Ihre Federn haben keine Härchen, wodurch ihr Gefieder fast wie ein Fell aussieht. Für Züchter ist es eine Herausforderung, neue Eigenschaften auch bei anderen Rassen zu entwickeln. Solche Besonderheiten können aber auch mit Einschränkungen für die Tiere verbunden sein, etwa eingeschränkte Flugfähigkeit oder höhere Empfindlichkeit gegenüber Wasser, Kälte und Hitze.

Weiße Zwerg-Cochin mit gelocktem Gefieder (links) und glattem Gefieder (rechts).

Paduaner in der Farbe Chamois mit gekräuseltem Gefieder (vorn) und glattem (hinten).

Das seidige Gefieder eines Seidenhuhnhahns.

Balz und Paarung: der Hahn und sein Harem

Hühner werden mit fünf bis sechs Monaten geschlechtsreif, wenn die Henne zum ersten Mal ein Ei gelegt hat und beim Hahn die Hoden ausgereift sind. Dann sind Hahn und Henne zur Paarung und Fortpflanzung bereit.

Variable Faktoren

Die Paarung erfolgt bei Hühnern in einem jährlichen Zyklus und wird vorwiegend dadurch bestimmt, wie lange es draußen hell ist. Die Dauer der Paarungs- und Fortpflanzungszeit ist von einer Rasse zur anderen sehr unterschiedlich. Sie liegt aber zwischen Frühlingsanfang und Sommerende und hört mit der danach einsetzenden Mauser auf. Es kommen noch andere auslösende Reize hinzu wie die innere Uhr der Tiere sowie äußere Faktoren wie Temperatur, Nahrungsangebot und -qualität und in sehr trockenen Regionen sogar die Niederschlagsmenge.

Ein Hahn mit seinem Harem. Hähne sind polygame Vögel, die – je nach Alter und Wesen – zwischen zwei und 20 Hennen in ihrer Gefolgschaft haben können.

Kloake an Kloake

Vor der eigentlichen Paarung eröffnet der Hahn seinen Balztanz damit, dass er mit einem gesenkten Flügel die Henne umrundet. Ist sie paarungsbereit, legt sie sich mit leicht abgespreizten Flügeln flach auf den Boden. Der Hahn besteigt daraufhin die Henne und verbleibt einige Sekunden auf ihrem Rücken. Länger dauert die Kopulation, auch Treten genannt, nicht. Da er im Gegensatz zu Enten und Gänsen keinen Penis besitzt, erfolgt die Paarung durch Kontakt der Kloaken beider Tiere und der Abgabe der Spermien aus der Kloake des Hahns in die der Henne. Die Kloake der Henne besitzt zwei Bereiche, wo diese Spermien zwei bis drei Wochen lang aufbewahrt werden können. Eine einzige Paarung reicht also aus, um mehrere Wochen lang Eier zu befruchten. Diese Tatsache hält einen Hahn jedoch nicht davon ab, eine Henne zwei bis drei Mal täglich zu besteigen, solange sie noch nicht im Schutz eines Nestes mit dem Brüten begonnen hat.

Tritt der Hahn eine Henne zu häufig, kann er sie stark lädieren, wenn nicht sogar verletzen. Oft reißt er ihr Federn am Kopf aus, weil er sich mit seinem Schnabel dort festhält, um das Gleichgewicht zu halten. Der Hahn kann auch das Rückengefieder stark beschädigen und mit den Krallen sogar die Flanken seiner „Angebeteten“ aufritzen (siehe Seite 160).

„Mordred" balzt vor einer Henne.

Er umrundet sie und reibt dabei einen Flügel auf der Erde, um ihre Paarungsbereitschaft festzustellen.

Die Kopulation dauert kaum zehn Sekunden. Man sieht hier, welche Kunstgriffe der Hahn anwendet, um mit Hilfe von Schwanz, Flügeln und Füßen die Balance zu halten. Man kann sich hierbei gut vorstellen, welche Verletzungen die Krallen verursachen können.

Die Henne präsentiert ihre Kloake, in die der Hahn seine Samenflüssigkeit mit mehr oder weniger Erfolg abgibt.

Gut zu wissen

- Während der Paarungszeit kann ein Hahn aggressiver sein als gewöhnlich.
- Der Fortpflanzungszyklus kann durch die folgenden Faktoren unterbrochen werden:
- zu niedrige (< –5 °C) bzw. zu hohe (> 32 °C) Temperaturen
- Unterernährung
- Krankheit oder Verletzungen.
- Ein Hahn kann eine Henne mehrmals täglich besteigen. In der Fortpflanzungsperiode lässt sich ab dem Zeitpunkt, wenn der Stall morgens geöffnet wird, den ganzen Tag über das Balzen und Kopulieren der Hähne beobachten.
- In der Massentierhaltung wird die natürliche Fortpflanzung durch künstliche Besamung ersetzt.

Eiablage und Eier – im Schutz des Legenests

Warum haben nicht alle Eier die gleiche Farbe? Wie werden Schale, Eiweiß und Eigelb gebildet? Warum dauert bei manchen Hennen die Eiablage länger als bei anderen? Wie findet man heraus, ob ein Ei frisch ist? Wie stellt man sicher, dass die Hennen regelmäßig legen? So einfach ein Ei auch aussehen mag, es birgt einige Geheimnisse!

Jeden Tag ein Ei?

- Bei Hybridhühnern können Sie damit rechnen, das ganze Jahr Eier zu haben – zumindest in den ersten 24 Monaten, in denen die Hühner legen. Diese Tiere wurden ja dafür gezüchtet, regelmäßig zu legen, aber nicht oder fast nicht zu brüten. Nach der Legeperiode geht die Produktion rapide zurück, bis sie vollständig aufhört. Möchte man also regelmäßig eine bestimmte Menge an Eiern, muss man den Tierbestand immer wieder erneuern. Am einfachsten ist es, die Tiere immer gruppenweise zu erwerben, um eine Rotation (siehe Kastentext) zu etablieren. Dieses Haltungsprinzip ist am ökonomischsten. Die Tiere verursachen wenig Kosten, Eier in größerer Menge sind regelmäßig vorhanden, die Tiere brüten nicht und man hat Geflügel zum Essen.
- Bei Rassehühnern ist eine gute Rentabilität weniger leicht zu erreichen. Eine geschickt ausgewählte Mischung aus früh und spät legenden Hennen kann zwar eine gute Eiproduktion möglich machen, doch im Winter legen all diese Hühner eine gewisse Zeit lang nicht. Dafür haben Sie von diesen Hennen sechs bis acht Jahre lang Eier. Am Ende ihres zehn- bis zwölfjährigen Hühnerlebens haben beide, Rassehühner und Legehybriden, in etwa gleich viele Eier gelegt.
- In jedem Fall ist es aber so, dass durch das tägliche Einsammeln der Eier der natürliche Zyklus gestört und das Brüten hinausgezögert wird, sodass die Henne dazu gezwungen wird, öfter zu legen.

Je nach Tier kann die Eiablage zwischen zehn Minuten und einer Stunde dauern. Und weil unsere Hühner natürlich ein Lieblingslegenest haben, kommt es nicht selten vor, dass sie Schlange stehen und warten, bis sie an der Reihe sind.

Wie ein Ei entsteht

Bei Hühnern sind die Geschlechtsorgane nur auf der linken Seite ausgebildet, und so besitzen sie folglich nur einen Eierstock. Mehrere Tausend Follikel (Eianlagen), kaum 1 mm groß, verdichten sich zu einer Dotterkugel **A**. Nur einige Hundert Follikel werden sich später zu Eiern entwickeln. Sie stellen die Gesamtanzahl der Eier dar, die das Tier im Laufe seines ganzen Lebens legen wird. Das erklärt auch, weshalb ein Hybridhuhn so kurze Zeit legt: Es hat in nur zwei Jahren bereits mehr als die Hälfte seines gesamten Eivorrats aufgebraucht. Mit zunehmendem Alter nimmt die Anzahl der für die Eibildung vorgesehenen Follikel immer weiter ab, bis die Henne das Legen vollständig einstellt.
Wenn ein Huhn das legereife Alter erreicht hat, durchlaufen etwa ein Dutzend Follikel eine Wachstumsphase, in der sie ihre Größe vervierfachen **B**. Von diesen Follikeln durchlaufen wiederum fünf oder sechs ein beschleunigtes Wachstum, bis sie das Neunzigfache ihres Gewichts erreicht haben. Schließlich bildet sich aus jedem ein Dotter **C** und wird dann im Abstand von einem Tag aus dem Eierstock ausgestoßen. Zu diesem Zeitpunkt besteht das sich heranbildende Ei aus dem Keimbläschen, aus dem sich bei Befruchtung der künftige Embryo entwickelt, sowie aus Nährstoffen, die für seine Entwicklung nötig sind, dem Eidotter. Das Gelbe vom Ei ist somit die größte, einzelne Zelle im Tierreich.

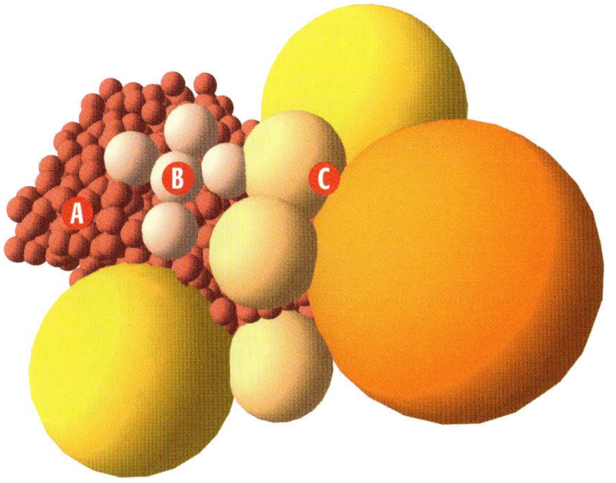

Darstellung des Eierstocks beim erwachsenen Huhn.

Rotationsprinzip bei Legehennen

Als Beispiel soll ein kleiner Bestand von sechs Hühnern dienen. Im ersten Jahr kaufen Sie sich zwei Hühner, im darauffolgenden noch einmal zwei, und im dritten wiederum zwei neue Hühner. Wenn die beiden ältesten Tiere vom ersten Jahr nicht mehr legen, werden sie ersetzt. Wenn sie noch etwas legen, dann behalten Sie sie als Ersatztiere. Sie müssen also nur alle ein bis zwei Jahre die Hennen ersetzen, die das Legen vollständig eingestellt haben.

Gut zu wissen

Eine Legehybride legt bis zu 300 Eier pro Jahr, eine gute Rasselegehenne schafft 150 bis 200 jährlich. Um zu begreifen, welche Arbeit hinter der vom Menschen durchgeführten Zucht steckt, muss man sich vorstellen, wie die jährliche Eierproduktion in freier Natur aussehen würde: Im Frühjahr würde die Henne etwa ein Dutzend Eier legen (12 Tage) und diese dann ausbrüten (21 Tage). Danach käme die Zeit der Kükenaufzucht, sechs bis acht Wochen, gefolgt von einer Ruhepause von einigen Tagen. Im Ganzen wären das fast drei Monate. Der Zyklus würde sich die gesamte Fortpflanzungsperiode über wiederholen, mit einer Unterbrechung im Winter. Bei einer guten Henne mit zwei bis drei Bruten im Jahr, kämen wir maximal auf 36 Eier pro Jahr. Selbst wenn man diese Zahl verdoppelt, weil man noch bestimmte Zwischenfälle mit einrechnen muss, etwa Raubtiere, Vernachlässigung des Geleges oder anderes, sind wir noch weit von der Anzahl Eier entfernt, die eine Henne heute pro Jahr legt! Die moderne Geflügelzucht hat in nur einem Jahrhundert diese Vögel stärker verändert als die Natur in tausend Jahren.

Ein langer Weg

Darstellung des Genitaltrakts beim Huhn

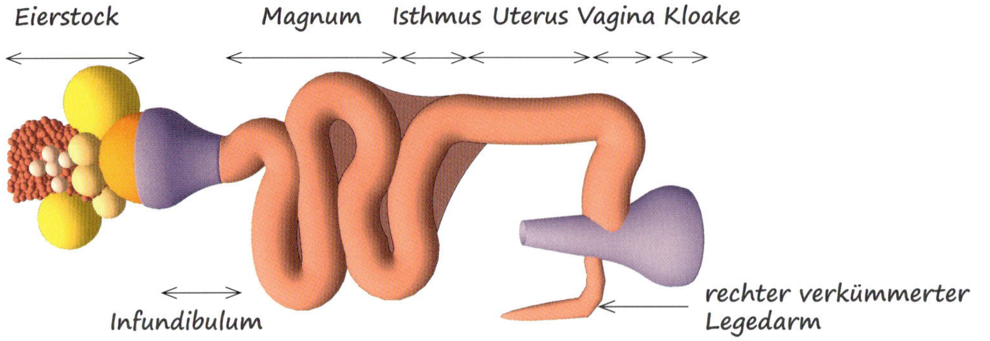

Sobald der Dotter herangereift ist, löst er sich vom **Eierstock** des Huhns ab und gelangt ins Infundibulum, den Eileitertrichter des Legedarms. Er begibt sich auf seine 24-Stunden-Reise durch den Legedarm, um schließlich zu einem von uns so sehr geschätzten Ei zu werden, das wir quasi täglich einsammeln dürfen!

Zuerst verbleibt der Eidotter 15 bis 20 Minuten lang im **Infundibulum**. An diesem Ort findet die Befruchtung statt, falls Spermien vorrätig sind, sowie die Bildung einer Schutzmembran, der sogenannten Dotterhaut oder Vitellinmembran.

Daraufhin durchläuft der Dotter den Eileiter, das **Magnum**, wo er sich fast drei Stunden aufhält. Diese Zeit ist zur Sekretion des Eiklars und zur Bildung der Hagelschnüre erforderlich. Das Eiklar hat eine antiseptische Funktion. Es enthält Wasser, um eine Austrocknung des Eis zu verhindern, sowie Proteine, die vom Embryo aufgenommen werden. Die Hagelschnüre sind ineinander verwundene Fäden, die den Dotter mit den beiden Polen des Eis verbinden. Sie halten den Dotter in der Mitte des Eis und wirken wie Stoßdämpfer.

Daraufhin gelangt das Ei in den **Isthmus**, wo sich innerhalb von einer Stunde die beiden Schalenhäute bilden. Diese erfüllen nicht nur die Funktion eines antibakteriellen Filters, sie enthalten auch noch eine Luftkammer, mit deren Hilfe das Küken vor dem Schlüpfen atmen kann. Das Ei geht nun in den **Uterus,** auch Eihälter, Kalkkammer oder Schalendrüse genannt, über, wo die längste Etappe seiner Reise beginnt. In den folgenden 18 bis 20 Stunden wird das Eiklar ergänzt mit dickflüssigem Eiweiß, das aus dem Uterus von außen her unter Druck über die Membranen infundiert wird. Dann bildet sich die Kalkschale. Sie besitzt Mikroporen, die einen Gasaustausch des Eis mit der Außenwelt ermöglichen. In gewisser Hinsicht könnte man sagen, dass das Ei atmet. Außerdem bildet es einen Calciumvorrat, der teilweise an der Bildung des Kükenskeletts beteiligt ist. Meist wird die Schale während der Nacht gebildet. Dieses Phänomen der Kalkbildung beim Hühnerei ist das schnellste im gesamten Tierreich.

Nun ist das Ei beinahe fertig. Ein bis zwei Stunden vor der Eiablage findet eine Pigmentierung der Schale statt. Sollten Sie einmal die Gelegenheit haben, ein frisch gelegtes Ei einzusammeln, so werden Sie feststellen, dass es noch ganz feucht ist. Diese Flüssigkeit trocknet sehr schnell ein und bildet dann die sogenannte Kutikula, ein Schutzfilm auf dem Ei gegen äußere Umwelteinflüsse. Nun gelangt das Ei sehr rasch in die **Kloake**, wo für das Huhn der letzte Arbeitsschritt ansteht. Das Ei wird durch Muskelkontraktionen ins Freie befördert und das Huhn kündigt dann meist mit dem berühmten „gack-gack-gack-gaaaa“ lauthals seinen Erfolg an.

Die Stadien der Eibildung im Innern des Genitaltrakts

Im Magnum

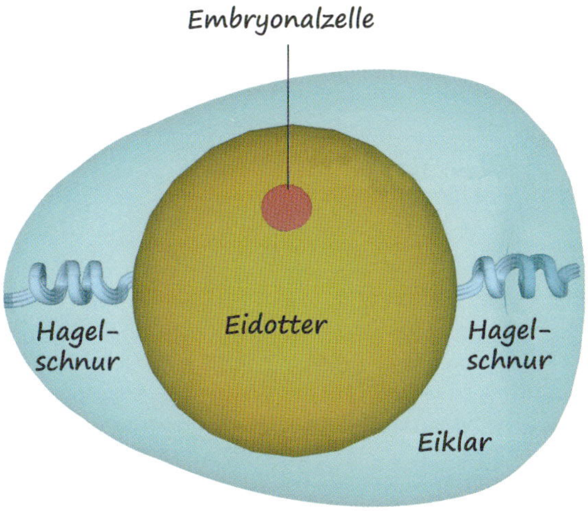

Im Isthmus

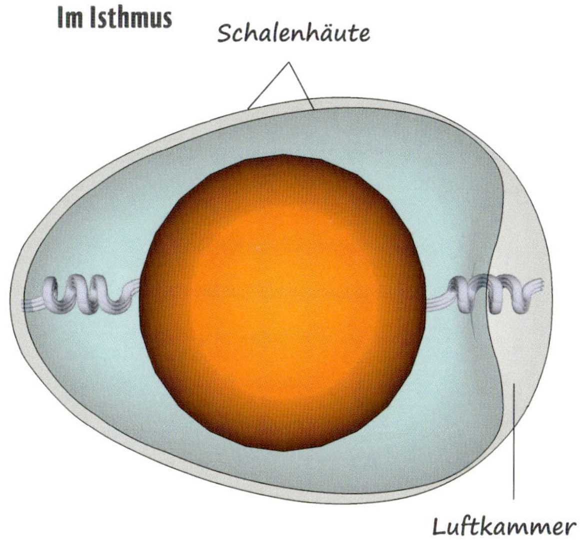

Im Uterus

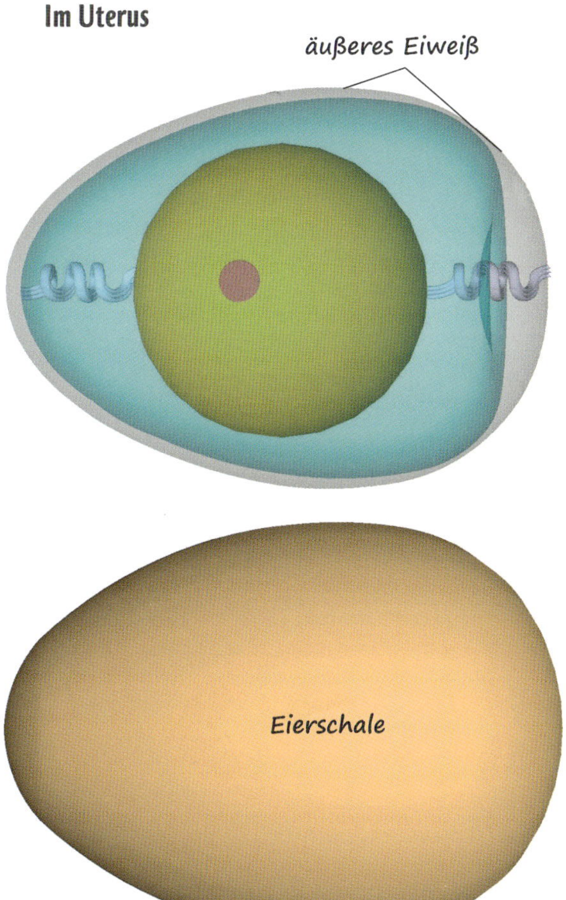

Eier gibt es in verschiedenen Farbtönen. Sie sind weit entfernt vom einheitlichen Standard-Ei im Supermarkt. Diese Pigmentierung ist nur an der äußeren Oberfläche vorhanden, die Innenseite der Eierschale ist immer weiß.

Gut zu wissen

- Das Huhn besitzt zwei Bereiche zur Vorratslagerung von Spermien, zum einen im schleimhaltigen Uterus, zum anderen im Infundibulum. Bevor die Spermien den Bereich des Eileitertrichters erreichen, müssen sie einige natürliche Hindernisse überwinden. Für die Befruchtung werden so nur die allerbesten, etwa 1 %, aufbewahrt.
- Die Befruchtung erfolgt polyspermisch. Das heißt, mehrere Spermien dringen in die Eizelle ein, doch nur eins davon befruchtet sie.
- Die Bildung des Eiweißes im Magnum wird nicht durch einen chemischen, sondern einen physischen Reiz ausgelöst, und zwar vom Eidotter. Jedes fremde Objekt, das diesen Kanal passiert, häufig auch ein Parasit, läuft Gefahr, in einem kleinen Ei, das ausschließlich aus Eiweiß besteht, eingehüllt zu werden. So sagt eine Anekdote, dass es einem Forscher gelang, seiner Freundin den Ehering im Innern eines Eies zu übergeben!
- Dass die Eierschale eine mechanische Schutzfunktion bietet, ist leicht zu begreifen. Manche Hennen sind etwas ungeschickt und zerbrechen ihre Eier. Doch dank der Eiform und der besonderen Kalkstruktur hält die Schale im besten Fall einem Druck von bis zu 3 kg stand. Die Kalkmoleküle sind pyramidenförmig, mit den Spitzen zur Eimitte hin gerichtet. Sobald Druck von außen ausgeübt wird, rücken die Spitzen näher zusammen und machen die Schale fester und widerstandfähiger. Umgekehrt übt ein Küken, das schlüpfen will, Druck von innen aus, die Moleküle gehen auseinander und erleichtern so den Schlupfvorgang.
- Die komplette Bildung eines Eies dauert etwas mehr als 24 Stunden. So legt eine Henne nicht zu einer festgelegten Zeit, sondern die Eiablage verschiebt sich täglich etwas. Sie kann jederzeit zwischen Sonnenaufgang und Einbruch der Dunkelheit stattfinden.

Wie finde ich heraus, wie frisch ein Ei ist?

Legen Sie das Ei ins Wasser:

- Es geht unter? Dann ist es frisch und kann auch roh, etwa für Mayonnaise, oder weich gekocht als Frühstücksei verzehrt werden.
- Es treibt auf halber Höhe? Dann kann es noch gut durchgekocht gegessen werden.
- Es steigt an die Oberfläche? Werfen Sie es weg!

Dieser von Generation zu Generation überlieferte Tipp muss natürlich nachgeprüft werden ... Tatsächlich weiß man, dass ein Ei mit der Zeit Wasser verliert und der frei gewordene Platz durch die sich ausdehnende Luftkammer ausgeglichen wird. Ich habe also das Experiment gewagt und ein Test-Ei täglich ins Wasser gelegt. Hier die Ergebnisse:

- 1. bis 19. Tag: Das Ei geht unter. Nur seine Position ändert sich im Lauf der Tage: Während der abgerundete Teil, der die Luftkammer enthält, anfangs noch auf der Seite liegt, hebt er sich nach und nach an.
- 20. bis 65. Tag: Das Ei geht immer noch unter, doch diesmal bildet die Luftkammer ein Gegengewicht und der abgerundete Teil zeigt deutlich nach oben.
- 66. bis 78. Tag: Das Ei hebt sich allmählich vom Boden ab und treibt auf halber Höhe.
- Erst ab dem 110. Tag steigt das Ei nach oben an die Oberfläche.

Wenn Sie diesen Test selbst durchführen, werden Sie wahrscheinlich andere Resultate erzielen, die zumindest beweisen, dass mit Hilfe dieser Methode der Frischegrad eines Eies nicht mit hundertprozentiger Sicherheit ermittelt werden kann!

Aufbewahrung von Eiern zum späteren Verbrauch

Unsere Großeltern bewahrten Eier noch monatelang im Keller auf, und zwar sorgfältig in großen Behältern eingelagert, die mit Getreide gefüllt waren. Heute bietet jeder Kühlschrank ein spezielles Fach zur Aufbewahrung von Eiern, je nach Modell für sechs bis zehn Eier. Sie können aber auch Eier in einem kühlen, dunklen Raum mit konstanter Temperatur, zwischen 11 und 12 °C, lagern. Die empfohlene maximale Aufbewahrungsdauer liegt bei einem Monat.

Bizarre Eiformen

Als Hühnerhalter werden Sie mitunter auch seltsam geformte Eier einsammeln, was Sie vielleicht sogar beunruhigt. In jedem Fall ist es entscheidend, wie oft das Phänomen vorkommt. Es kann ein seltener Einzelfall sein oder aber Sie haben es mit einem echten Problem zu tun, dem Sie nachgehen müssen. Hier einige Beispiele für die gängigsten Deformierungen:

1. Ei mit Blutflecken. Bei jungen Hennen kommt es beim ersten Legen oft vor, dass innere Läsionen auftreten, die der Grund für die Blutung sind.
2. Windei, ein weiches Ei ohne Schale. Meist handelt es sich hierbei um einen Calcium- oder Vitamin-D-Mangel der Henne oder um eine Missbildung des Genitaltraktes. Außerdem können frühere Erkrankungen, wie etwa Infektiöse Bronchitis oder Newcastle-Krankheit, eine Rolle spielen.
3. Ei mit verformter oder unvollständiger Schale. Die Ursachen sind ähnlich wie bei den weichen beziehungsweise schalenlosen Eiern. Ein Grund kann jedoch auch sein, dass die Henne zum Zeitpunkt der Schalenbildung Druck ausgeübt hat, und die Schale dadurch eingedellt aussieht.
4. Ei mit zwei Dottern. Dies ist auf eine doppelte Ovulation zurückzuführen. Oft sind solche Eier sehr groß und viel schwerer als normal, 119 g in unserem Beispiel, und kommen meist bei jungen Hennen vor.
5. Kleine Eier. Sie treten oft auf beim ersten Legen oder gegen Ende der Legesaison, also vor der Winterpause. Im Ausnahmefall kann auch ein Fremdkörper, etwa ein Wurm, der Auslöser sein.
6. Ei mit Blut im Innern. Dies entsteht, wenn ein Kapillargefäß in dem Moment bricht, in dem sich der Dotter von der Dotterkugel ablöst und als Folge sich ein kleines Blutgerinnsel bildet. Man entfernt es einfach vor dem Verzehr. Es beeinträchtigt jedoch keinesfalls die Qualität des Eis.

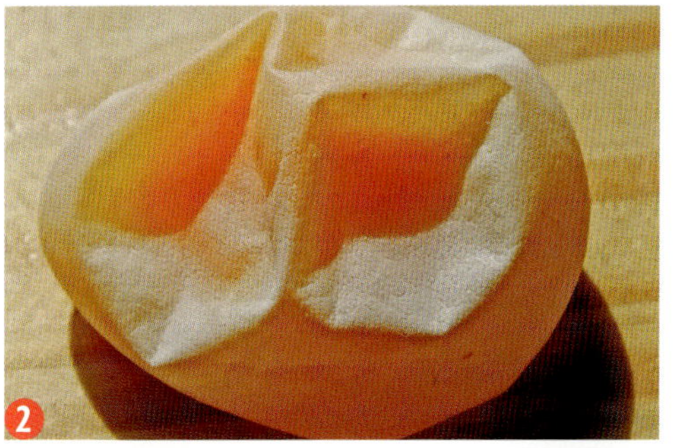

Die Bedeutung von Calcium

Die Eierschale besteht zu 95 % aus Kalk. Das Calciumcarbonat wird vom Blutsystem des Huhns transportiert. Wird das Huhn mangelhaft ernährt, dann entzieht es das Calcium direkt aus den Knochen. Um einem Mangel vorzubeugen, müssen Hühner Zugang zu Calciumquellen haben. Sie können natürlich die eigenen Eierschalen getrocknet und zerbröselt unter das Futter mischen.
Oder Sie geben den Hühnern beispielsweise Muschelkalk, zerkleinerte Sepia- oder Austernschalen. Wenn Sie diese Calciumquellen selbst am Strand sammeln, dann denken Sie daran, das überschüssige Salz abzuspülen. Sonst sind aber auch die meisten im Handel erhältlichen Hühnerfuttermittel reich an Calcium: Sie können dies bei den Inhaltsstoffen auf der Packung nachsehen.

Die Bedeutung von natürlichem Licht

Wie viele andere Lebewesen benötigen auch Hühner Vitamin D3, um das Calcium richtig einzulagern. Es ist für den Skelettaufbau und die Bildung der Eierschalen unverzichtbar. Ein Mangel an Vitamin D3 kann somit zu Eiern mit weicher Schale führen.
Der Organismus eines Vogels produziert das Provitamin D, eine Substanz, die durch das körpereigene Gewebe in das Vitamin D3 umgewandelt werden kann. Doch dafür wird ultraviolette Strahlung, besonders im UVB-Bereich, benötigt.
Bei den meisten Tieren geschieht diese chemische Reaktion ganz natürlich über die Haut, sobald sie dem Sonnenlicht ausgesetzt ist. Bei den Vögeln ist die Haut vom Gefieder bedeckt und dieser Vorgang komplexer: Das Provitamin D wird vom Organismus bis zur Bürzeldrüse (siehe Seite 110) transportiert. Sie sondert die Substanz ab, die das Huhn für seine Gefiederpflege braucht. Dabei wird dieses Bürzeldrüsenfett auf den Federn verteilt und dann beim Sonnenbaden dem UVB-Licht der Sonne ausgesetzt. Bei der nächsten Gefiederpflege nimmt das Huhn einen Teil dieses Fetts wieder auf. Es enthält nun die Vorstufe, aus der Leber und Nieren den Vorgang der Synthese von Vitamin D3 abschließen und es dem Körper verfügbar machen.

Tipp

Um harte Muschelschalen besser zerkleinern zu können, legen Sie sie 20 Minuten lang bei 200 °C in den Backofen.

Gut zu wissen

- Wenn Sie auf Eiern das Datum vermerken wollen, nehmen Sie dazu immer einen Bleistift. Bei Tinte besteht die Gefahr, dass die Schutzfunktion der Schale beeinträchtigt wird.
- Verschmutzte Eier dürfen nicht gewaschen, sondern sollten nur abgebürstet oder mit einem Tuch abgerieben werden. Zerschlagen Sie Eierschalen immer an einem sauberen Ort, um jede Kontamination zu vermeiden.
- Während bestimmter Behandlungen des Geflügels, etwa einer Wurmkur, sollten Sie die Eier 8 bis 15 Tage lang nicht verzehren, damit Sie keine Medikamentenrückstände mitessen. Die gekochten Eier können Sie aber für Futterbreie verwenden.
- Eier aus dem Supermarkt sind laut EU-Norm mit einem Code gekennzeichnet. Dieser setzt sich aus einer Zahl zwischen 0 und 3 für die Produktionsweise und zwei Buchstaben für das Land: DE für Deutschland, zusammen. Danach folgt ein weiterer Code, der Züchter und Ort identifiziert.

Bedeutungen der ersten Zahl des Codes:

- 0 = Bio-Freilandhaltung
- 1 = Freilandhaltung (Halle + Freilandauslauf)
- 2 = Bodenhaltung (in der Halle)
- 3 = Kleingruppenhaltung

Zwei Hühner, lässig ausgestreckt, mit einem abgespreizten Flügel, als ob sie ihren Körper vor der Sonneneinstrahlung schützen wollten. Verständlich bei einem Tier, das große Hitze nicht sehr schätzt! Auch wenn es wie Faulenzerei aussieht, so hat das Sonnen durchaus eine wichtige Funktion.

Der Hühnerauslauf – Ort für Entdeckungstouren

Hühner gehen den ganzen Tag ihren Auslauf von einem Ende zum anderen ab und besuchen immer wieder andere Bereiche. Mal ist es der Toilettenort, der Ruheplatz oder das Legenest. Wie ausgiebig die Hühner unterwegs sind, hängt von der Größe des Auslaufs ab. Meist machen sie alles in der Gruppe – ein Ausdruck ihres Herdeninstinkts. Das Sicherheitsgefühl bei der gemeinsamen Überwachung des Reviers oder der Entdeckung neuer Nahrungsquellen spielt dabei auch eine Rolle.

Der ideale Auslauf …

Wenn es ihn überhaupt gibt: Nicht jeder kann einen idealen Auslauf sein Eigen nennen! Auf jeden Fall sollte er den Tieren ein stressfreies Leben bei guter körperlicher und mentaler Gesundheit ermöglichen. Dafür sollte er mindestens folgende Bedingungen erfüllen:
- genügend Fläche
- einen oder mehrere Schattenplätze
- einen Bereich für die Gefiederpflege
- Schutz bei Regen
- frisches Trinkwasser
- Grasfläche

Ist dies nicht gegeben, sollten Sie Alternativen bieten, etwa eine Gartenlaube, eine Sandkiste …

Gut zu wissen

- Wenn Sie Ihren Auslauf oder Teile davon mit einem Hühnernetz eingezäunt haben, dann achten Sie darauf, dass im Herbst nicht zu viel Laub, im Winter nicht zu viel Schnee darauf liegen bleibt: Durch das Gewicht könnte der Netzzaun nachgeben.
- Wenn Sie Gartenarbeiten im Auslauf machen, lassen Sie nie dornige Äste etwa von Brombeeren, Rosen oder Weißdorn herumliegen: Ihre Hühner werfen ganz sicher gleich einen Blick darauf und könnten sich an den Dornen verletzen.

Gras, wohin das Auge blickt. Hühner fressen Gras von morgens bis abends. Es ist für ihre Gesundheit von großer Bedeutung, besonders das darin enthaltene Karotin für eine intensive Orangefärbung des Dotters. Sorgen Sie dafür, dass Ihre Hühner möglichst das ganze Jahr über Grünfutter bekommen.

„Gourmet-Ecken“

Hühner kennen ihren Auslauf in- und auswendig und erinnern sich immer an Stellen, wo die Natur eine bestimmte Leckerei für sie bereit hält! Selbst wenn die Tiere über eine ausgiebige Grasfläche verfügen, lohnt sich dennoch ein Abstecher zu einem Haufen aus Grasschnitt.

Ein Bereich, der absichtlich leicht verwildert ist und den die Tiere stets gern aufsuchen. Hier finden sie essbare Pflanzen, Beeren und kleine Tiere. Beachten Sie auch den abgestorbenen Baumstumpf, der vielen Insekten Unterschlupf bietet, die die Hühner gern fressen.

Die eigentliche Futterstelle: Hier stehen Futternäpfe und Trinkbehälter bereit.

„Obstbaum-Ecken“

Im Sommer bietet ein Obstgarten, und wenn er noch so klein ist, viele Schattenplätze und im Winter Schutz vor Regen und Schnee. Außerdem ist das Fallobst – hier sind es Äpfel, Birnen, Kirschen und Pflaumen – eine zusätzliche Futterquelle für Ihre Hühner. Manche Obstbauern, meistens Biohöfe, lassen inzwischen ihre Hühner in die Obstbaumwiesen, um die Bäume vor bestimmten Schadinsekten zu schützen.

„Schönheitssalon-Ecken“

In einem Bereich ihres Auslaufs haben sich die Hühner ihre „Beautyzone“ angelegt. Ich lege regelmäßig hier und da Reisigbündel aus (rechts im Bild), um zu verhindern, dass die Hühner sich diesen Bereich immer mehr vergrößern.

Im Hühnerauslauf können gelegentlich giftige Organismen auftauchen, zum Beispiel die Pilze im Herbst.

Können Hühner Giftpflanzen erkennen?

Wahrscheinlich fragen Sie sich erst einmal, ob sich in Ihrem Auslauf Garten- oder Wildpflanzen befinden, die für die Tiere giftig sind. Und wenn ja, wie die Tiere wohl darauf reagieren. Eins ist sicher: Nach Aussage sowohl von Privatpersonen als auch Tierärzten gab es bei Hühnern nach Aufnahme von Nahrung in der Natur bereits zahlreiche Fälle von Vergiftungen. Aufgrund dieser Tatsache darf man annehmen, dass Tiere nicht instinktiv Nahrungsmittel meiden, die für sie toxisch sind. Aber sie sind in der Lage, solche in Erinnerung zu behalten, die ihnen Probleme bereitet haben und die sie von da an meiden. Bei Hühnern lassen sich bestimmte Verhaltensweisen gegenüber Nahrungsmitteln beobachten:

- Geben Sie ihnen etwas zu fressen, das sie noch nie gesehen haben, werden die Tiere zuerst zögern und dann etwas davon probieren, bevor sie sich entscheiden, ob sie es ignorieren oder, was wahrscheinlicher ist, verspeisen.
- Bei der Aufzucht zeigt die Hühnermutter ihren Küken, was essbar ist. Wenn sie eine Pflanze als giftig wiedererkennt, dann gibt sie dieses Wissen an ihre Kleinen weiter. Hierbei handelt es sich um erworbenes, nicht um angeborenes Wissen.

Einige Giftpflanzen

Kulturpflanzen: Blätter des Rhabarbers, Avocado, rohe Kartoffeln …
Garten- oder Wildblumen: Fingerhut, Beeren der Stechpalme, Maiglöckchen, Rhododendron, Lupine, Efeu, Iris …
Weitere Infos: Für alle Haustierarten gibt es Listen giftiger Pflanzen im Internet.

Am Abend, wenn die Hühner schlafen gehen...

Ein alltägliches Bild: Eine Hühnerschar macht sich abends auf den Weg in ihren Stall. Und doch steckt dieser Moment voller sozialer Interaktionen und ist sehr interessant zu beobachten.

Vor dem Schlafengehen

Je weiter die Abenddämmerung heranrückt, desto näher halten sich die Hühner bei ihrem Stall auf. Die Hühnerschar sammelt sich an der Futterstelle, um ausgiebig zu fressen und zu trinken. Diese letzte Mahlzeit ist wichtig, weil das Futter im Kropf als Nahrungsreserve für die ganze Nacht dient. Achten Sie also darauf, dass der Futternapf ausreichend gefüllt ist, bevor sich die Hühner zur Ruhe begeben.

Aufsuchen des Schlafplatzes

Hühner gehen immer vor Einbruch der Dunkelheit in den Stall. In einem Zeitraum von etwa zehn Minuten und in meist ähnlicher Reihenfolge nimmt jedes Huhn im Stall seinen Stammplatz ein.
Es gibt Tiere, die früher und solche, die später schlafen gehen. Die Schlafplätze spiegeln die Rangordnung in der Gruppe, sind aber nicht starr festgelegt, sondern ändern sich immer wieder. So kann es vorkommen, dass sich zwei Hennen, die wochenlang nebeneinander auf der Stange gesessen haben, ganz plötzlich trennen. Oder ein Huhn, dessen Schlafplatz ein Legenest war, eines Tages lieber auf der Stange sitzen möchte ...
Bis jedes Huhn auf seinem Platz ist, geht es oft recht laut zu. Schließlich aber herrscht völlige Ruhe im Stall.

Die Sonne ist noch nicht ganz untergegangen, da machen sich die „Frühschläfer“ schon auf den Weg zum Stall.

Die Verteilung der Schlafplätze für die Nacht ist fast abgeschlossen. Jedes Huhn ist auf seinem Platz. Auf diesem Bild handelt es sich um die Sommeranordnung. Bei Kälte rückt die Hühnerschar viel näher zusammen.

Es gibt Tiere, die sich noch ihre jahrhundertealten Instinkte bewahrt haben. Für „Mordred" und „Javette" steht es außer Frage, bei schönem Wetter die Nacht im Baum zu verbringen.

Nach dem Schlafengehen

Nun ist es Zeit, den Stall zu schließen. Obwohl ich dies am liebsten persönlich erledige, gibt es die Möglichkeit, eine automatische Hühnerklappe zu installieren. Oder Sie schließen den Stall überhaupt nicht, wenn Sie meinen, Ihr Auslauf sei vollkommen sicher eingezäunt. Aber auf eigenes Risiko! Das persönliche Stallabschließen hat folgende Vorteile:

- Sie können nachzählen, ob alle Hühner im Stall sind. Es könnte sich immer etwas Unerwartetes ereignen, das verhindert, dass ein Huhn rechtzeitig zur Stelle ist.
- In der Abendstille, die im Stall herrscht, können Sie etwaige Atmungsprobleme bei den Tieren heraushören. Das geringste Schnarchgeräusch wird Ihnen nicht entgehen.
- Sie können ein fehlendes Tier suchen, denn es wird in der Dämmerung zahm und lässt sich leichter fangen.

Beim geringsten Verdacht, dass Raubtiere in der Nähe sind, schließen Sie den Stall auf alle Fälle ab, selbst wenn das an langen, hellen Sommerabenden noch so lästig ist!

Tipp

Wenn Sie am Abend nach einem fehlenden Huhn suchen müssen, brauchen Sie zum Einfangen beide Hände. Verwenden Sie also eine gute Stirnlampe und vergessen Sie herkömmliche Taschenlampen!

Gut zu wissen

- Nicht alle Hühner schlafen auf einer Stange. Bei vielen ist dieser Instinkt quasi verloren gegangen. Sie schlafen auf dem Boden oder irgendeinem Einrichtungsgegenstand. Das stört nicht weiter, weil sie ja die Nacht geschützt im Stall verbringen. Sie können versuchen, widerspenstige Tiere umzuerziehen, indem Sie sie im Dunkeln von Hand auf die Stange setzen. Ohne Erfolgsgarantie!
- Verbringen Hühner die Nacht in den Legenestern, ist das deshalb bedenklicher, weil das Gelege vom Vortag durch den Nachtkot der Hühner verunreinigt wird. Verbannen Sie die Legenester vor dem Schlafengehen der Hühner mehrere Tage lang aus dem Stall, dann lassen sich meist auch die starrköpfigsten Tiere von einem anderen Platz überzeugen.

Hühner und andere Tiere

Im Allgemeinen können Hühner ohne Reibereien mit den unterschiedlichsten Haustierarten zusammenleben, unter der Voraussetzung, dass damit keine Revierstreitigkeiten und Nahrungseinschränkungen verbunden sind.

Katzen, Hunde und Co.

Sie haben einen Hund? Eine oder mehrere Katzen? Es bleibt Ihnen überlassen, Ihre Tiere und ihr Verhalten richtig einzuschätzen. Es gibt immer wieder solche, die potenzielle Jäger bleiben. Eine Katze, die sich meist sehr vorsichtig verhält, könnte angesichts von Küken doch einmal der Versuchung erliegen, sie zu jagen. Und ein Hund, der nur spielen möchte, kann großen Stress bei Ihrem Geflügel verursachen.
Verläuft alles friedlich, werden Ihre Hühner die tierischen Mitbewohner als ungefährlich einstufen und sich entspannt verhalten. Sie sind in der Lage, jedes einzelne Tier zu identifizieren und von einem anderen der gleichen Art zu unterscheiden. Nähert sich die Katze des Hauses der Hühnerschar, führt dies zu keiner besonderen Reaktion. Kommt aber eine fremde ins Territorium, gibt es sofort Alarm und die Hühner unternehmen alles, den Eindringling schnellstens des Geländes zu verweisen.

Kleine Gartenfauna

Ihre Hühner werden im Garten immer irgendwelchen Tieren begegnen, etwa Igeln, Amseln, Kaninchen, Eichhörnchen ... und sie können darauf kaum anders als mit Einschüchterungsversuchen reagieren, bevor sie an einen sicheren Ort flüchten. Auf der anderen Seite verhalten sich Hühner wie echte Raubtiere, wenn sie kleineren Tierarten gegenüber stehen. Es interessiert sie natürlich nicht, ob diese geschützt sind. Sie verschlingen alles, was ihnen über den Weg läuft: große, selten gewordene Insekten wie Hirsch- und Nashornkäfer, kleine Amphibien wie Frösche, Molche und Salamander, sowie kleine Reptilien wie Blindschleichen und Eidechsen. Schlangen, die zu groß zum Angreifen sind, werden aus dem Revier gejagt, weil Hühner genau wissen, dass diese Räuber es auf ihre Eier oder frisch geschlüpften Küken abgesehen haben. Auch kleine Säugetiere wie Maulwurf und Spitzmaus stehen auf der Speisekarte. Ob es sich um einen gewagten oder einen perfekt kalkulierten Schnabelhieb handelt – mit ihrem scharfen Sehvermögen nehmen Hühner jede Gelegenheit wahr, die sich ihnen bietet.

Stellt sich das Gegenüber als friedfertig heraus, siegt bei Hühnern fast immer die Neugier.

„Fycelle" ist eine Hündin, die manchmal ein paar Tage bei uns verbringt. Jedes Mal braucht es eine gewisse Eingewöhnungszeit, in der jeder seine Grenzen absteckt. Wenn dann die Regeln aufgestellt sind, werden die Hühner mutiger.

Die vier Schafe sind zur Sommerfrische bei uns und halten die Wiese kurz. Einen Monat lang müssen die Hühner sich die Fläche mit ihnen teilen. Die Hühner haben sich alle an den Elektrozaun mit niedriger Stromstärke gewöhnt und das Prinzip verstanden: Sie überfliegen ihn, ohne ihn zu berühren.

Hühner in völliger Harmonie mit drei Pfauen und einem Truthahn.

„Biquette“ lässt sich von dem gackernden Gewusel um sie herum nicht aus der Ruhe bringen!

Anderes Hausgeflügel

Tauben, Wachteln, Perlhühner, Truthähne, Pfauen, Gänse und Enten haben alle ihren Platz auf einem Geflügelhof. Unterschiede gibt es lediglich bei der Haltung: All diese Arten haben ihre eigene Lebensweise und unterschiedliche Ansprüche an die Ernährung. Auch können Parasiten oder Krankheiten von einer Art auf die andere übertragen werden. Daher ist für die Haltung jeder Geflügelart ein Basiswissen nötig.

Es kommt auch vor, dass eines oder mehrere Tiere mit einem besonders starken Charakter Zwietracht unter dem restlichen Geflügel säen. So ist es sehr empfehlenswert, mehrere Gehege zur Verfügung zu haben, damit man die Vergesellschaftung von Arten ändern und so eine gewisse Harmonie herstellen kann. Vorsicht ist auch mit Gänsen und Enten geboten, weil sie eine gemeinsame Wasserstelle in Nullkommanichts verschmutzen können!

Großtiere

Hühner können, ohne dabei in Gefahr zu schweben, auch mit viel größeren Tieren wie Ziegen, Schafen und Pferden zusammenleben. Sie gewöhnen sich schnell an Elektrozäune, wenn die Spannung nicht zu hoch ist: maximal 4.000 Volt. Allerdings sollten Sie bei Trinkbehältern für Kühe oder Pferde darauf achten, dass die Hühner sie nicht erreichen können, falls ihnen gerade keine nähere Tränke zur Verfügung steht. Die Tiere können schlimmstenfalls darin ertrinken, wenn sie sich zum Trinken nach vorn beugen, vor allem wenn die großen Behälter nicht randvoll sind.

4

Richtiger Umgang und Pflege der Hühner

Angesichts der Probleme mit den Hühnern, die immer wieder einmal gelöst werden mussten und denen ich immer auf den Grund ging, um den Sachverhalt zu begreifen, konnte ich meine Erfahrungen im Laufe der Jahre sammeln. Durch dieses gewonnene Wissen, verbunden mit der täglichen Praxis der Hühnerhaltung und intensiver Beobachtung meines Geflügels, kam ich zu den folgenden Schlussfolgerungen:

- Im schlechtesten Fall kann ich unnormale Symptome früh genug erkennen, um für den Anfang die geeigneten Maßnahmen zu ergreifen,
- bestenfalls kann ich mittlerweile recht viele Probleme schnell erkennen und eindämmen,
- und manchmal hilft mir meine Intuition, um ganz neue Lösungen zu finden …

Hygiene ist ganz wichtig

Um Krankheiten vorzubeugen, ist Hygiene Ihr bester Verbündeter. Die unterschiedlichen organischen Schädigungen bei Hühnern können viralen, bakteriellen oder parasitären Ursprungs sein. Äußere Symptome sind von einer Erkrankung zur anderen oft sehr ähnlich, und darin besteht die Schwierigkeit einer Diagnose. Meist lässt sich eine Erkrankung nur durch eine Gewebsanalyse oder Autopsie präzise diagnostizieren. Damit Sie nicht zum Äußersten greifen und Ihre Zucht in einen sterilen Ort umwandeln müssen, finden Sie hier die wichtigsten Dinge, wie Sie als Halter das Krankheitsrisiko minimieren können.

Hygiene im Alltag

Im Folgenden einige Grundregeln, die Ihnen die Aufgabe erleichtern werden und die Bestandteil des stillen Vertrags sind, den Sie unterschrieben haben, als Sie Hühnerhalter werden wollten, nämlich Ihren Tieren ein angenehmes und sicheres Leben zu bieten. Diese goldenen Regeln betreffen die gesamte Kette – angefangen beim Hühnerstall bis zu den Hühnern selbst, über den Auslauf, die Ernährung bis hin zu Hygienemaßnahmen bei sich selbst ...

Hühnerstall

- Misten Sie den Stall mindestens zwei Mal pro Woche aus. So wird die Freisetzung von Gas, besonders Ammoniak, das bei der Zersetzung des Kotes entsteht, vermindert.
- Inspizieren und säubern Sie die Legenester jedesmal, wenn Sie die Einstreu wechseln. Durch ihr spezielles Atmungssystem sind Vögel sehr empfindlich gegenüber Staub (siehe Seite 170). Der Stall muss also stets gut belüftet sein.
- Verwenden Sie als Einstreu für die Legenester kein Sägemehl oder Holzspäne, die nicht staubfrei sind, denn sie entlassen zahllose Schwebstoffpartikel in die Umgebungsluft.
- Reinigen und desinfizieren Sie verschmutzte Sitzstangen. Führen Sie pro Jahr mindestens eine Großreinigung des Stalls durch.

Auslauf

- Vergessen Sie nie, dass der Auslauf grasbewachsen und ausreichend groß sein sollte, um jede Art von Mangelernährung und Rangordnungskonflikte zu verhindern.
- Entfernen Sie sämtliche sichtbaren Fremdkörper vom Erdboden, die Ihre Hühner verletzen könnten: scharfe Gegenstände oder Splitter aus Glas oder Metall. Wenn sich Hühner an den Füßen verletzen, kommt es oft zu einer Infektion.
- Achten Sie auf Kunststoffabfälle und sammeln Sie sie auf, sonst könnten die Hühner versehentlich Styropor, Folienreste oder Zigarettenstummel aufnehmen.

Futtergefäße

- Stellen Sie besser kleine Behälter auf und füllen Sie sie alle zwei bis drei Tage neu. Bei großen Futterautomaten, die Sie nur einmal im Monat kontrollieren, merken Sie leicht zu spät, dass sie unhygienisch geworden sind.
- Reinigen Sie Futter- und Wasserbehälter, die verunreinigt sind und desinfizieren Sie sie einmal pro Monat.

Ernährung

Stellen Sie sicher, dass das Hühnerfutter immer ausgewogen ist. Das ist ein entscheidender Faktor bei der Prävention von Erkrankungen, besonders was Vitamine anbelangt.

Bei diesem Huhn ist die Brust mit Lehmklumpen übersät. Dies kommt vor, wenn die Henne durch einen nicht gerade zimperlichen Hahn bei der Paarung in eine Schlammpfütze gedrückt wird. Passiert das öfter, vergrößern sich die Schlammklumpen immer mehr und stören schließlich das Gleichgewicht des Tieres. Verhelfen Sie ihm dann mit einer kleinen Reinigungsaktion wieder zu seinem schönen Gefieder.

Die Hühner selbst

Beobachten Sie aufmerksam, in welchem Sauberkeitszustand sich Ihre Tiere befinden. Ein Huhn kann sich tatsächlich unfreiwillig so schmutzig machen, dass es sich nicht mehr selbst reinigen kann. Wenn Sie es dann in seinem Zustand belassen, wird das Problem immer größer. Auch bei mir kann es einmal vorkommen vor, dass ich ein Huhn waschen muss, um ihm wieder ein normales Aussehen zu geben (siehe Seite 139).

Sie als Halter

- Waschen Sie sich immer gründlich die Hände, wenn Sie im Hühnerstall gearbeitet oder ein Huhn angefasst haben. Dies sollte eigentlich selbstverständlich sein, ist es aber leider nicht immer!
- Wenn Sie einen befreundeten Züchter besuchen, dann reinigen Sie sich vor und nach dem Besuch die Schuhe. Über die Schuhsohlen können Krankheiten übertragen werden und dies ist das einfachste Mittel, um zu verhindern, dass kontaminiertes Material, etwa Erde oder Kot, von einem Stall zum anderen verschleppt wird. Dies betrifft natürlich vor allem Züchter im großen Stil, die oft Fußbäder oder auch Plastik-Einmalüberschuhe benutzen.

Alle diese Hygienemaßnahmen zusammen schaffen eine Umgebung, die die Entstehung von Krankheiten nicht begünstigt. Leider bedeutet Risikominimierung aber nicht, die Gefahren vollständig unter Kontrolle zu bekommen. Der Ausbruch der Vogelgrippe hat gezeigt, wie ein einziger Wildvogel ganze Zuchten zugrunde richten konnte. Wenn Sie Ihre Hühner also nicht ständig unter Dach halten wollen, um jeden Kontakt mit Wildvögeln und deren Kot zu vermeiden, so wie es bei akutem Vogelgripperisiko vom Gesetz vorgeschrieben ist, dann erweist es sich als umso wichtiger, schon zur Vorbeugung die beste Hygiene walten zu lassen.

Gut zu wissen

Viren, Bakterien oder Parasiten sind dazu fähig, großen Klimaschwankungen zu trotzen und in vielen Fällen über ein Jahr lang in der Erde zu überdauern.

Hühner beim Friseur! Spezialfall Hühner mit Haube

Bei manchen Hühnern können Haube und Backenbart so stark ausgeprägt sein, dass das Gesichtsfeld des Tieres eingeschränkt wird. Wir sollten uns stets daran erinnern, dass solche Attribute zwar auch in der Natur vorkommen, aber durch menschliche Zucht verstärkt wurden. Ich kontrolliere meine Tiere zwei bis drei Mal im Jahr. Wenn die Augen – wie hier auf dem Bild – nicht mehr zu sehen sind, schneide ich die Haube zurück.

Leichter geht es, wenn man bei dieser Arbeit zu zweit ist. Entfernen Sie mit einer guten Schere die Federn ober- und falls nötig unterhalb des Auges. Pusten Sie nach jedem Schnitt leicht übers Auge, um winzige Federteilchen und Keratinstaub zu entfernen.

Sobald die Augen des Tieres wieder zu sehen sind, ist Ihre Arbeit beendet. Wenn Sie das Tier wieder zu seinen Artgenossen lassen, sehen Sie schon nach wenigen Augenblicken an seinem Verhalten, welche Erleichterung Sie ihm verschafft haben.

Bei diesem Lachshuhn ist der Backenbart stark entwickelt. Er besteht aus kleinen Federchen, die Kontakt mit den Augen haben und dort zu Irritationen oder Augeninfektionen führen können. Dieses Problem lässt sich mit einem leichten „Haarschnitt“ beheben.

Hühner unter der Dusche!

- Manchmal verklumpt Hühnerkot mit den Federn, und zwar an Körperstellen, an denen sich das Huhn nicht selbst säubern kann. Dadurch besteht die Gefahr eines Befalls mit Federlingen (siehe Seite 172). In diesem Fall müssen Sie die Säuberung des Tieres übernehmen:
- Schneiden Sie mit einer Schere vorsichtig die mit Dreck verklumpten Federn heraus.
- Setzen Sie das Tier in einen Behälter mit Wasser, sodass der Pegel die Füße gerade bedeckt.
- Reinigen Sie das Huhn mit lauwarmem Wasser und einer milden Seife, aber beschränken Sie sich auf die verschmutzte Stelle: Wenn Sie nämlich das ganze Huhn waschen, muss es anschließend sein gesamtes Gefieder neu einfetten.
- Trocknen Sie das nasse Tier, bevor Sie es wieder ins Freie entlassen.

Gut zu wissen

Intensiver Stress – etwa durch ein niedrig vorbeifliegendes Flugzeug – kann bei Hühnern einen plötzlichen Herztod verursachen oder zu den im Folgenden beschriebenen Zuständen führen. Wir dürfen nicht vergessen, dass unser Herz und ein Hühnerherz unterschiedlich schnell schlagen: das menschliche durchschnittlich 60 bis 80 Mal, das Hühnerherz 350 bis 470 Mal pro Minute! Es muss also weit mehr leisten und dies macht es anfälliger für Herzprobleme.

Körperliches Wohlbefinden bedeutet mentale Gesundheit

Gibt es bei Hühnern auch ein mentales Wohlbefinden? Vögel reagieren generell sehr empfindlich auf Störungen. Daher ist es wichtig, wiederkehrenden und länger andauernden Stress in Grenzen zu halten oder ganz zu vermeiden. Stress sammelt sich an und daraus können sich Angstzustände, Verdauungsprobleme, bis hin zu Depression und Nahrungsverweigerung entwickeln, die allesamt das Tier und seine Immunabwehr schwächen. Häufige Stresssituationen sind beispielsweise:

- beengtes Zusammenleben oder Eingesperrtsein
- abrupte Nahrungsumstellung
- Belästigungen durch Artgenossen oder Räuber – die bei der Gelegenheit auch als Krankheitsüberträger in Frage kommen
- plötzliches und wiederholtes Eingreifen Dritter (Hund, Kinder, Besucher...)
- Rangordnungskonflikte und Paarungsstreitigkeiten
- Traumata wie Einfangen, Verletzungen ...

Jährliche Großreinigung des Stalls

Außer der regelmäßigen Stallkontrolle sollten Sie einmal im Jahr eine große Wartung durchführen. Dabei können Sie den Stall von Grund auf reinigen und alle Ecken überprüfen. Bei dieser Gelegenheit inspiziere ich auch immer den Zustand der Baustruktur und sehe nach, ob sich Parasiten eingenistet haben. Bei einem mannshohen Hühnerstall mag dies alles leicht zu bewerkstelligen sein. Akrobatischer wird es bei kleinen Ställen, die sich nicht auseinanderbauen lassen. Um auch die hintersten Winkel zu erreichen, helfen dann oft spezielle Gerätschaften wie Wasserstrahl- oder Dampfreiniger.

Wann und wie gehen Sie dabei vor?

Meist mache ich die Wartungsarbeiten nach der Mauser an einem schönen Tag im Dezember oder Januar. Dann kann ich gleich die überall verstreuten Federn einsammeln, die sich mit Staub, Spinnweben und Kot vermengt haben. Im Winter legen die Hühner wenig oder gar nicht und so störe ich kaum ein Huhn, das gerade ein Ei legen will.
In manchen Jahren muss ich aber bis Sommeranfang und auf milderes Wetter warten. Denn wenn ich den Stall mit dem Wasserstrahlreiniger bearbeite, muss er bis zum Abend, wenn die Tiere hineingehen, wieder vollständig getrocknet sein. Zusätzlicher Stress: Wenn ich Hennen habe, die noch legen, dann tun sie dies gegen Ende des Vormittags. In dem Fall muss ich zweimal an die Arbeit, das Dach am Morgen reinigen, den Stall am Nachmittag.
Die Arbeit besteht darin, den Stall komplett auszuräumen, also alle Legenester, Sitzstangen und Klappen abzumontieren, um alles gründlich einzeln reinigen zu können. Dabei lassen sich auch gleich die Spuren von Schädlingen aller Art entfernen, wie Exkremente von Nagetieren oder Milben, die überall vorhanden sein können. Alle Einrichtungselemente müssen mit warmem Wasser und Seife gesäubert werden. Dann werden Sitzstangen desinfiziert, ebenso die Legenester, vor allem wenn sie aus Plastik oder Metall sind. Alles muss trocknen, bevor es vor dem Abend in den Stall zurückgestellt werden kann. Die ganze Aktion dauert nicht länger als zwei Stunden, wenn keine unvorhergesehenen Probleme auftreten, etwa nötige Reparaturen oder das Aufspüren von Parasiten.

Im Schatten eines Apfelbaums lässt sich die kleine Hühnerschar nichts von dem Reinigungsspektakel entgehen. Sobald Sie den Stall wieder freigeben, führt jedes Tier mit unverhohlener Neugier seine eigene Inspektion durch.

Besonders zu beachten

Ohne Zweifel haben Sie Sitzstangen und Legenester blitzblank gereinigt. Es gibt noch Stellen, die man leicht übersieht:

- Schauen Sie einmal nach oben: Dach und Balken sind verstaubt und wahrscheinlich mit Spinnweben übersät. Überprüfen Sie, ob alles dicht ist, sich also keine Wasserspuren an den Wänden finden.
- Bei Holzbauten sollten Sie nach holzfressenden Insekten Ausschau halten. Bei Holzteilen mit Kontakt zum Erdboden, etwa bei einem Pfahlbau, sehen Sie nach, ob sich dort Schimmel oder Pilze gebildet haben. Ein Stall, der wie meiner weniger als 20 cm Abstand zum Erdboden hat, bietet ungeahnte Schlupfwinkel für Rote Vogelmilben. Sie hausen nicht unbedingt im, sondern unter dem Stall. Inspizieren Sie also den Erdboden und die Unterseite des Stallbodens. Hier finden sich meist auch zahlreiche Nager, falls Sie sie nicht mit Giftködern unter Kontrolle halten.

Was tun bei Schädlingsbefall?

Das ist wirklich Pech! Sie räumen den gesamten Stall aus und stolpern über eine Ansammlung Roter Vogelmilben, die bei Weitem nicht die häufigsten Parasiten sind. Die erste Frage, die sich stellt, ist: Gibt es etwa noch mehr davon? Und wenn ja, wo sind sie? Sie müssen also minutiös alles absuchen und schnell Gegenmaßnahmen ergreifen, damit am Abend die Hühner wieder ihr Domizil aufsuchen können.

Bei einem leichten Befall reicht eine Reinigung mit warmem Seifenwasser aus. Bei stärkerem Befall gibt es Insektizide in verschiedener Form: als Rauchbomben, in Pulverform, zum Ausstreuen auf der Erde oder zum Aufbringen auf die Wände. Wichtig ist, dass Sie Produkte verwenden, die zwischen die Bretter und in die kleinsten Zwischenräume eindringen, denn genau dort verstecken sich die gefürchteten Räuber! Ich persönlich verteile bei Bedarf ein Pyrethrum-Pulver zwischen den Brettern und dem Linoleum. Es handelt sich dabei um ein biologisch abbaubares Mittel, das nicht langfristig wirkt. Fürs Erste wird die weitere Ausbreitung der unerwünschten Untermieter unterbunden und ich habe einige Tage Zeit, um eventuell eine zweite, radikalere Offensive vorzubereiten.

Ansammlung Roter Vogelmilben in einer beim Reinigen geöffneten Falle (siehe Seite 172). Die wie Pfeffer und Salz aussehende Schicht besteht aus dem Kot der Parasiten. Die roten Punkte sind erwachsene Tiere, die weißen Punkte Larven.

Besitzen Sie einen mobilen Hühnerstall, dann versetzen Sie ihn: Ein anderer Ort kann unter Umständen günstiger sein. Sollte wirklich regelmäßig ein Befall auftreten, dann ist es unumgänglich, den Stall zu kalken. Eine kleine Internetrecherche nach „Wie kalke ich eine Wand?“ gibt Ihnen schnell Auskunft darüber, welche Art von Kalk Sie verwenden sollten, wie er zubereitet und aufgetragen wird.

Vorsicht bei Dämmstoffen!

Linoleum, Glaswolle, Gesteinsfaser ... Dämmstoffe bergen ein Restrisiko, weil sie alle perfekte Schlupfwinkel für die Rote Vogelmilbe sind. Verwenden Sie in Gebieten mit strengen Wintern lieber dickeres Baumaterial. Wenn der Stall mit doppelten Wänden konstruiert wurde, ist es oft erforderlich, die Innenwände des Stalls komplett mit einer Kalkschicht zu überziehen. Stellen Sie auch Milbenfallen auf und inspizieren Sie sie regelmäßig.

Jährliche Inspektion – Schritt für Schritt

Inspektion und Reinigung des Dachs. Der Teil, der aus durchsichtigem Kunststoff besteht und auch als Fenster dient, muss dringend entfernt werden.

Der Hühnerstall, komplett ausgeräumt und inspiziert. Meine Einrichtung ist bewusst sehr rustikal: vier Spankisten als Legenester, eine Sitzstange und Bretter.

Der Belag aus Linoleum schützt den Boden und verhindert vor allem, dass die Einstreu wie bei einer Sanduhr hindurchsickert und immer weniger wird.

Das Linoleum mit Seifenwasser abschrubben, spülen und dann mit Chlor oder hellem Essig – wirkt besser wenn man ihn erwärmt – desinfizieren.

Nicht nur Milben und Nager können in den Stall eindringen, auch Efeu. Wenn man ihn nicht entfernt, kann er die Wandbretter beschädigen.

Sobald das Linoleum wieder ausgelegt ist, streut man eine mindestens 1 cm dicke Sandschicht darüber. Das entspricht einem 35 kg-Sack auf 4 m².

Die alten Legenester werden verbrannt und durch neue ersetzt. Sie werden mit Zeitungspapier ausgelegt, um zerbrochene Eier oder dünnflüssige Exkremente aufzusaugen.

Das Ganze wird mit einer üppigen Schicht aus staubfreien Holzspänen bedeckt.

Zurück im Stall werden die Legenester mit zwei darauf gelegten dicken Brettern stabilisiert und mit alten Zeitungen abgedeckt, weil manche Hühner dort schlafen.

Die Sitzstange, hier ist es eine auf einer Seite abgeflachte Gardinenstange, wird nach Reinigung und Desinfektion einfach zwischen den Wänden in gewünschter Höhe eingesetzt.

Hühner untersuchen

Um sich ein Bild von seinem Gesundheitszustand zu machen, kann es ab und zu vorkommen, dass Sie ein Huhn untersuchen müssen. So können Sie herausfinden, ob es gesund ist, es ein harmloses oder gar ernstes Problem gibt. Dann wäre eine Quarantäne oder eine tierärztliche Untersuchung angesagt.

Innere Organe eines Huhns

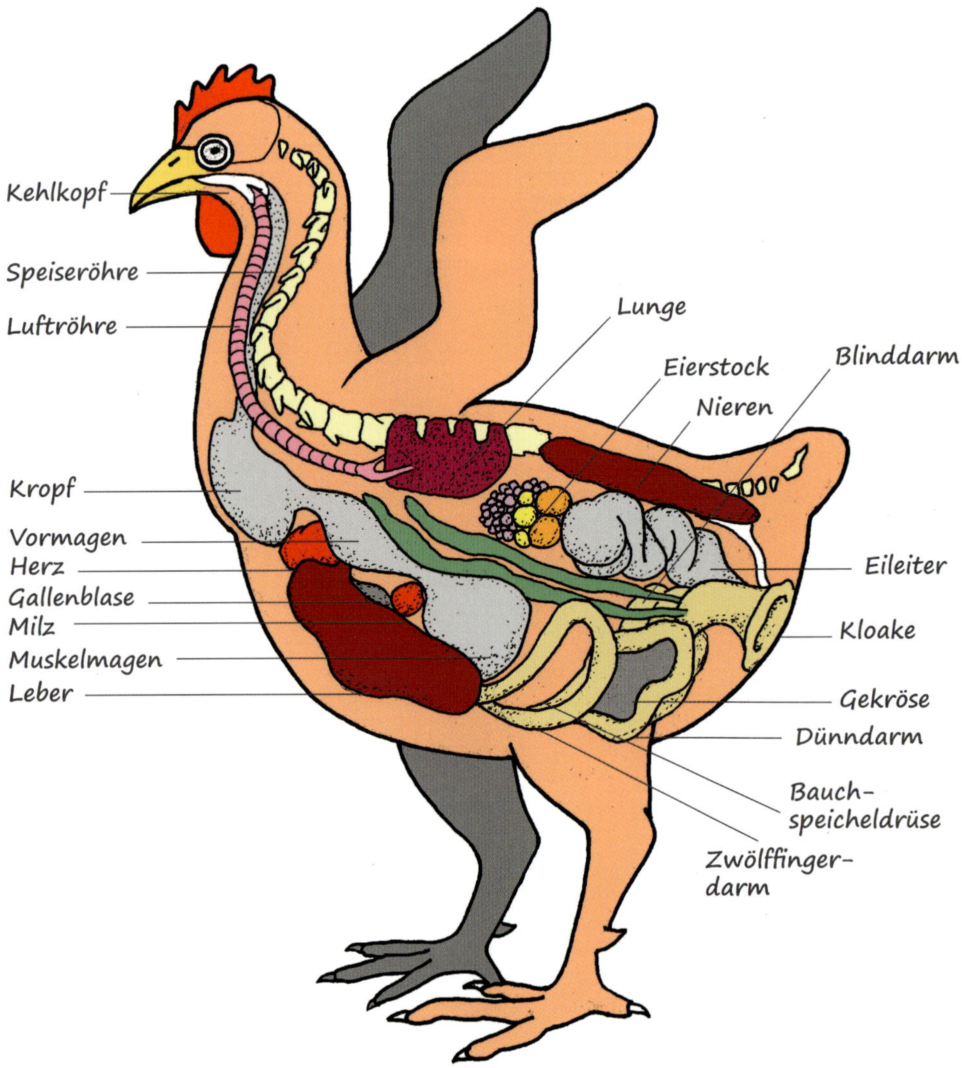

Äußere Erscheinung

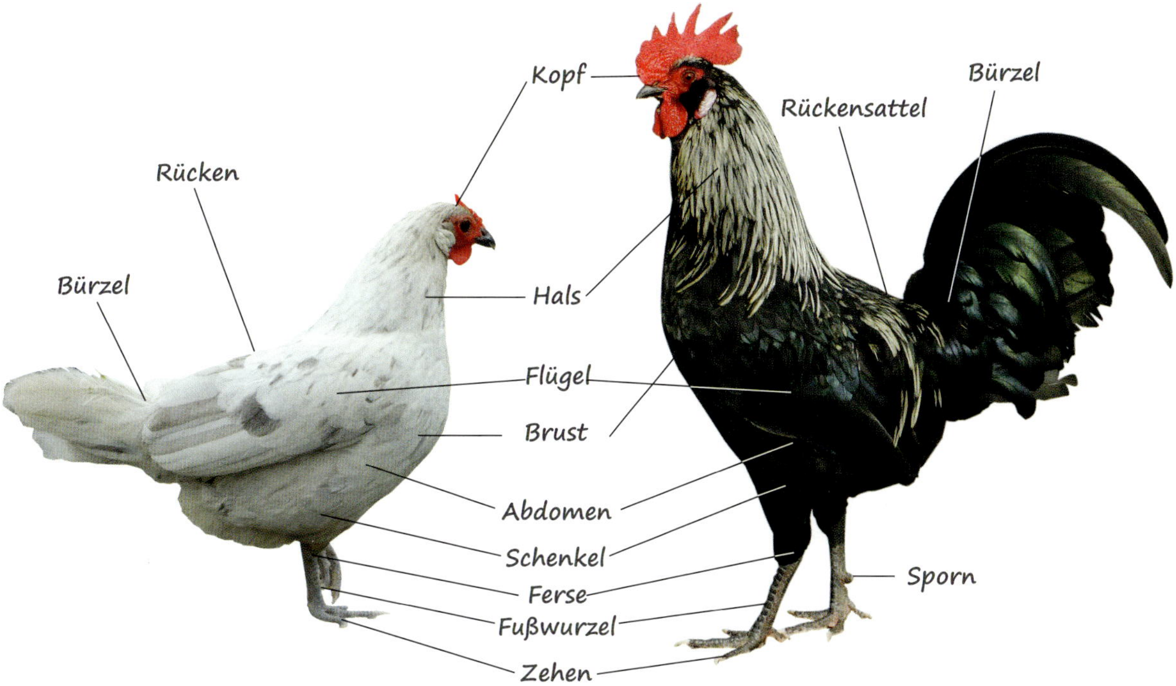

Erst einfangen, dann untersuchen!

Es gibt verschiedene Techniken, wie Sie ein Huhn einfangen können, ohne es zu verletzen.

Im Stall

Sie müssen eines Ihrer Hühner einer Untersuchung unterziehen? Das geht am einfachsten, wenn Sie dafür einige Vorbereitungen treffen: Isolieren Sie das Huhn bereits am Abend zuvor nach Sonnenuntergang, indem Sie es in einen mit Einstreu ausgelegten Karton setzen. Für die Nacht brauchen Sie dem Tier weder Wasser noch Futter zur Verfügung stellen. Am nächsten Morgen können Sie es so ganz leicht greifen. Sie haben auch die Möglichkeit, das Huhn beim Öffnen des Stalls zu fangen, vorausgesetzt:

- Sie machen das möglichst bevor die Sonne vollständig aufgegangen ist
- Sie haben keine allzu scheuen Tiere
- Sie können das Tier innerhalb Ihres Hühnerstalls untersuchen.

Im Freien

Manchmal muss man auch völlig unvorbereitet ein Huhn im Gehege oder im Auslauf einfangen. Bei den besonders schweren und behäbigen Rassen geht dies mit etwas Übung ziemlich problemlos. Schon eher eine Herausforderung dagegen sind die kleinen, wendigen Hühner! Sie flitzen pfeilschnell durchs Gelände, ändern abrupt die Richtung. Sie können einen regelrecht auf die Palme bringen, wenn sie ständig im Kreis um einen Baum oder ein anderes Hindernis herumrennen ... In einem solchen Fall ist es völlig zwecklos, das Tier im Freien einzufangen. Treiben Sie es stattdessen in einen abgeschlossenen Raum, etwa den Stall, die Garage, den Schuppen oder sogar in einen großen, in einer Ecke des Geheges aufgestellten Karton. Dort können Sie es dann greifen.

So lenken Sie ein Huhn an einen bestimmten Ort

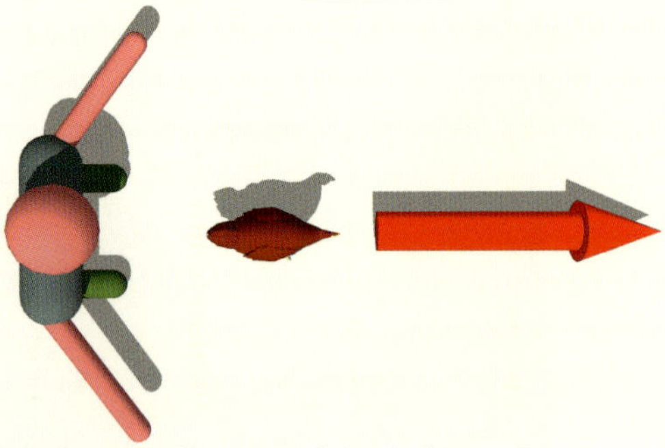

Schritt 1: *Stellen Sie sich in ein bis zwei Metern Abstand hinter das Huhn – im toten Winkel seines Sichtfeldes (siehe Seite 156). Gehen Sie langsam mit seitlich ausgestreckten Armen hinter dem Huhn her, um es nach vorn zu bewegen.*

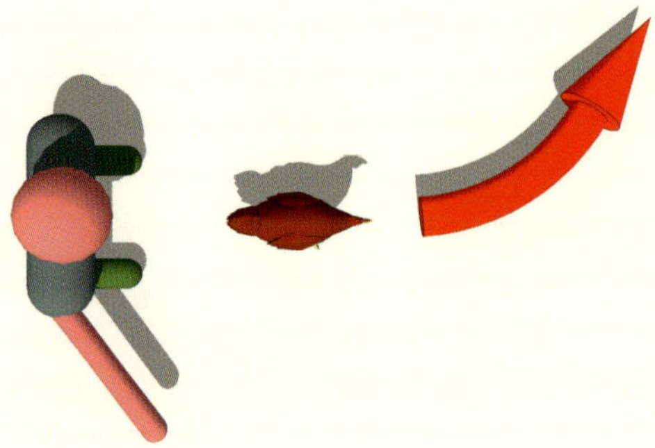

Schritt 2: *Soll das Huhn nach links gehen, dann strecken Sie nur den rechten Arm aus.*

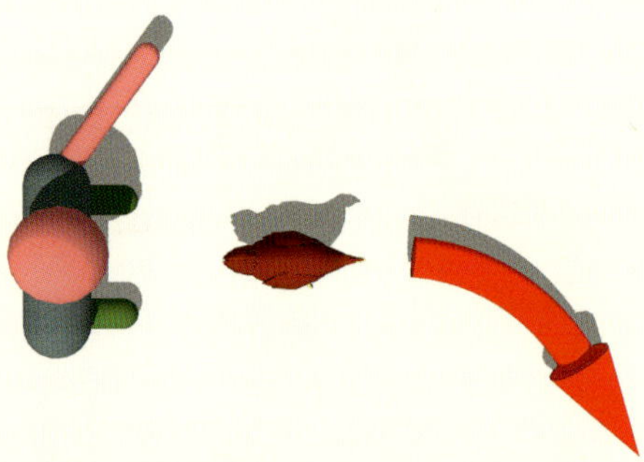

Schritt 3: *Soll das Huhn nach rechts gehen, dann strecken Sie nur den linken Arm aus.*

Schritt 4: *Lenken Sie das Tier an eine Stelle, wo es sich leicht einfangen lässt, hier eine Ecke unserer Veranda. Halten Sie das Tier mit ausgebreiteten Armen in Schach und bewegen Sie sich dabei vorsichtig immer weiter vorwärts.*

Schritt 5: *Sobald es möglich ist und ohne lang zu zögern, umfassen Sie mit Ihren Händen den Rücken des Huhns, damit es die Flügel nicht bewegen kann. Sollte sich das Tier heftig zur Wehr setzen, dann führen Sie eine Hand unter den Bauch, um die Füße zu blockieren. Wirkt das Huhn panisch (es ringt nach Luft, der Kamm verfärbt sich blaurot), dann geben Sie ihm ein paar Minuten, bis es sich beruhigt hat.*

Tipps

Wenn Sie ein Huhn mit den Armen an einen bestimmten Ort treiben wollen:

- Bei sehr schweren oder flugunfähigen Hühnern genügt es meist, das Tier in eine Ecke des umzäunten Auslaufs zu treiben und es dort schnell einzufangen.
- Mit mehreren Personen wird das Unterfangen einfacher, vorausgesetzt die Helfer sind den Tieren nicht völlig unbekannt.
- Sie können auch zwei Stöcke verwenden, um Ihre Arme optisch zu verlängern. Als ich diese Methode zum ersten Mal ausprobierte, mit je einem Handbesen in jeder Hand(!), hatten meine Nachbarn jede Menge Unterhaltung und den größten Spaß dabei!

Was müssen Sie alles untersuchen?

Sobald das Huhn eingefangen ist, ist die eigentliche Untersuchung kein Problem mehr. Oft ist sie dann notwendig, wenn der Halter eine äußerlich sichtbare Anomalie an einem Tier festgestellt hat. Das können sein: abnormale Schwellung an einer bestimmten Körperstelle, Hinken, auffällige Apathie, verwahrlostes Gefieder, ungewöhnliche Kammfärbung, Flüssigkeit aus Augen oder Schnabel, ständiger Juckreiz, Husten, extremes Wachstum von Schnabel oder Krallen ...
Ihre Aufmerksamkeit sollte sich vor allem auf das Problem richten, aber Sie können natürlich auch gleich einige Routineuntersuchungen durchführen:

Körpermasse

Um diese abzuschätzen, müssen Sie die Flanken des Tieres auf Höhe des Brustbeinkamms (siehe Seite 150) abtasten. Auf jeder Seite dieses Knochens befindet sich die kräftige Brustmuskulatur. Im Normalzustand müssen die Muskeln beide Seiten des Knochens ganz überziehen, nur der vorstehende untere Teil des Knochens darf zu spüren sein. Abnormal mager ist das Tier, wenn Sie die platten Teile des Knochens ertasten können.

Äußere Parasiten

Überprüfen Sie die Haut unter den Federn. Dort können sich klassische Parasiten wie Zecken oder Herbstgrasmilben angesiedelt haben, aber auch die für Vögel spezifischen Schädlinge wie Läuse und Milben.
Bei der Vogellaus durchlaufen die erwachsenen Exemplare den Körper des Huhns und sie können auf die gleiche Weise bekämpft werden wie etwa die Flöhe auf Hund oder Katze. Ein Befall ist auch an den Eihäufchen zu erkennen, die die Läuse am Federansatz, besonders im Bereich des Bürzels, ablegen sowie an ihren Ausscheidungen, die als feines, schwärzliches Pulver auf der Haut zu sehen sind.
Hühner mit stark befiederten Füßen sollten auch auf Räude hin untersucht werden.

Durch das richtige Halten des Huhns hindern Sie es daran, zu flattern, mit den Füßen zu treten oder dem Schnabel zu picken. Bei kleinen und mittleren Hühnern fixieren Sie die Flügel mit den Daumen und den Beinansatz mit den Fingern.

Schwere Hühner platzieren Sie mit den Füßen auf Ihrer Hand und den Körper umschließen Sie mit dem Arm. Mit der freien Hand können Sie Befreiungsversuche des Tieres unter Kontrolle halten. Anfangs ist es leichter, dies zu zweit zu machen, mit Routine können Sie es dann bald allein.

Haut

Es dürfen keine Verletzungen oder Hämatome vorhanden und die Hautfarbe muss am ganzen Körper einheitlich sein.

Schnabel und Krallen

Ihr Abnutzungsgrad zeigt an, ob das Huhn angemessen scharrt und pickt.

Atmung

Sie darf sich weder unnatürlich noch geräuschvoll anhören. Vorsicht: Sehr stressempfindliche Tiere können schnell Atemnot bekommen und die Kammfarbe kann sich verändern. Warten Sie mit der Untersuchung ab, bis sich das Tier beruhigt hat. Mit der Zeit und zunehmender Erfahrung wird sich Ihre Vorgehensweise bei der Untersuchung verfeinern.

Kamm

Mit Ausnahme einiger Rassen ist der Kamm stets rot gefärbt, mit Abstufungen von Rosé bis leuchtend Rot (siehe Seite 152). Ein ausgetrockneter, gelblicher, gräulicher, blauroter Kamm oder einer mit abgestorbenen Partien, also schwarzen Flecken, ist dagegen oft ein schlechtes Zeichen. Um den Zustand genau deuten zu können, sollten Sie sich gut über die Kammtypen und ihre Charakteristika informieren.

Haube

Bei Tieren mit Haube sollten Sie stets darauf achten, dass eine freie Sicht ihnen erlaubt, ihren alltäglichen Tätigkeiten nachzugehen.

Ringe

Auch die Fußringe, die die Tiere ein Leben lang tragen, sollten überprüft werden. Der Ring muss beweglich sitzen und darf nicht, etwa durch Schlamm, festgeklemmt sein. Richten Sie Ihr besonderes Augenmerk auf Hühner mit befiederten Füßen. Bei ihnen kann der Ring leichter zu Verletzungen führen.

Unterseite der Füße

Die Füße sind für die Hühner ein unverzichtbares Werkzeug. Kratzer, kleine Einstiche, Verbrennungen, Schnittwunden, Matschklumpen ... all dies ist sorgfältig zu reinigen und zu behandeln.

Hinterteil

Es darf weder mit Kot beschmutzt noch von Parasiten befallen sein.

Weitere Punkte können Sie überprüfen, ohne dass Sie das Tier dazu einfangen müssen, etwa sein Gleichgewicht, den Gang oder die Reaktionsfähigkeit. Schnell lässt sich auch die Funktion des Kropfes inspizieren: Abends muss er gefüllt sein, am Morgen danach leer. Ist es umgekehrt, liegt eine Anomalie vor:

- leer am Abend: Das Tier wird nicht richtig ernährt.
- voll am Morgen: Es kann sich um eine Verstopfung oder einen Wurmbefall des Kropfes handeln.

Die beste Zeit für eine Untersuchung

Man braucht nicht immer einen Grund für eine Inspektion. Viele Geflügelhalter untersuchen ihre Tiere regelmäßig, vor allem wenn sie züchten oder auf Ausstellungen gehen, um sicher zu sein, dass alle bei guter Gesundheit sind. Trotzdem gibt es Situationen, die eine Untersuchung nötig machen:

- beim geringsten Verdacht, dass das Tier nicht ganz gesund ist,
- wenn eine Henne am Brüten ist und dann besonders anfällig für Parasiten,
- wenn neue Tiere hinzukommen oder eines zu einem anderen Halter wechselt,
- bei schwierigen Klimabedingungen wie extremer Hitze oder Kälte,
- wenn Sie ein bestimmtes Tier schon länger nicht mehr untersucht haben und sich die Gelegenheit bietet,
- wenn ein Tier unerwartet gestorben ist.

Gut zu wissen

- Sie können ein Tier allein untersuchen, besser ist aber, die Hilfe einer zweiten Person in Anspruch zu nehmen. Dadurch habe ich zum Beispiel meine Lebensgefährtin dazu gebracht, sich allmählich für unsere Hühner zu begeistern.
- Bei einem sehr lebhaften Tier, das sich stark zur Wehr setzt, bedecken Sie seinen Kopf mit einem ausreichend großen Tuch.
- Verlassen Sie sich nie auf Ihr Augenmaß, wenn Sie die Körpermasse eines Huhns schätzen, das Gefieder täuscht gewaltig. Sie erhalten nur verlässliche Informationen, wenn Sie das Tier wiegen oder seinen Brustbeinkamm abtasten.

Untersuchung eines Zwerg-Cochin. Die Unterseite der Füße ist vollkommen in Ordnung und die Fußwurzeln zeigen keinerlei Anzeichen von Krätze. Nur die Krallen sind zu lang. Ein Problem? Nein, denn diese Henne ist am Brüten, sodass die Krallen unweigerlich zu lang werden. Sobald sie nach dem Schlupf der Küken ihre normalen Aktivitäten wieder aufnimmt, werden sich die Krallen auf natürliche Weise abnutzen.

Das Hinterteil besteht aus Halbdaunen und Dunen unterhalb der Kloake. Brahma (Mitte) sind besonders gut damit ausgestattet. Ein ständig verschmutztes Hinterteil deutet auf Verdauungsprobleme und innere Parasiten hin.

Das Skelett – unerlässlich fürs Fliegen

Eigentlich sind Hühner Landvögel, doch ihr Skelett ist ganz und gar fürs Fliegen gemacht. Die Knochen sind extrem leicht, aber stabil genug, um die verschiedenen Kräfte auszuhalten, die beim Starten, Fliegen und Landen darauf wirken. Durch die Verschmelzung zahlreicher Knochen während der Evolution hat sich das Skelett weiter vereinfacht, um noch flugtüchtiger zu werden.

Das Hühnerskelett

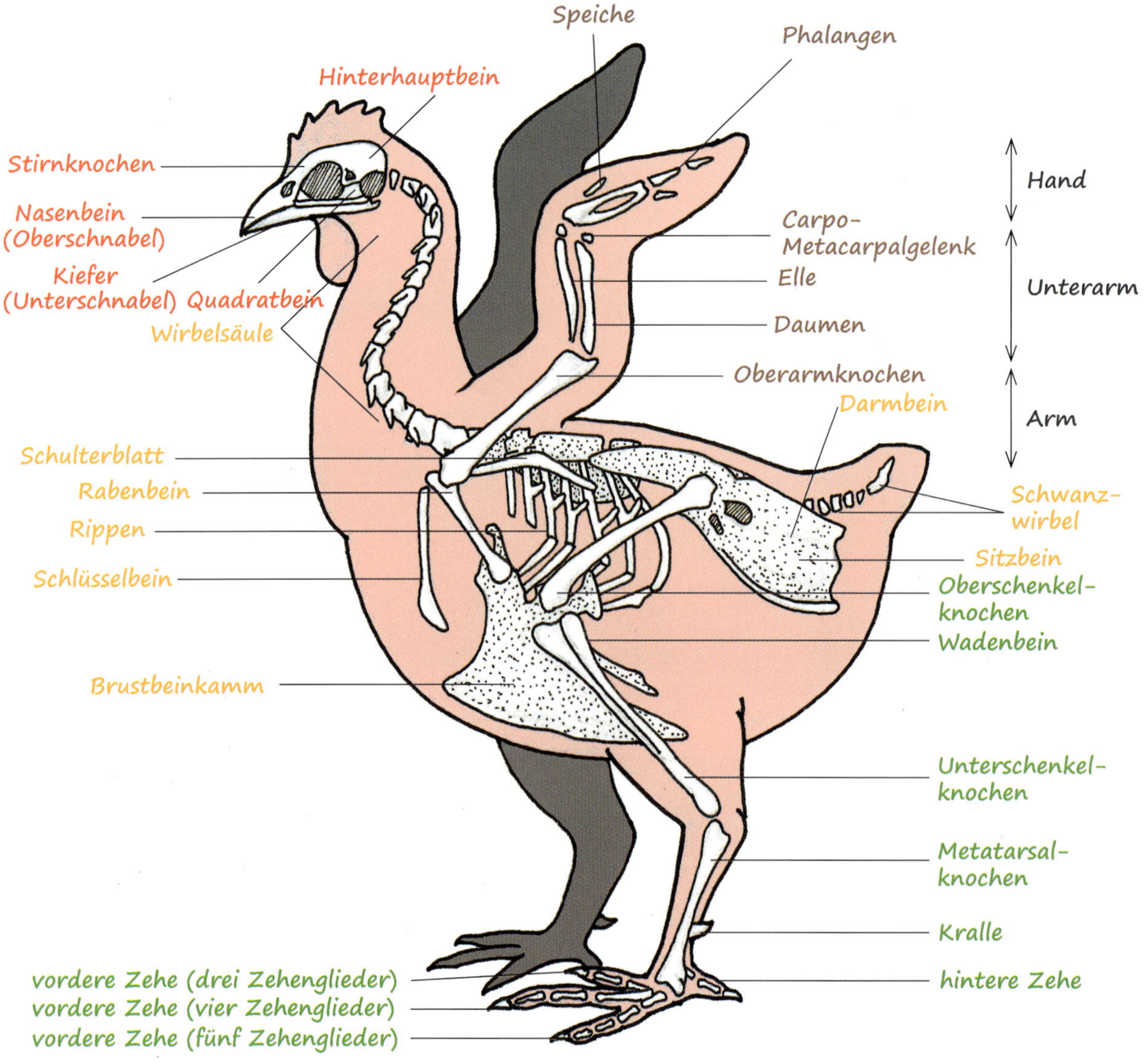

Der Aufbau des Skeletts

- *Schädel*. Er besteht aus fünf Hauptknochen, von denen drei, Nasen-, Stirn- und Hinterhauptbein, miteinander verschmolzen sind. Nur Kiefer und Quadratbein sind beweglich.
- *Wirbelsäule und Brustkorb*. Die meisten der Wirbel und Knochen, aus denen der Brustkorb besteht, die Rippen, sind teilweise zusammengewachsen. Sie bilden eine Knochenstruktur, die auch einem so starken Druck standhält, wie ihn die fürs Flügelschlagen zuständigen Muskeln ausüben. Nur die 14 Halswirbel sind beweglich. Anders als bei Säugetieren kann sich der Brustkorb bei Hühnern nicht ausdehnen. Beim Fliegen wirkt das Rabenbein als Stoßdämpfer: Es wirkt der Kraft entgegen, die von der am Brustbeinkamm befestigten Brustmuskulatur ausgeht.
- *Vordere Gliedmaßen*. Bei den vorderen Gliedmaßen, den Flügeln, ist die Anzahl der Zehenknochen und -glieder verringert, besonders auf Höhe des Carpo-Metacarpalgelenks. Auf der Hand befinden sich die primären Schwungfedern, auf dem Unterarm die sekundären und auf dem Arm die tertiären Schwungfedern.
- *Hintere Gliedmaßen*. Auch hier sind einige der Knochen miteinander verschmolzen: Schienbein und Fußwurzelknochen zum Unterschenkelknochen, sowie alle Metatarsalknochen zu einem einzigen. Das Wadenbein oder Fibula ist stammesgeschichtlich zurückgebildet.

Knochen in Leichtbauweise

Die meisten Knochen, vor allem der Gliedmaßen, sind hohl und mit knöchernen Verstrebungen verstärkt, um leichter zu sein. Die Luft zirkuliert zwischen den Knochen und den Luftsäcken (siehe Seite 170), und bei einem Bruch lässt sich oft beobachten, wie Luft ausgestoßen wird.

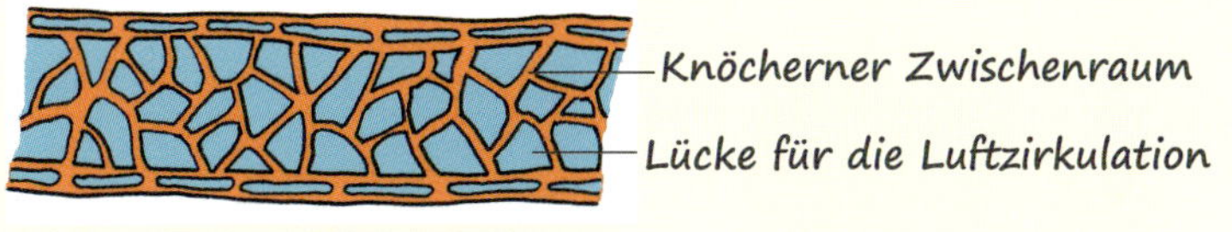

Schnitt durch einen luftgefüllten Knochen

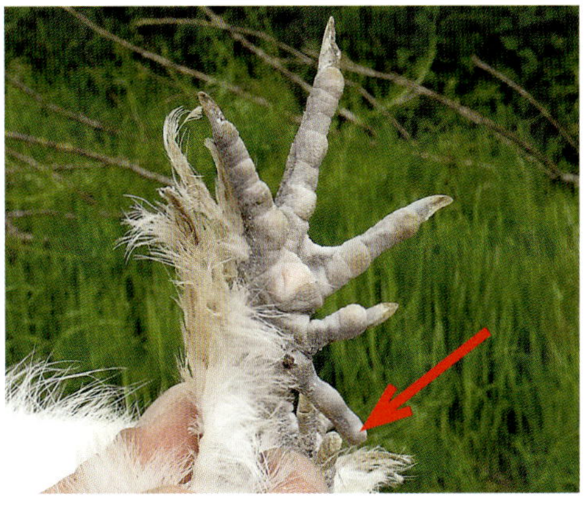

Hühnerfüße haben meist vier Zehen. Bestimmte Rassen wie Seidenhuhn, Lachshuhn, Houdan ... besitzen eine fünfte Zehe, die sich über der hinteren Zehe befindet. An dieser muss die Kralle eventuell geschnitten werden, denn sie wächst, ohne sich abzunutzen.

Kleine Hühnerrassen sind in der Lage, kontrolliert und mit Richtungswechseln über mehrere dutzend Meter zu fliegen. Schwere Hühner können nur in die Höhe flattern und legen oft eine ungeschickte Landung an den Tag.

Kopf und Kamm

Kamm und Kehllappen werden als sogenannte sekundäre Geschlechtsmerkmale bezeichnet. Sie sind beim Hahn stärker ausgeprägt als bei der Henne. Je nach Rasse kann ihre Größe variieren – von extrem groß bis quasi nicht vorhanden. Beim Hahn dienen sie zur Balz und sichern ihm auch seine soziale Position in der Gruppe. Bei einem unterlegenen Hahn sind diese Attribute blasser gefärbt, der Kamm oft zur Seite geneigt. Bei der Henne gibt der Kamm Aufschluss über ihren Hormonzustand.

Die Bereiche des Kopfes

Morphologie eines Hahnenkopfs

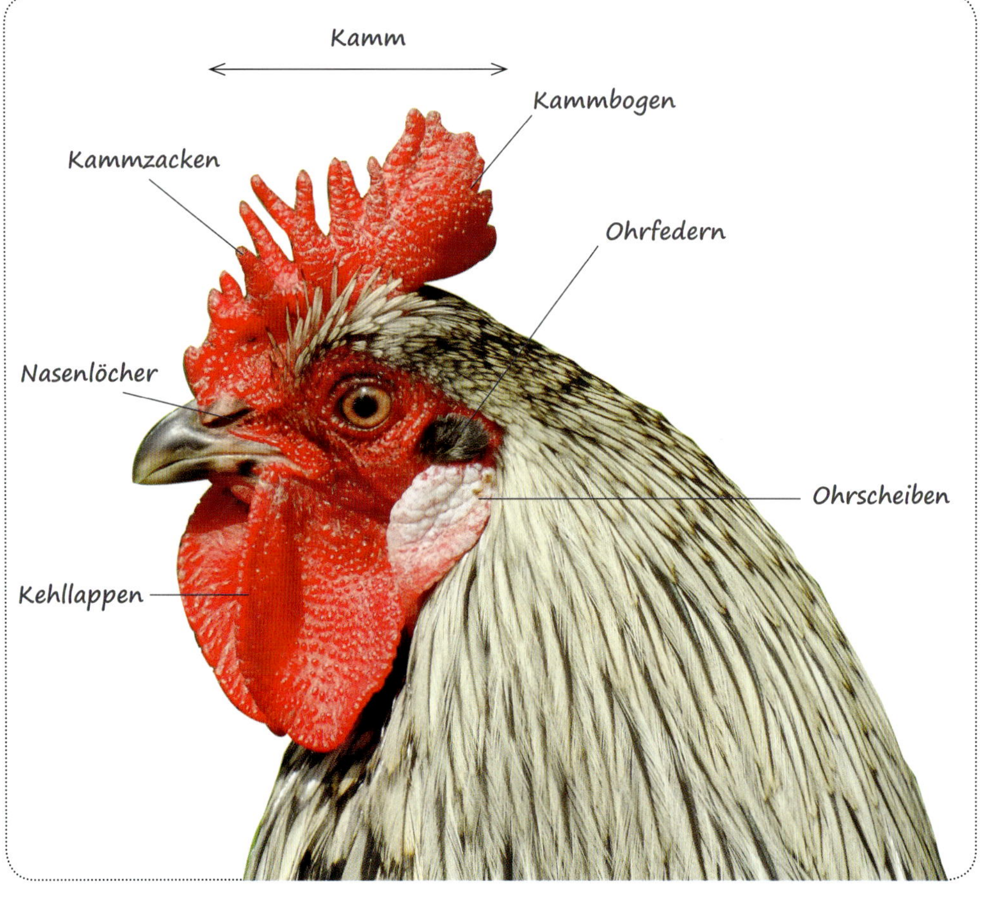

Oben auf der Schädeldecke befindet sich der Kamm. Er besteht aus einem Lappen, der nach vorn hin mehr oder weniger stark gezackt ist. Die Hautanhänge unter dem Schnabel nennt man „Kehllappen„. Die meist weißen Ohrscheiben und roten Ohrlappen sind fleischige Auswüchse, die sich unterhalb des Gehörgangs befinden: Ihre Öffnung wird durch das Ohrgefieder geschützt.

Kamm und Kehllappen sind stark durchblutet und dienen der Wärmeregulierung, denn ihre Oberfläche ist vollkommen federlos. Manche Rassen wie beispielsweise Brahma, die besonders unempfindlich gegen Kälte sind, besitzen einen sehr schwach entwickelten Kamm. Dies verringert deutlich die Gefahr von Erfrierungen.

Bei jungen Hennen entwickelt und färbt sich der Kamm nach und nach, je näher die Zeit der ersten Eiablage rückt. Ihr Kamm bleibt aber in jedem Fall unauffälliger als beim Hahn. Bei einigen Rassen – wie unter anderem Bresse-Gauloise oder Leghorn – bedeutet ein entwickelter und zur Seite geneigter Kamm, dass sich die Henne in der Legephase befindet. Umgekehrt kann sich der Kamm wieder aufstellen und blass werden, wenn die Eiablage unterbrochen wird.

Die verschiedenen Kammformen

Auch auf diesem Gebiet halten Hühner Überraschungen bereit! Es gibt große Unterschiede bei den Kämmen, von einem Tier zum anderen und von Rasse zu Rasse.

Kammlose Hühner

Es gibt Rassen ohne Kamm. Oft tritt dieses Phänomen dann auf, wenn die Tiere eine Haube besitzen, wie etwa Paduaner oder Holländische Haubenhühner. Tatsächlich aber ist der Kamm nur auf die Größe einer Knospe reduziert und daher unter der Haube nicht sichtbar.

Der Einfachkamm

Dies ist die am weitesten verbreitete Kammform. Es gibt davon mehrere Varianten, die sich durch Größe, Anzahl der Kammzähne, die Gesamtform, sowie Höhe oder Dicke unterscheiden.

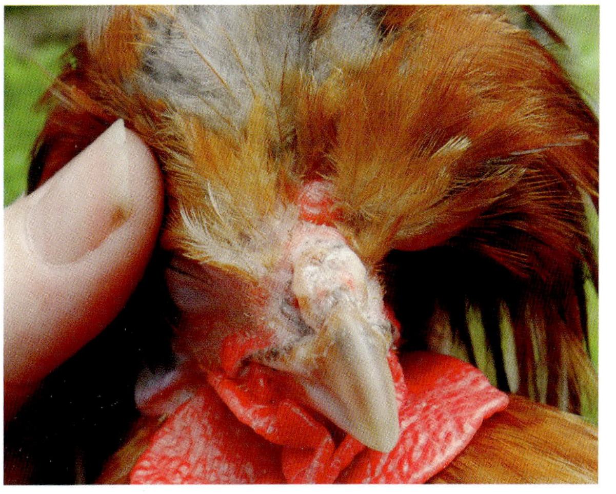

Hahn der Rasse Holländische Haubenhühner, dessen Kamm vollständig verkümmert ist.

Beispiele für unterschiedliche Einfachkämme.

Ein sogenannter Blätterkamm bei einem Hahn der Rasse Houdan.

Geweihkamm bei einem Hahn der Rasse Crève-Coeur.

Kronenkamm bei einem Mischlingshahn.

Diesen Brahma-Hahn ziert ein dreireihiger Erbsenkamm.

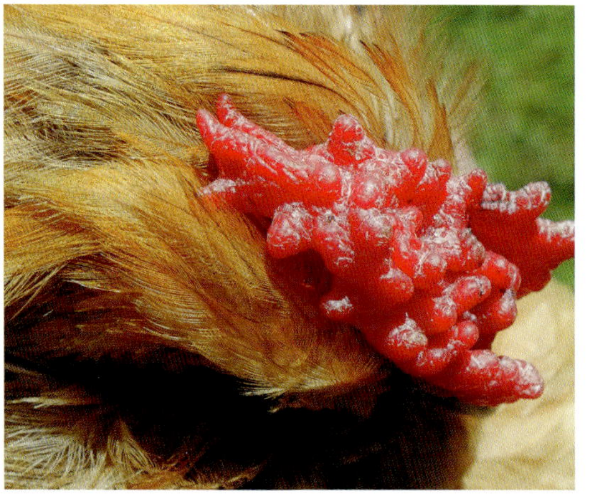

Eine Besonderheit bei den Hähnen der Rasse Watermaalsche Bartzwerge ist der Rosenkamm mit dem Dreifachdorn an der Spitze.

Rosenkamm eines Hahns der Rasse Antwerpener Bartzwerge, mit einem Kammdorn, der sich genau der Kopfform anpasst.

Glatter Rosenkamm bei einem Wyandotten-Hahn.

Walnussförmiger Kamm eines Seidenhuhn-Hahns. Bemerkenswert ist, dass diese Tiere zu den seltenen Rassen gehören, deren Kamm nicht leuchtend rot, sondern maulbeerfarben ist.

Der Kronenkamm

Bei ihm sind zwei fleischige Anhänge vorhanden, die unten miteinander verwachsen sind und sich dann nach den Seiten hin aufteilen. In dieser Gruppe findet man:

- Hörnchen, die am Ansatz mehr oder weniger abgerundet und v- bis u-förmig angeordnet sein können,
- den Blätterkamm, dessen Name bereits eine Vorstellung von seiner Form vermittelt,
- den Kronen- oder Becherkamm.

Der Dreifachkamm

Er besitzt die Form von drei kleinen fleischigen Auswüchsen, auch „Wärzchen„ genannt, von denen der mittlere stärker ausgeprägt ist als die beiden anderen.

Der Rosenkamm

Er wird charakterisiert durch einen massiven Auswuchs, auf dem kleine Höcker verteilt sind und der nach hinten in eine oder mehrere Spitzen, die sogenannten Kammdorne, ausläuft. Auch hier unterscheidet man mehrere Typen:

- mit einem Kammdorn, der horizontal verläuft und vom Nacken losgelöst ist,
- mit mehreren kurzen Dornen,
- mit einem Kammdorn, der sich der Kopfform anpasst,
- mit einer feinen Körnung, die einen „glatten„ Kamm ergibt.

Der Walnusskamm

Er ist weit seltener als alle übrigen. Er sieht aus wie ein fleischiges Polster, das durch eine quer verlaufende Furche zweigeteilt wird.

Gut zu wissen

Unter der großen Vielfalt der Hühnerrassen sind die meisten Kämme gewellt oder einfach.

Die fünf Sinne

Hühner besitzen perfekt an ihre Lebensweise angepasste Sinne. Ihre Augen und Ohren sind um einiges leistungsfähiger als unsere. Wenn Hühner auf Futtersuche sind, setzen sie dabei alle sensorischen Fähigkeiten ein, um Nahrung zu finden und zu erkennen. Ebenso um die Hühnergruppe oder einzelne Tiere daraus wiederzufinden, um die Signale des anderen Geflügels zu interpretieren, um sich in der Umgebung zurechtzufinden oder sie zu überwachen. Alle diese Informationen werden im Gehirn gespeichert. Eine verbreitete Meinung ist, das Gehirn von Hühnern sei klein. Doch Fachleute sagen, es wäre korrekter, von einem verkleinerten, hoch leistungsfähigen Organ zu sprechen.

Sehvermögen

Monokulares Sehen …

Der Sehsinn des Huhns ist bei Weitem nicht der bestentwickelte unter Vögeln. Viele andere, vor allem die Greife, sind besser ausgestattet. Ihre Sicht ist binokular und bietet ihnen optimale Sehschärfe. Bei Hühnern sitzen die Augen seitlich. Hauptsächlich sehen sie nur mit einem Auge – bis auf einen Bereich direkt vor dem Schnabel, wo sie Umrisse und Distanz dreidimensional mit beiden Augen erkennen können. Durch Drehung des extrem biegsamen Kopfes überbrücken sie den toten Winkel nach hinten und haben damit praktisch Rundumsicht. Geschützt wird das Auge durch zwei horizontale Lider und die sogenannte Nickhaut. Dieses halb durchsichtige dritte Augenlid gleitet vertikal von vorn nach hinten, befeuchtet das Auge und filtert zu intensives Licht.

… das durch Dunkelheit und Schnee beeinträchtigt wird

Trotzdem haben Hühner ein exzellentes Sehvermögen. Sie können Dinge in der Ferne erkennen, die für unsere Augen längst nicht mehr auszumachen sind. Sie sehen Farben und sogar Ultraviolettstrahlung. Ihre Sicht wird jedoch mit Einbruch der Dunkelheit deutlich schlechter. Dies ist auch der Grund, weshalb man Hühner, die man untersuchen

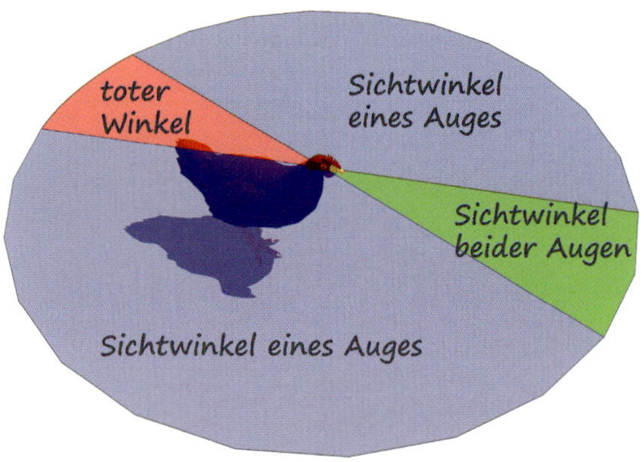

Die Winkel der optischen Wahrnehmung

möchte (siehe Seite 145), erst am Abend einfangen sollte. Auch Schnee schwächt ihre Sicht. Die Helligkeit hindert sie daran, Entfernungen richtig einzuschätzen und Orientierungspunkte wiederzufinden. Deshalb wirken Hühner, die eines Morgens, wenn sie aus dem Stall kommen und das erste Mal Schnee sehen, meist ziemlich verwirrt. Doch sie gewöhnen sich daran.

Besonderheit beim Sehen

Um gut zu sehen, muss der Kopf eines Huhnes wie bei vielen anderen Vögeln auch, möglichst lange an einer Stelle verharren. Daraus ergibt sich die besondere Gehweise der Hühner, bei der sich der Kopf ruckartig bewegt.

1
2
3
4
5

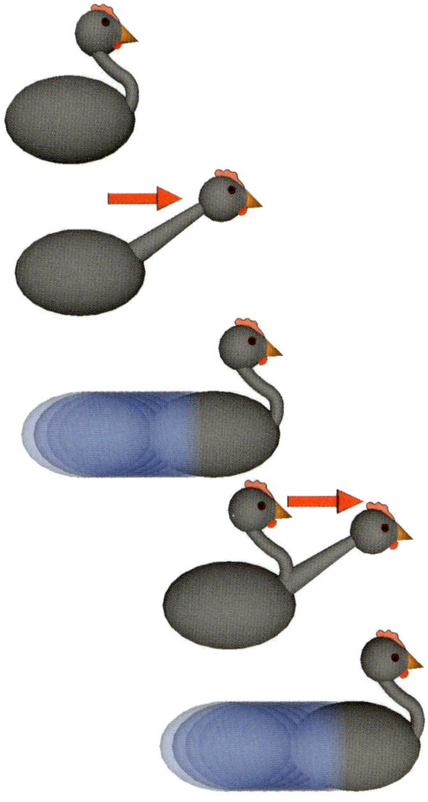

Optokinetischer Reflex des Kopfes während der Fortbewegung

1. *Position bei Stillstand.*
2. *Beginn der Fortbewegung: Der Kopf wird sehr schnell nach vorn bewegt.*
3. *Der Körper setzt sich in Bewegung, während der Kopf an derselben Stelle verharrt.*
4. *Sobald der Körper dem Kopf nachgefolgt ist, wird letzterer erneut nach vorn bewegt, um einen neuen Fixpunkt anzuvisieren.*
5. *Nun folgt der Körper wieder dem Kopf nach und so fort …*

Geht der Körper nach vorne, bleibt der Kopf noch in der ursprünglichen Position. Dann wird durch eine Halsbewegung der Kopf so weit wie möglich nach vorne geschoben, um einen neuen Punkt fixieren zu können, während der Körper weiter vorwärts geht.
Dieses Prinzip lässt sich an einem einfachen Experiment zeigen: Nehmen Sie ein Huhn auf den Arm. Dann lenkt eine zweite Person die Aufmerksamkeit des Huhns auf sich. Wenn Sie nun das Huhn von rechts nach links bewegen, werden Sie feststellen, dass sein Kopf praktisch am Platz bleibt.
Von den Augen und den anderen Sinnesorganen, vor allem dem Innenohr, werden während dieser Bewegung diejenigen Informationen an das Gehirn des Huhns übermittelt, die dazu nötig sind, den Kopf durch eine räumliche Ausgleichsbewegung zu stabilisieren. Auf diese Weise behält unser Huhn seine Umwelt genau im Auge. Das Phänomen ermöglicht, dass sich das Abbild der Umgebung auf der Retina einprägt und es wird „optokinetischer

Gut zu wissen

Künstliches Licht: Der Mensch nimmt Lichtschwingungen bis 60 Hertz wahr. Neonlicht schwingt bei 70 Hertz, sodass es für uns wie ein ununterbrochenes Dauerlicht erscheint. Hühner jedoch nehmen Schwingungen bis 105 Hertz wahr, was bedeutet, dass eine Neonleuchte ihnen nicht als Dauerlicht, sondern als Stroboskoplicht erscheint. Schwer vorstellbar, dass dies die Tiere nicht durcheinanderbringt! Wenn Ihnen das Wohlbefinden Ihrer Tiere am Herzen liegt, sollten Sie im Hühnerstall immer nur Glüh- oder LED-Lampen verwenden.
Transkranielles Sehen: Hühner besitzen intrakranielle Rezeptoren, die eine Lichtintensität bis zu 0,2 Lux erkennen können. Die Rezeptoren analysieren permanent die Beleuchtungsdauer und spielen eine wichtige Rolle bei der Einleitung physiologischer Zyklen wie Eiablage, Brut oder Mauser. Wenn also der Hühnerstall ein Fenster hat oder durch Zwischenräume Licht einfällt, nehmen die Tiere wahr, ob es tiefschwarze Nacht ist oder der Vollmond scheint.

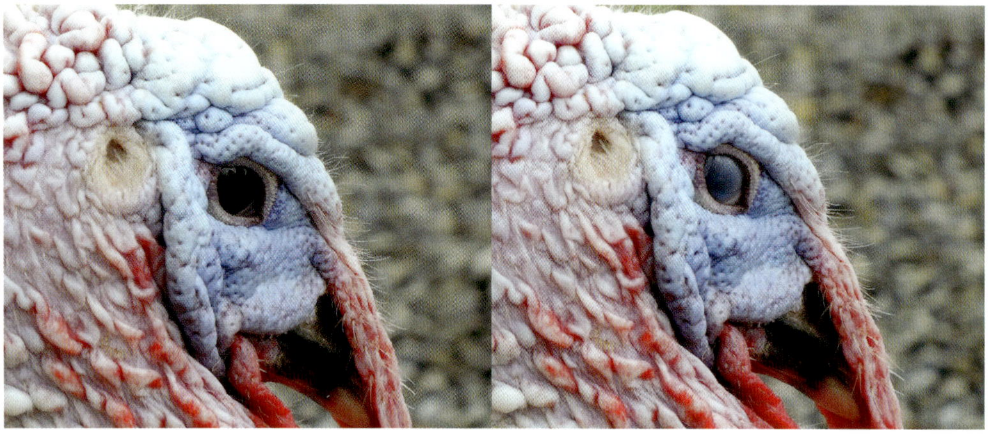

Links das geöffnete Auge eines Truthahns. Auf dem rechten Foto ist das Auge von der Nickhaut bedeckt, was dem Tier einen verschleierten Blick, ähnlich wie beim Grauen Star, verleiht.

Die Nickhaut erfüllt die gleiche Funktion wie unsere Augenlider. Auch wenn das Tier sie bewusst schließen kann, kommt das regelmäßige Schließen, selbst wie hier beim Krähen des Hahns, einem instinktiven Reflex gleich.

Reflex" genannt. Auch wir greifen ständig unbewusst darauf zurück. Wenn wir beispielsweise ein Objekt fixieren und den Kopf dabei drehen, bleiben unsere Augen „stehen".

Gehör

Da Hühner keine Ohrmuschel haben, müssen sie den Kopf sehr viel bewegen, um die aus allen Richtungen kommenden Töne einzufangen. Von daher ist das Gehör bei Hühnern sehr gut entwickelt – wie bei allen Vögeln.
Die Tiere gewöhnen sich schnell an wiederkehrende Alltagsgeräusche, selbst wenn sie sehr laut sind. So stört sie nach kurzer Gewöhnungszeit zum Beispiel auch starker Autoverkehr überhaupt nicht mehr. Die Hühner speichern alles ab, vor allem solche Töne, die mit der Futterverteilung in Verbindung stehen. Die Tiere reagieren auf unser Rufen, aber auch auf indirekte, irgendwie mit Futter verbundene Geräusche wie das Öffnen des Küchenfensters – immer in der Hoffnung, dass ein paar Essensreste abfallen.
Ungewöhnliche Geräusche hingegen können, je nach Intensität, eine geringe Bewegung bis hin zu panischen Reaktionen in der ganzen Hühnerschar hervorrufen. Stellen Sie sich in einem Abstand von etwa 20 Metern von Ihren Hühnern so lange unbeweglich auf, dass die Tiere Ihre Anwesenheit vergessen. Nach einigen Minuten geben Sie einen ungewöhnlichen Laut von sich und beobachten dann, wie unterschiedlich die einzelnen Tiere reagieren.

Tastsinn

Hühner sind Vögel, die gern scharren und picken. Der Tastsinn konzentriert sich daher auf die Füße, den Schnabel und die Zunge. Er wird von kleinen Federn, den sogenannten Vibrissen, unterstützt. Sie sehen wie Härchen aus und befinden sich am Schnabelansatz und manchmal um die Augen herum. Es sind Tastsensoren wie es sie bei Säugetieren unter der Bezeichnung Schnurr- oder Tasthaare gibt.

Hier sind deutlich die Vibrissen am Schnabelansatz, hinter dem Nasenloch, und um das Auge zu erkennen.

Geschmackssinn

Es ist sehr schwierig, überhaupt Informationen über diesen Sinn zu finden. Bekannt ist, dass es den Geschmackssinn bei Hühnern gibt, er anscheinend aber nicht so gut entwickelt ist wie bei Menschen.

Geruchssinn

Während feststeht, dass einige Greif- und Wasservögel einen äußerst leistungsfähigen Geruchssinn besitzen, hat man lange angenommen, der von Hühnern sei stark verkümmert. Das französische Nationale Institut für Agrarforschung INRA hat vor Kurzem das Gegenteil bewiesen und sagt nun, dass Hühner sehr empfindlich auf Gerüche reagieren. Sie sollen in der Lage sein, sich gegenseitig an ihrem individuellen Körpergeruch zu erkennen, aber auch Nahrung oder Raubtiere zu identifizieren.

Sporn- und Schnabelpflege

Genau wie Krallen oder Nägel wachsen auch Sporne ständig weiter. Je nach ihrer Art kann es empfehlenswert sein, ihr Wachstum zu beobachten und sie, wenn nötig, zurückzuschneiden. Lange Zeit war ich der Meinung, man solle sich da nicht einmischen, sondern der Natur ihren Lauf lassen. Doch nachdem bei mehreren meiner Hennen das Rückengefieder stark lädiert war, eine hatte sogar Verletzungen an den Flanken, entschloss ich mich, einzugreifen.

Was sind Sporne eigentlich?

Sporne befinden sich bei Hühnervögeln hinter den Fußgelenken und sehen aus wie Dornen. Sie gelten als sekundäre Geschlechtsmerkmale, durch die sich männliche und weibliche Tiere unterscheiden. Gelegentlich gibt es aber auch Hennen, die mit zunehmendem Alter Sporne entwickeln. Genau wie Krallen, Schnabel und sogar die Flügel zählen die Sporne zu den Waffen, die der Hahn zur Verteidigung oder bei Kämpfen mit Rivalen einsetzt. Außerdem dienen sie ihm dazu, beim Besteigen der Henne das Gleichgewicht zu halten. Sporne bestehen aus einer durchbluteten Wurzel und einer Keratinhülle.

Wann und warum schneidet man die Sporne?

- Halten Sie mehrere Hähne zusammen, besteht große Gefahr, dass es von einem Moment auf den anderen zu Raufereien kommen kann.
- Der Hahn kann das Rückengefieder der Hennen sehr stark beschädigen und ihnen sogar Einstichwunden beibringen.
- Die Sporne können so stark wachsen, dass sie bei jedem Schritt des Hahns aneinander stoßen und das Tier in seiner Bewegung behindern.
- Tritt etwas Unerwartetes ein, will sich ein Hahn meist reflexartig verteidigen. Oft stachelt ein kleinerer Gegner ihn dann zu noch mehr Kühnheit an.

Vorsicht also auch bei kleinen Kindern, selbst wenn sie nur selten ins Hühnergehege gehen. Meines Erachtens sollten Sie schon deshalb das Spornwachstum alle zwei Monate kontrollieren.

Krallen und Schnabel

In ihrem normalen Alltagsleben verbringen Hühner etwa die Hälfte des Tages mit Scharren und Picken. Dies hält durch die natürliche Abnutzung das Wachstum von Krallen und Schnabel in Schach. Dennoch zeigen Hühner aus Volierenhaltung ein stärkeres Wachstum, das deshalb immer wieder überprüft werden sollte. Das Zurückschneiden erfolgt auf dieselbe Weise wie bei den Spornen.

Junghähne brauchen ein bis zwei Jahre, bevor sich ihre Sporne richtig herausgebildet haben. Zu Beginn wachsen Sporne fast immer mit einer Biegung nach innen, sie können aber auch gerade, stärker gebogen, oder sogar eingerollt wachsen. Dann kann sich das Tier verletzen. In dem Fall sollte zurückgeschnitten werden.

Es gibt unterschiedliche Arten von Spornen, eher rund oder mit Spitze. Die runde Form ist weniger gefährlich und macht ein Zurückschneiden nicht unbedingt erforderlich.

Vor und nach dem Zurückschneiden. Ein Wyandotten-Hahn in der Farbe Gold-schwarzgesäumt, bei dem mangels Aktivität der Oberschnabel stark hypertrophiert ist.

Zurückschneiden der Sporne – Schritt für Schritt

„Mordred" ist ein eher kleiner Hahn, dafür ist er aber umso lebhafter und extrem wendig. Ihn einzufangen ist keine leichte Sache und es erfordert eine gewisse Strategie, um ihn zu erwischen.

Selbst wenn der Hahn fixiert ist, sollte man noch auf der Hut sein. Eine Hand platziere ich auf seinem Rücken, damit er nicht mit den Flügeln schlagen kann, die andere hält beide Füße fest.

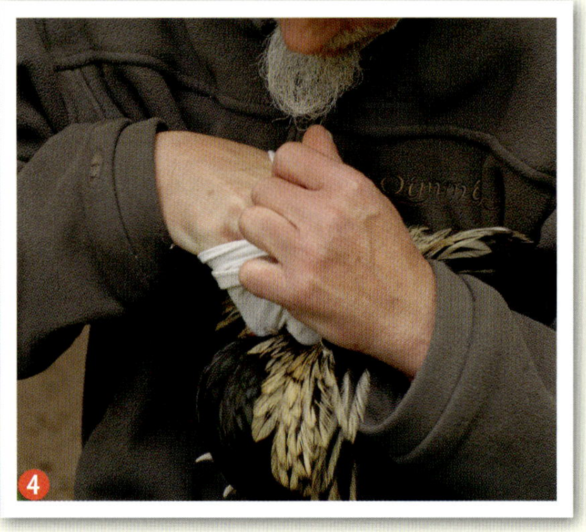

Um den Stresspegel niedrig zu halten und das Tier zu beruhigen, ziehe ich ihm eine Socke über den Kopf. Diese Methode habe ich schon unzählige Male bei Falknern beobachtet. Sobald das Tier nichts mehr sieht und sich im Dunkeln befindet, wird es ruhig.

Sobald „Mordred“ seine Kapuze aufhat, verspürt er keinerlei Lust mehr auf einen Fluchtversuch. Er lässt sich jetzt alles ruhig gefallen und ich kann gefahrlos mit ihm umgehen.

„Mordreds“ Sporne sind gerade gewachsen und spitz, also relativ gefährlich. Etwa alle zwei Monate überprüfe ich, um wie viel sie gewachsen sind. Zuerst kürze ich jeden Sporn mit einer Nagelschere um 5 mm.

Bei dieser Länge besteht kein Risiko, dass ich in den durchbluteten Teil schneide und der Hahn empfindet nach dem Schneiden absolut keine Schmerzen. Er zuckt nicht einmal, wenn er das „Klack“ der Schere hört.

Zum Abschluss runde ich die Enden der Sporne noch mit einer Nagelfeile ab. Danach kann „Mordred“ keiner Henne mehr Verletzungen zufügen.

Der erste Versuch!

- Schneiden Sie anfangs so wenig wie möglich ab und gehen Sie dann millimeterweise vor, um nicht mehr als nötig zu entfernen.
- Nehmen Sie geeignetes Werkzeug. Manchmal ist eine kleine Nagelschere zu schwach. Je nach Sporngröße brauchen Sie dann eine Hundekrallenzange, eine Garten- oder Astschere.

Lädiertes Rückengefieder bei einer Henne nach zu vielen „Besuchen" des Hahns.

An dieser Stelle einen Verband anzulegen, ist nicht immer einfach. Deshalb verwende ich ein kleines Stück einer Kompresse, das ich mit einer kleinen Kugel Modelliermasse auf den Sporn setze. Der Verband kann nach zwei Stunden wieder abgenommen werden.

Was tun, wenn es doch blutet?

Das Zurückschneiden der Sporne darf nur im Bereich des Horns erfolgen. Schneiden Sie versehentlich in den lebendigen Teil, wird es unverzüglich stark bluten. Egal, wie viel Routine man im Zurückschneiden hat: Jeder Hahn ist ein Fall für sich und solch ein „Unfall" kann leicht jederzeit vorkommen – vor allem beim ersten Mal. Halten Sie deshalb stets Desinfektionsmittel und Verbandmaterial bereit.

Die Methode „heiße Kartoffel"

Diese in manchen Gegenden wohl traditionelle Methode der Spornentfernung sieht so aus: Man setzt eine heiße, aber nicht gekochte Kartoffel auf den Sporn und dreht sie dann. Damit die Temperatur am Sporn erhalten bleibt, wird die Kartoffel immer wieder ersetzt. Am Schluss bricht der Sporn am Ansatz ab. Selbst wenn die Methode funktioniert, würde ich sie nicht empfehlen. Warum?

- Bei gebogenen Spornen wird die Anwendung schwierig.
- Der ganze Vorgang benötigt eine gewisse Zeit: zehn Minuten pro Sporn.
- Danach ist am Fußgelenk eine Wunde, in deren Mitte ein neuer Sporn wächst. Die Wunde muss man mehrere Tage beobachten, um sicher zu sein, dass alles gut abheilt.
- Stress und die Schmerzen sind meines Erachtens weit schlimmer für das Tier als beim einfachen Zurückschneiden.

Die richtige Diagnose stellen

Mit Sicherheit werden Sie als Hobbyhalter nicht an Ihren Wochenenden im weißen Kittel herumlaufen und Ihre Tiere untersuchen! In einer ordentlichen Hühnerhaltung sind die Risiken eher niedrig. Ihre Gesundheitschecks werden darin bestehen, die Hühner gut zu beobachten. Entweder ist alles in Ordnung oder Sie sehen das eine oder andere kleinere Leiden und behandeln es dann.

Die Erstdiagnose

Oft ist dies schnell erledigt. Wunden, Räude und andere äußere Parasiten lassen sich leicht erkennen und behandeln. Mit der Zeit werden Sie Erfahrungen bei der Erkennung und Behandlung bestimmter häufigerer Erkrankungen wie Kokzidose, Coryza ... sammeln. Sie bekommen auch Informationen von befreundeten Züchtern, die Ihnen ihre eigenen Probleme und eventuell sogar die Lösungen dazu präsentieren werden.
Trotzdem reichen in bestimmten Situationen mehrere Jahre Routine und gute Kenntnisse über Hühnervögel nicht aus, um richtig zu behandeln. Es gibt zahllose Erkrankungen mit ähnlichen Symptomen oder ein nicht diagnostiziertes Leiden, das manchmal ein anderes nach sich zieht ... Außerdem überspielt ein Tier oft instinktiv seine Schmerzen, weil es in seinem Zustand leichte Beute für Raubtiere oder Artgenossen ist.
Nur wenn Sie ein erkranktes Tier früh erkennen, können Sie handeln, bevor es zu spät ist. Isolieren Sie ein krankes Huhn bei den ersten Auffälligkeiten, um das Ansteckungsrisiko zu verringern. Dann untersuchen Sie es. Haben Sie entsprechende Literatur, ziehen Sie diese zuerst zu Rate und erkundigen sich dann rasch bei einem Geflügelexperten. Er soll Ihnen sagen, ob Sie mit den Ihnen zur Verfügung stehenden Mitteln selbst Maßnahmen ergreifen können oder ob Sie einen Tierarzt brauchen. Dieser sollte auf Vögel spezialisiert sein, also mit abgeschlossener Fachausbildung für Vögel oder ein Tierarzt, der regelmäßig Hühnervögel behandelt, so wie viele Landtierärzte.

Gut zu wissen

- Der Preis für eine tierärztliche Konsultation beträgt durchschnittlich € 25 und er kann sich ganz schnell verdoppeln, falls eine Behandlung notwendig ist.
- Medikamente für uns Menschen – und meist auch die für Hunde und Katzen – sind für Vögel oft nicht geeignet. Häufig ist Vermenschlichung der Grund, warum solche Produkte angewendet werden. Meist führt dies zu unangemessenen Behandlungsmethoden oder falschen Dosierungen – teils mit verhängnisvollen Folgen! Behandeln Sie nur auf eigene Faust, wenn Sie sich absolut sicher sind!

Die Anzeichen erkennen

Wenn Sie viel Zeit mit Ihren Hühnern verbringen, sie in ihrer natürlichen Umgebung beobachten und ihre sozialen Interaktionen innerhalb der Gruppe verfolgen, dann werden Sie ein leidendes Tier ganz sicher auf den ersten Blick erkennen. Im Laufe der Zeit lernt man tatsächlich, normale physiologische Phänomene von ungewöhnlichen zu unterscheiden, auch wenn sie nicht immer gleich offensichtlich zutage treten.

Krankheitssymptome:
- Ein krankes Huhn legt keine Eier mehr. Dies kann auch eine normale Unterbrechung unter anderem durch Mauser oder Winterpause sein.
- Ein keuchender Atem deutet oft auf eine Atemwegserkrankung hin, kann aber bei sehr heißem Wetter auch eine natürliche Reaktion sein.
- Federverlust ist oft die Folge von Parasitenbefall oder Pickattacken, doch oft ist es nur die ganz normale Mauser.

Die Interpretation der Anzeichen ist also nicht ganz leicht. Das heißt, man muss sich mit großer Umsicht an eine Diagnose herantasten. Dennoch gibt es einige Indizien, die auf ein Unwohlsein des Tieres hinweisen.
- Apathie und Isolation: Das Tier bewegt sich kaum, läuft nicht mehr in der Gruppe mit oder beteiligt sich an den alltäglichen Aktivitäten.
- Farbe des Kamms: Ist er zu blass, dann ist das Tier eventuell anämisch. Ist er hingegen blaurot gefärbt, dann deutet dies auf eine unzureichende Sauerstoffsättigung des Blutes hin, deren Ursache festzustellen wäre.
- Verunreinigte Federn am Hinterteil: Sie sind Anzeichen für häufigen Durchfall.
- Der Schwanz hängt nach unten.
- Appetitverlust und/oder übermäßiger Durst
- Abmagerung
- Häufiger Juckreiz
- Zerzaustes Gefieder
- Aus Augen und/oder Nase treten Sekrete aus.
- An manchen Körperstellen ist die Farbe oder Textur der Haut auffällig.
- Atemgeräusche
- Schwierigkeiten beim Laufen oder Gleichgewichtsverlust

Im Übrigen lässt sich sagen, dass jede Aktivität, die ein Tier plötzlich einstellt, als nicht normal anzusehen ist. So hat ein Huhn, das sein Gefieder nicht mehr pflegt oder keine Staubbäder mehr nimmt, mit großer Wahrscheinlichkeit ein Problem. Eine ungewöhnliche Art zu gehen oder seltsame Körperpositionen sollten ebenfalls gründlich untersucht werden.

Ein Rundwurm, den ich im Hühnerkot entdeckt habe, wäre mir ohne die regelmäßige Reinigung wahrscheinlich nicht aufgefallen.

In den meisten Fällen geht eine Erkrankung mit einem mehr oder weniger starken Gewichtsverlust einher. Denken Sie daran, Ihre Hühner zu wiegen, wenn sie ganz gesund sind: Sie haben dann einen Vergleichswert, der Ihnen zusätzlich zum Palpationstest am Brustbeinkamm (siehe Seite 147) Auskunft über den Zustand des Tieres gibt.
Auch der Hühnerkot liefert einige Informationen: Er muss wohlgeformt und fest sein. Die weißliche Ausscheidung, die den Kot überzieht, ist Harnsäure, nichts anderes als Vogelurin in fester Form. Wiederkehrende Durchfälle sind Warnzeichen, vor allem wenn sie mit Blut vermischt oder ungewöhnlich gefärbt

Bleiben Sie wachsam!

Die beste Art, ein Problem im Hühnerstall zu erkennen, ist, so viel Zeit wie möglich mit den Tieren zu verbringen. Wenn man Öffnen und Schließen des Stalls und das Einsammeln der Eier zusammenrechnet, dann sucht ein Hühnerhalter etwa drei Mal pro Tag seine Tiere auf. Bei dieser Gelegenheit bietet es sich an, schnell einen Blick auf jeden Bewohner des Hühnerhauses zu werfen.
Bei Hühnern ist es nicht anders als bei uns Menschen: Im Hinblick auf Krankheiten reagiert jeder anders. Ein Tier strotzt nur so vor Gesundheit, das andere hat ständig ein Wehwehchen. Lernen Sie Ihre empfindlicheren Tiere besser kennen, um sie im Auge zu behalten und riskanten Situationen vorzubeugen.

sind, wie schwarz, grau, weiß oder senfgelb. Manchmal sind im Kot Würmer zu erkennen, was auf Parasiten hindeutet. Vorsicht: Solcher Kot ist oft ein aktiver Überträger von Krankheiten. Sie müssen ihn schnellstens entsorgen.

Kritische Fälle

Manchmal kommt es vor, dass die Diagnose beim ersten Hinsehen feststeht: Für das Tier kommt jede Hilfe zu spät. Dann muss es von seinen Leiden erlöst werden. Seit ich Hühner halte, habe ich einen derartigen Fall drei Mal erlebt: nach einem Raubtierangriff, bei einem Mastdarmvorfall bei einer Legehenne, der völlig unvorhersehbar war und bei einer unheilbaren Lähmung mit Erblindung.
Zum Schluss ein letzter Fall, den ich bisher zum Glück nur ein einziges Mal erlebt habe, nämlich einen plötzlich eintretenden Tod: Das kranke Tier war schnell gefunden und wurde isoliert, es starb aber nach wenigen Stunden, ohne dass man etwas tun konnte. Angesichts solcher Umstände empfiehlt es sich, etwas über die Todesursache herauszufinden. Abgehärtete Halter führen eine Autopsie mit eigener Hand durch. Der Tierkadaver ist dann schnell zu entsorgen, beispielsweise zu verbrennen. Die übrigen Tiere müssen in den folgenden Tagen genau beobachtet werden.

Diagnosen sind nicht immer leicht. Dieser Hahn weist unnormale Symptome auf: geschwollenes Gesicht, verfärbte Haut. In diesem Stadium ist es schwer zu sagen, ob es sich um Räude, also Milbenbefall, oder eine Mykose, eine Pilzerkrankung, handelt.

Heilmittel gegen kleinere Wehwehchen

In ersten Jahr meiner Hühnerhaltung verwirrte mich die lange Liste der Hühnerkrankheiten. Doch je mehr ich darüber nachdachte, merkte ich, dass sie viel kürzer ist als die von Hunden und Katzen. Und angesichts der Anzahl menschlicher Krankheiten wirkt sie geradezu lächerlich. Im Folgenden werden die gängigsten Erkrankungen beschrieben, die Ihnen wahrscheinlich irgendwann einmal begegnen.

Atemwegserkrankungen

Dieses Problem tritt in meiner kleinen Zucht immer wieder auf. Die Winter sind bei uns eher mild, dafür aber lang, feucht und windig. Es kommt öfter vor, dass ein Huhn zu husten beginnt oder nur schwer atmen kann. Dies muss kein Hinweis auf ein schreckliches Virus oder tödliche Bakterien sein, vor allem, wenn Ihr Schützling keine anderen Symptome zusätzlich zeigt und seinen normalen Aktivitäten nachgeht – er wird sich einfach nur erkältet haben.
Was tun? Reinigen Sie den Trinkbehälter und befüllen Sie ihn neu mit frischem, konzentriertem Thymiantee. Eine kleine Trinkkur für die ganze Hühnerschar kann nicht schaden! Sollten Sie nach 12 bis 24 Stunden keine eindeutige Besserung bei Ihrem kranken Huhn feststellen, dann sollten Sie es in Quarantäne bringen und intensivere Nachforschungen anstellen.

Probleme mit der Atmung können auch dann entstehen, wenn die Tiere in einer sehr staubigen Umgebung leben. Mit der Zeit ist der Hühnerstall voll mit Partikeln, die meist von den Tieren selbst stammen, Reste der Staubbäder, Federchen, abgestorbene Hautpartikel, Ausscheidungen von Parasiten. Auch wenn unter den Hühnern im Stall Unruhe herrscht, etwa beim Aufflattern auf die Sitzstange oder kleinen Rangeleien um einen warmen Platz, werden Partikel in der Umgebungsluft aufgewirbelt. Verwenden Sie als Einstreu Sägemehl oder Holzspäne, die nicht staubfrei sind, dann verschlimmert sich dieses Phänomen noch.
Was tun? Reinigen Sie den Hühnerstall öfter, wenn er Ihnen zu staubig vorkommt. Meist ist das nach der Mauser der Fall. Verwenden Sie keine Einstreu, die Schwebeteilchen enthält.

Im Lauf der Jahre haben einige meiner Hühner damit angefangen, am Thymian herumzupicken. Allerdings nicht immer. Es scheint mir, dass die Tiere das Kraut nur aufnehmen, wenn sie es nötig haben. Außerdem habe ich festgestellt, dass sich gerade die empfindlichsten Hühner diese Praxis angeeignet haben.

Die Luftsäcke beim Huhn

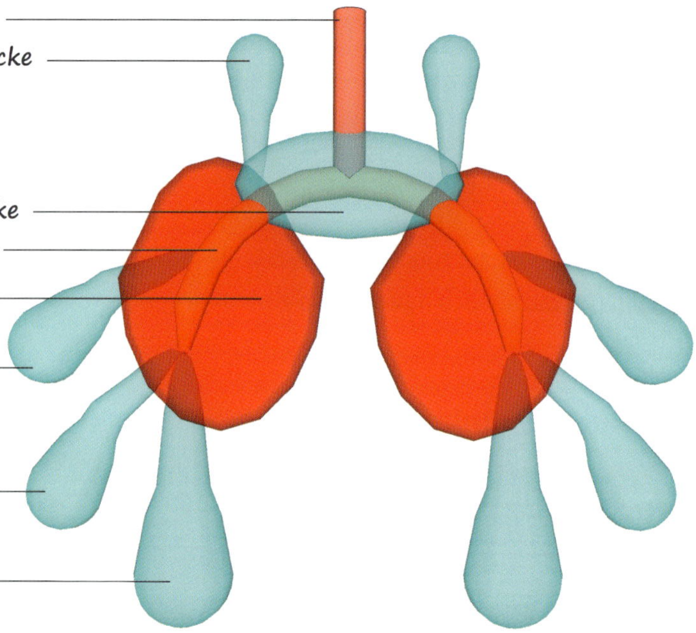

Warum reagieren Vögel empfindlich auf Staub?

Der nicht dehnbare Brustkorb der Vögel hat sowohl eine verringerte als auch konstante Lungenkapazität zur Folge, die keinen großen Sauerstoffverbrauch zulässt. Um dieses Problem zu beheben, weisen die Lungenflügel auf den ganzen Körper verteilte Verlängerungen auf, die sogenannten Luftsäcke. Es sind neun an der Zahl. Sie machen den Körper zum Fliegen leichter und sind gleichzeitig für die Wärmeregulierung zuständig. Diese Luftsäcke sind jedoch sehr anfällig und nur schwach durchblutet, wodurch sie schlecht auf Antibiotika ansprechen. Außerdem sind sie mit anderen Organen wie dem Verdauungs- und Genitaltrakt, sowie den Knochen verbunden, die ihnen ihre eigenen Infektionen übertragen und Atemwegsprobleme auslösen können. Um das natürliche Abwehrsystem der Tiere nicht zu überfordern, sollte man daher eine staubige Umgebung vermeiden, indem man den unbedingt gut belüfteten Stall regelmäßig reinigt.

Kalkbeine eines Hahns in fortgeschrittenem Stadium. An den Fußgelenken erkennt man weißliche Ablagerungen und abgelöste Hautschuppen.

Tragen Sie das Wacholderöl mit einem harten Pinsel großzügig auf die Füße auf, um die Ablagerungen vollständig zu durchtränken.

Kalkbeinmilben

Sie werden durch eine kleine, selten sichtbare Milbe hervorgerufen, die unter den Hautschuppen in den Körper eindringt. Die Krankheit erkennt man leicht an den weißlichen oder gelblichen Ablagerungen auf der Hautoberfläche der Füße. Langfristig kann sie zum Verlust der Zehen, sogar der betroffenen Gliedmaßen führen. Die Krankheit tritt häufiger bei Tieren aus Volierenhaltung auf als bei Freilandhühnerm. Aber es gibt auch Individuen, die dafür einfach anfälliger sind als bei anderen. Bei ihnen kann eine abgeheilte Krätze immer wieder neu auftreten. Das Tier muss genau beobachtet werden.

Was tun? Reiben Sie die Füße des betroffenen Tieres am besten mit Wacholderöl ein, das für seine antiseptischen und wundheilenden Eigenschaften bekannt ist. Man kann auch jedes andere Öl, etwa gängiges Speiseöl verwenden. Die Milben werden dadurch festgesetzt und ersticken. Sie müssen die Füße einmal wöchentlich behandeln, bis alles verheilt ist.

So sehen die Füße nach der Behandlung aus. Wiederholen Sie die Einreibung bei Bedarf einmal pro Woche.

Die Füße des gleichen Hahns nach zwei Monaten Pflege. Die Haut an den Seiten ist wieder vollkommen hergestellt. Die großen Hautschuppen, die sich abgelöst haben, sind noch vorhanden. Jetzt da der Parasit abgetötet wurde, fallen sie mit der Zeit ab.

Rote Vogelmilbe

Diese Milben gedeihen in der Feuchtigkeit und Wärme. Sie scheuen das Licht und leben in dunklen Ecken des Hühnerstalls. Es sind richtige kleine Vampire, die ihr Versteck verlassen, sobald es dunkel ist, und über die Tiere herfallen. Sie brauchen ihr Blut, um sich fortzupflanzen. Es sind sehr widerstandsfähige Parasiten, die neun Monate ohne Nahrung auskommen können. Auch große Kälte bis −20 °C macht ihnen nichts aus. Wenn sie ein Tier befallen haben, können sie es so schwächen, dass es durch den Blutverlust innerhalb weniger Tage stirbt. Die Milben können außerdem Krankheitserreger, vor allem Salmonellen, übertragen.

Was tun? Bei einem Befall können Sie nur den ganzen Stall samt Einrichtungsgegenständen mit Insektiziden und Desinfektionsmitteln behandeln. In besonders schweren Fällen müssen Sie einen Schutzanzug tragen, da diese Milben auch Säugetiere, auch uns (!), befallen.

Als vorbeugende Maßnahme können Sie feinen Sand als Einstreu verwenden. Er verhindert eine Invasion durch diese üblen Kerle, weil die darin enthaltene Kieselsäure das Chitin der Milben zerstört und sie abtötet.

Der Beginn einer Kolonie Roter Vogelmilben auf einem Stapel Zeitungen. Die größten ausgewachsenen Tiere sind 1 mm lang. Die rote oder schwarze Farbe zeigt an, dass die Tiere ihre Blutmahlzeit bereits hinter sich haben, davor sind sie weiß oder grau.

Tipp: Milbenfallen

Die Rote Vogelmilbe ist ein häufiger Gast in Hühnerställen, und es ist besser, sie gleich bei den ersten Anzeichen zu eliminieren. Dafür brauchen Sie:

- ***in vier Teile gefaltete Stoffreste*** unter oder im hinteren Teil von Legenestern, zwischen den Wänden, in den Stallecken und an jeder anderen, für die Milben interessanten Stelle. Wenn Sie ein schwarzes oder sehr dunkles Tuch nehmen, können Sie die Ausscheidungen der Parasiten (sehen wie Pfeffer und Salz aus) besser erkennen.
- ***Bretter*** (10 x 50 cm), die Sie auf den Boden unter die Einstreu legen oder in allen vier Ecken des Stalls an die Wände stellen. Sie bieten ein ideales Versteck für die Milben, die sich tagsüber dort aufhalten werden. Inspizieren Sie Ihre Fallen einmal im Monat, indem Sie die Tücher überprüfen und die Bretterfallen umdrehen.

Hauträude

Sie wird von Federlingen verursacht, das sind Milben, die permanent auf einem Tier wohnen, wo sie sich von abgestorbener Haut ernähren. Wenn Sie das Gefieder an Bauch und Bürzel untersuchen, sehen Sie sie auf der Haut herumkrabbeln. Ihre Eier sind weiße, traubenförmige Gebilde am Federansatz, besonders unterhalb des Bürzels. Im Normalfall bekommt ein Huhn diese Art von Parasitenbefall durch Staubbäder selbst in den Griff.

Was tun? Um die ausgewachsenen Milben zu eliminieren, behandelt man den Körper des Huhns mit einem antiparasitären Pulver oder, wer es natürlicher mag, indem man das befallene Tier mit einer Zubereitung auf der Basis von ätherischem Lavendelöl besprüht. Um die Gelege der Milben loszuwerden, umwickeln Sie sie mit einer dicken Schicht Vaseline, damit die Eier ersticken. Überprüfen Sie den Gesundheitszustand des Tieres eine Woche später.

Zur Vorbeugung sollten Sie Ihre Hühner mindestens alle zwei bis drei Monate untersuchen. Machen Sie eine schnelle Inspektion unterhalb des Bürzels, am besten abends im

Stall, vor allem wenn das Wetter gerade keine Staubbäder erlaubt.
Vorsicht bei brütenden Hennen! Sowohl Rote Vogelmilbe als auch Hautmilben befallen besonders gern Hennen während der Brut: Kontrollieren Sie sie häufiger als normalerweise!

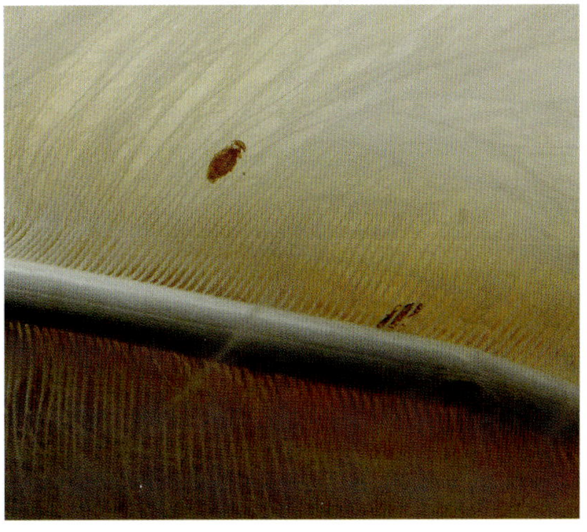

Die ausgewachsenen Hautmilben sieht man auf dem Körper des Tieres genauso herumkrabbeln wie Flöhe auf Katzen und Hunden. Sonst suchen Sie nach den Gelegen an den Federansätzen meist unterhalb des Bürzels. Sie können sich auch an Stellen verstecken, wo sie das Huhn schwer los wird, wie Haube und Bart.

Federn, die unterhalb eines Hühnerbürzels entfernt wurden: Am Ansatz jeder Feder befindet sich eine Ansammlung von Eigelegen. Die hier abgebildeten sind recht groß, was auf einen massiven Befall hindeutet.

Kokzidiose

Kokzidien sind mikroskopisch kleine, einzellige Organismen, die als Parasiten ständig den Darm von Geflügel bewohnen. Doch kein Grund zur Sorge: Meist ist das natürliche Abwehrsystem eines Huhns in der Lage, den Bestand selbst zu regulieren. Die Ausbreitung von Kokzidien wird durch Wärme und Feuchtigkeit begünstigt, aber auch durch Stress und eine allgemeine Schwäche des Tieres aufgrund einer anderen Erkrankung. Anzeichen für einen Befall sind: Blut im Kot, blutiger Durchfall und allgemeine Abmagerung.
Was tun? Bereits bei den ersten Spuren von Blut im Kot sollten Sie auf biologischen Apfelessig zurückgreifen. Geben Sie davon einen Esslöffel auf einen Liter Trinkwasser. Er macht das Magenmilieu sauer, sodass die Kokzidien ungünstige Bedingungen für ihre Entwicklung vorfinden. Auf diese Weise mildern Sie die mehrmals jährlich auftretenden Kokzidiose-Schübe ab. Für sehr schwere Fälle gibt es noch die Behandlung auf Basis eines Kokzidiostatikums.

Geflügelschnupfen (Coryza)

Der Geflügelschnupfen wird durch Bakterien verursacht, die die oberen Atemwege, also Nasenschleimhaut und Nebenhöhlen angreifen und Bindehautentzündung hervorrufen. Aus den Nasenöffnungen, manchmal aus dem Schnabel, tritt Ausfluss aus, die Augen sind

Bei Impfung zu beachten!

Aus großen Zuchtanlagen stammendes Geflügel ist oft gegen Kokzidiose geimpft. Das Tier entwickelt seine eigene Immunität, ohne deshalb aber vollständig vor einem schweren Ausbruch geschützt zu sein. Geimpfte Vögel dürfen keinesfalls mit einem Kokzidienmittel behandelt werden, sonst würde ihre natürliche Abwehr zerstört. Beim Kauf eines solchen Tieres sollten Sie vom Verkäufer Informationen dazu erhalten. Vorsicht ist auch bei Mischfutter geboten, Pellets oder Legemehl, die oft Kokzidienmittel enthalten.

gereizt, die Lider angeschwollen, die Atmung erschwert und von Husten begleitet.
Was tun? Suchen Sie einen Tierarzt auf. Er wird Ihnen zur Behandlung Antibiotika geben.

Würmer

Mehrere Wurmarten können sich im Verdauungssystem (einschließlich Kropf) eines Huhns ansiedeln. Die Würmer zweigen einen Teil der Hühnernahrung für sich selbst ab: Dadurch magert das Tier ab und setzt flüssigen, ungewöhnlich gefärbten Kot ab. Meist schädigen sie das befallene Organ so sehr, dass seine Funktionsweise eingeschränkt wird und dadurch neue Probleme entstehen. Je nach Wurmart können spezifische Symptome auftreten (Anschwellen des Kropfes durch Haarwürmer, die sich darin angesiedelt haben). Sie sind kaum vermeidbar, da sie durch Regenwürmer oder ein Insekt übertragen werden.
Was tun? Entwurmen Sie Ihr Geflügel zweimal pro Jahr – jeweils zu Beginn des Frühjahrs und Herbstes. Bei Ihrem Tierarzt erhalten Sie Entwurmungsmittel mit mehr oder weniger breiten Wirkungsspektren. Lesen die Packungsbeilage genau durch: Nach Anwendung dieser Produkte dürfen die Eier oft eine gewisse Zeit lang nicht konsumiert werden. Sie können auch vorbeugen, indem Sie frisch zerquetschten Knoblauch ins Trinkwasser geben. Rechnen Sie alle zwei Monate eine große Knoblauchzehe pro Kopf. Knoblauch wirkt jedoch nicht gegen alle Wurmarten; gegebenenfalls müssen Sie doch noch auf ein pharmazeutisches Arzneimittel zurückgreifen.

Ein Huhn, das am Hals und Hinterteil gerupft wurde. Bis die Federn nachgewachsen sind, sollten Sie darauf achten, dass das Tier keiner zu intensiven Sonneneinstrahlung ausgesetzt wird.

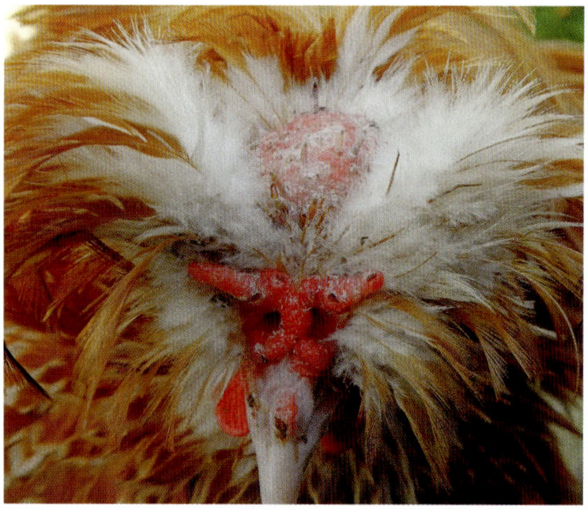

Ein Paduaner-Hahn mit seiner Mönchstonsur. Oft werden Haube, Bart und Backenbart bevorzugt gerupft.

Federrupfen

Hierbei handelt es sich nicht um eine Erkrankung, sondern vielmehr um eine Verhaltensstörung, bei der sich die Hühner gegenseitig die Federn ausrupfen. Die bevorzugten Stellen sind Bürzel, Rücken und Haube. Starkes Rupfen führt zu Wunden und Blutungen. In den schlimmsten Fällen kommt es zu kannibalistischen Handlungen, die das Opfer nicht immer überlebt. Die Ursachen sind vielfältig und können sich addieren: räumliche Enge und Überbevölkerung, Ankunft neuer Artgenossen, Ernährungsmängel, Parasitenbefall und jede Art von Stress (siehe Seite 139).
Was tun? Bieten Sie Ihren Hühnern gute Lebensbedingungen bezüglich Futter, Auslauf und Behausung.
In meinem Hühnerbestand ist bis heute kein Federrupfen aufgetreten, selbst dann nicht, wenn neue Tiere hinzukamen. Es herrscht eine starke Abwehrhaltung gegen Hühnerbe-

stände, wo das Rupfen auftritt. Ich empfehle dagegen, der Ursache des Problems wirklich auf den Grund zu gehen, um es dauerhaft in den Griff zu bekommen.

Allerlei Wehwehchen

Darunter fasse ich all die kleinen medizinischen Begebenheiten zusammen, die größtenteils darin bestehen, verschiedene Wunden, Schnitte, Schnabelhiebe und sogar Verbrennungen zu reinigen, desinfizieren und verbinden. Dieser Fall kam bei mir bereits vor, als ein Huhn in den Resten eines Gartenfeuers scharrte. Außerdem gehören dazu Pflegemaßnahmen für gute Lebensbedingungen, wie etwa das Schneiden der Sporne, Schnäbel und Krallen, aber auch der Haube (siehe Seite 138), sowie das Entfernen von Matschklumpen bei federfüßigen Hühnern.

Noch nicht zu verzeichnen hatte ich Knochenbrüche, zum Beispiel an Flügeln oder Füßen, die das Ergebnis einer Raubtierattacke sein können. Auf jeden Fall hätte ich mir den Rat eines Experten eingeholt, um den Bruch zu heilen.

Hat ein Huhn mit den Füßen oft Kontakt mit Schlamm, bilden sich mit der Zeit Klümpchen, weil sich der Matsch schichtweise ablagert – vor allem bei federfüßigen Tieren. Mehrere Klumpen können miteinander verkleben und das Huhn stark in seiner Fortbewegung einschränken. Sie können sogar so hart werden, dass man eine Zange braucht, um sie abzulösen.

Der Halter und seine Hühner …

Manche Hühner sind von Anfang an verblüffend zutraulich, bei anderen ist viel Geduld nötig, um ihr Vertrauen zu gewinnen und sich ihnen nähern zu können, ohne dass sie sofort die Flucht ergreifen. Wenn Sie viel mit diesen scheueren Tieren umgehen oder Pflegemaßnahmen bei ihnen ergreifen, dann gewöhnen sie sich an Ihre Person und zeigen oft völlig unerwartete Reaktionen. So widmete ich mehrere Wochen lang meine ganze Aufmerksamkeit einem Huhn, das sich beim Scharren in einem noch nicht ganz erkalteten Holzfeuer die Füße verbrannt hatte. Die ersten Pflegeversuche, die ich ihm täglich angedeihen ließ, Säuberung, Desinfektion, Anlegen eines Verbands, glichen eher einem Zweikampf! Doch nach einigen Tagen hatte sich das Huhn daran gewöhnt. Es wusste, zu welcher Tageszeit ich kam und zeigte keinerlei Scheu mehr. Zwischen dem Huhn und mir hatte sich eine Routine eingestellt, und wenn ich es auf meinen Schoß setzte, vergrub es seinen Kopf unter meinem Arm. Dabei gurrte es ununterbrochen und wartete geduldig, bis ich mit der Behandlung fertig war. Da es in der ersten Zeit nicht in der Lage war, abends allein in den Stall zu gehen, wartete es vor der Tür auf mich, damit ich es auf seinen Schlafplatz setze. Es lief mir sogar entgegen, wenn ich etwas später dran war, um es „zu Bett zu bringen". Das Unglück war der Anfang einer neuen Beziehung zwischen dem Huhn und mir. Seither genießt es meine Zuwendung, solange ich nicht versuche, es einzufangen, und es klettert sogar auf meinen Schoß, um dort eine Leckerei zu ergattern.

Der Fall „Pékinette“

Pékinette ist ein charmantes, kleines schwarzes Zwerg-Cochin-Huhn, das nicht zu den besonders empfindlichen Hühnern gehört. Trotzdem fing es sich im Sommer 2013 eine Räude ein, die auf der rechten Kopfseite begann. Die Anzeichen waren:
- trockene Haut, die in Fetzen um Ohrfedern und Halsansatz hängt,
- blasse Kehllappen, die Ohrscheibe quasi unsichtbar, die normalerweise die gleiche Farbe hat wie der Kamm,
- Ansammlungen von kleinen Eigelegen in den Ohrfederchen.

Nachdem ich den Gehörgang frei gemacht und gesäubert hatte, wurden die Milbeneier mit Vaseline erstickt. Danach trug ich mit einem Wattestäbchen Wacholderöl auf die Haut in Gesicht, auf Kehllappen und Ohrscheibe auf. Nach zwei Wochen war alles abgeheilt.

Vier Monate später traten erneut Anzeichen bei Pékinette auf. Ich bemerkte es eines Morgens beim Öffnen des Stalls, obwohl am Abend vorher noch alles in Ordnung gewesen war. Wieder war nur die rechte Kopfseite betroffen. Ganz einfach Zufall oder hatte mein Huhn ein ernsteres Problem, als ich angenommen hatte?

Bei diesen Symptomen muss das Tier isoliert werden, um eine Ansteckung auszuschließen. Bei meiner Untersuchung entdeckte ich einen Fremdkörper in einem Nasenloch. Als ich diesen entfernt hatte, reinigte ich Auge und Nasenloch mit lauwarmem Wasser. Die Ausscheidung der Absonderungen wurde gefördert durch frischen, stark konzentrierten Thymiantee im Trinkwasser und indem ich etwas ätherisches Eukalyptusöl auf die Nasenlöcher auf trug.

Schon 48 Stunden später konnte Pékinette wieder in den Hühnerstall zurück. Ich war froh, sie wieder gesund zu sehen und war mir sicher, dass die beiden Probleme nichts miteinander zu tun hatten – es war einfach eine Verquickung unglücklicher Umstände.

Pékinette – wieder in Topform!

Erstaunlich widerstandsfähig

Ich hatte schon Geschichten über Hühner gehört, die sich von schweren Traumata wieder ganz allein erholt hatten, während man sie schon so gut wie für tot hielt. Ich wurde Zeuge eines solchen Phänomens bei einem benachbarten Hobbyzüchter. Ich war zu ihm gegangen, um seinen Sussex-Hahn mit einem riesigen Abszess am Fuß zu untersuchen. Doch als wir ihn fast eingefangen hatten, entkam er uns und flüchtete auf ein Gelände, das durch undurchdringliche Dornenbüsche geschützt war. Uns blieb nur, darauf zu warten, dass er wieder in die Nähe des Hühnerstalls zurückkommen würde. Es dauerte länger als gedacht …

Mehrere Tage lang konnten wir den Hahn nur von Weitem beobachten und stellten fest, dass sich sein Gesundheitszustand verschlimmerte: Er bewegte sich immer weniger und auf seinem Fuß breitete sich eine Nekrose aus. Nach einer Woche bemerkten wir, dass sich auf seinem Fuß ein schwarzer Klumpen gebildet hatte. Das hinderte ihn aber nicht daran, sich unter großen Mühen immer tiefer in das Dickicht zurückzuziehen. An diesem Punkt hatten wir kaum noch Hoffnung. Eines Morgens gab der Hahn keinerlei Lebenszeichen mehr von sich. Hier könnte die Geschichte enden, tut sie aber nicht!
Unter lautstarken „Kikerikis“ kehrte er vierzehn Tage später wieder auf das Gelände seines Hühnervolks zurück. Mein Nachbar forderte mich als Verstärkung an und diesmal gelang es uns, den Ausreißer einzufangen und zu seinen Hennen zurückzubringen. Tatsächlich zeigte er keinerlei Anzeichen einer Infektion. An der Vernarbung auf seinem Fuß ließ sich erraten, wie der abgestorbene Teil der Wunde von seinem Organismus abgestoßen wurde. Seitdem lebt der Hahn wieder in seiner gewohnten Umgebung und die Nekrose an seinem Fuß ist Geschichte …

Praktische Hühner-Hausapotheke

Ich muss regelmäßig Hühner medizinisch versorgen: natürlich die eigenen, aber auch die anderer. Soweit möglich, bevorzuge ich immer natürliche Heilmittel. Deren Wirkung kenne ich, weil ich sie schon unzählige Male verwendet habe. So kam mit der Zeit meine eigene kleine Apotheke zusammen. Es ist nicht nötig, alle Arzneien von Anfang an vorrätig zu haben. Sie können Ihre Apotheke je nach der Erkrankung, die es zu behandeln gilt, schrittweise vervollständigen. Die Mittel bekommen Sie in der Apotheke, beim Tierarzt oder im Internet.

Nützliche Ausstattung

- eine Nagelschere: zum Schneiden von Federn, vor allem an der Haube,
- ein Nagelknipser: zum Schneiden der Sporne, des Schnabels und der Krallen,
- eine Rohrzange: zum Entfernen von Erdklumpen,
- ein harter Pinsel: zum Auftragen von Öl auf die Füße,
- Wattestäbchen: zum Auftragen von Mitteln und zur Reinigung,
- Latexhandschuhe: für alles empfehlenswert,
- Lappen und Tücher: zum Aufwischen während und nach Pflegemaßnahmen, aber auch zur Fixierung der Flügel: Das Tuch wird um den Körper gewickelt.
- Verbandsmaterial: zur Fixierung eines Pflasters oder Breiumschlags,
- eine alte Socke: wird bei nervösen Tieren über den Kopf gestülpt, um sie zu beruhigen,
- eine kleine Spritze: für die präzise Dosierung bestimmter Produkte oder wenn man ein Huhn tränken muss,
- ein Quarantänebereich: Das kann ein Raum, ein Käfig, ein Karton oder eine Kiste sein.
- ein Fangnetz: oft sehr nützlich, wenn man ein besonders lebhaftes Huhn einfangen muss!

Für die äußerliche Anwendung

- ätherisches Lavendelöl: als Insektizid bei der Bekämpfung von Hautmilben. 25 Tropfen auf einen Liter Trinkwasser. Wird auf die Haut und den Federansatz aufgesprüht.
- antiparasitärer Puder: gleicher Verwendungszweck wie oben; für stark befallene Tiere. Anwendung erfolgt durch Einpudern.
- Wacholderöl: antiseptisch und fungizid, sehr wirksam gegen Räude, vor allem Kalkbeine. Wird mit dem Pinsel auf die Füße und mit einem Wattestäbchen auf die Haut aufgetragen.
- Vaseline: zum Abtöten von Milbengelegen. Wird von Hand in einer dicken Schicht auf die Eier der Parasiten aufgetragen. Im Winter auch gegen Erfrierungen am Kamm ...
- grobe grüne Tonerde: in Form eines Breiumschlags zur Behandlung von Wunden, Prellungen, Hämatomen, Stichen, Verbrennungen, Abszessen. Vorsicht: Grüne Tonerde, egal in welcher Form, darf niemals in Kontakt mit Metall kommen!
- Desinfektionsmittel: für Wunden, Verbrennungen, Schnitte, Stiche ... Ich verwende am häufigsten Wasserstoffperoxid wegen seiner blutstillenden Eigenschaften. Vorsicht bei rot gefärbten Desinfektionsmitteln wie etwa Betadine (Jodlösung), die wie

Knoblauch, hier wird er zerquetscht und ins Trinkwasser gegeben, ersetzt keine Wurmkur, ist aber ein einfaches Mittel zur Unterstützung des gesamten Organismus.

Blut aussehen.

- ein Aluminiumpflaster: fördert die Wundheilung und die Wunde kann vollkommen abgedeckt werden. Verhindert, dass eine Wunde bepickt wird.
- Thymianhonig: zum Auftragen auf Wunden. Vorsicht bei Honig, der, um das Einfüllen in Gläser zu erleichtern, erhitzt wurde. Dabei geht die Wirksamkeit größtenteils verloren!
- Kieselgur: natürliches Insektizid zur Bekämpfung der Roten Vogelmilbe. Das Pulver wird auf dem Boden in den Legenestern und in der Einstreu verteilt. Anders als Insektizide auf Pyrethrumbasis behält Kieselgur seine Wirksamkeit langfristig.

Für die innere Anwendung

- frischer Knoblauch: Antiseptikum zur Darm- und Lungendesinfektion. Er wird zerquetscht und dem Trinkwasser oder Futter beigemengt. Man rechnet eine große Zehe pro Tier. Als Kur alle zwei Monate. Gegenanzeigen: Schübe von Kokzidiose oder anderen pathologischen Blutungen, da Knoblauch das Blut verdünnt,
- frischer Thymian: Antiseptikum, vorwiegend bei Atemwegserkrankungen aller Art. Wird in Form eines mehr oder weniger konzentrierten Teeaufgusses ins Trinkwasser gegeben, auch zur Vorbeugung in der kalten Jahreszeit,

- grüne Tonerde als Pulver: bei inneren Infektionen, Durchfällen, Anämie. Man vermengt vier große Teelöffel Pulver mit einem Liter Trinkwasser.
- Bio-Apfelessig: gegen Schübe von Kokzidiose. Ein Esslöffel auf einen Liter Trinkwasser, über die gesamte Dauer des Befalls. Ein Kokzidiostatikum nur verabreichen, wenn unbedingt erforderlich und möglich. Apfelessig enthält überdies zahlreiche Nährstoffe, Mineralien, Vitamine und essenzielle Säuren. Er kann auch durch Zitronensaft oder hellen Weinessig ersetzt werden.
- Thymianhonig: Antiseptikum, das ich oft ergänzend zu frischem Thymiantee verwende,
- ätherisches Eukalyptusöl: antibakteriell und entzündungshemmend. Ein Tropfen auf eine Schüssel lauwarmes Wasser oder um die Nasenlöcher verteilt. Besitzt starke schleimlösende Wirkung.
- Lebertran: ausgezeichnetes Stärkungsmittel, reich an Vitaminen, vor allem D. Ein Esslöffel, dem Futter beigemengt, reicht für vier Hühner. Wird verabreicht während der Mauser und Brut, aber auch in den Wintermonaten mindestens einmal pro Monat. Ich habe noch nie auch nur die Spur von Fischgeschmack in den Eiern wahrgenommen.
- Brennessel: wird regelmäßig ganzjährig verabreicht, klein gehackt in der Nahrung oder im Futterbrei. Unter anderem stressreduzierende, blutreinigende und antianämische Wirkung.

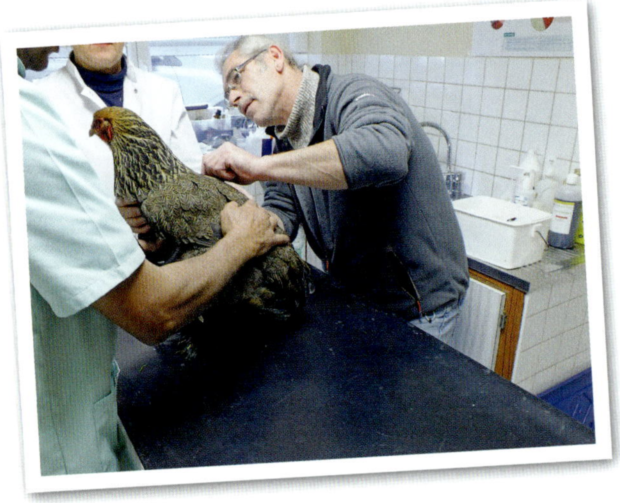

Tierärzte mit guten Kenntnissen in der Vogelheilkunde sind eher selten. Man kann sich daher glücklich schätzen, einen in der Nähe zu haben.

Ätherische Öle

Ganz wichtig sind gute Kenntnisse über ihre Dosierung, denn sie dürfen nicht zu stark sein! Ich besitze noch wenig Erfahrung, so basieren diese Empfehlungen auf Ratschlägen befreundeter Hühnerhalter, die sich mit der Materie gut auskennen. Ätherische Öle werden mit Wasser verdünnt und mit einer Sprühflasche versprüht. Es erscheint mir vielversprechend, diese Sprays sowohl für die Pflege als auch für die Prophylaxe zu nutzen.

Beim Tierarzt

- Antibiotika: zur Einnahme, wenn natürliche Heilmittel nicht ausreichen oder sich ein Krankheitsverlauf zu schnell entwickelt. Die einzige Alternative bei bakteriellen Erkrankungen.
- Kokzidiostatika: bei sehr starken Kokzidiose-Schüben und nur, wenn Ihre Tiere es einnehmen dürfen (siehe Seite 173).
- Wurmmittel: Die Anwendung eines Breitbandwurmmittels ist ein- bis zweimal pro Jahr empfehlenswert.
- Fragen Sie in jedem Fall einen Experten um Rat.

Verschiedene Pflanzen

- Rainfarn: wird verwendet, um Insekten zu vertreiben. Man verteilt getrocknete Rainfarn-Sträuße oder hängt sie im Stall auf.
- Farn: Es ist nicht bewiesen, dass er Insekten vertreibt. Ich verwende ihn als Einstreu, frisch oder getrocknet, in den Legenestern. Er ist kostenlos, wächst überall auf dem Land und meine Hühner scheinen ihn zu mögen.

Die häufigsten Erkrankungen

Da es unzählige Erkrankungen gibt, die bisweilen schwierig zu identifizieren sind, habe ich in den folgenden Tabellen möglichst viele Symptome aufgelistet, die bei der Diagnose und den Maßnahmen, die im Krankheitsfall zu ergreifen sind, helfen sollen. Nach und nach werden diese Tabellen weiter ergänzt, und ich möchte Sie dazu ermuntern, sie mit Ihren eigenen Daten und Beobachtungen zu vervollständigen.

So lesen Sie die Tabellen mit Symptomen/Erkrankungen

Die beiden Tabellen auf den Seiten 182 bis 189 sind inhaltlich identisch, in der Einteilung dagegen unterschiedlich.
Tabelle 1: beginnt mit den äußeren Symptomen in alphabetischer Reihenfolge.
Tabelle 2: beginnt mit den Erkrankungen in alphabetischer Reihenfolge.

Beispiel: Sie suchen nach dem Symptom „Krämpfe"
A) Suchen Sie das Symptom in Tabelle 1, dann finden Sie zwei mögliche Ursachen für „Krämpfe„: Vitaminmangel oder Newcastle-Krankheit.
B) Für die erste mögliche Ursache (Mangel an Vitamin B6) suchen Sie dann in Tabelle 2, ob Ihr Tier auch die anderen aufgelisteten Krankheitssymptome zeigt.
C) Für die zweite mögliche Ursache (Newcastle-Krankheit) gehen Sie auf gleiche Weise vor.
D) So können Sie den möglichen Grund für die Krämpfe herausfinden.
Etwas Erfahrung und Wissen ist dennoch erforderlich, um zufriedenstellende Ergebnisse zu erhalten, da manche Symptome nur zu Beginn oder am Ende einer Erkrankung auftreten.

Gut zu wissen

Ataxie: unkoordinierte Bewegungen aufgrund einer Schädigung des zentralen Nervensystems.
Aviäre Rhinotracheitis: virale Infektion mit Anschwellen der Kopfschleimhäute (Swollen Head Syndrome, SHS).
Dermatitis: Hautentzündung, unabhängig von ihrem Ursprung.
Schleim: zähflüssiges Sekret aus den Schleimhäuten.
Myopathie: Untergruppe der neuromuskulären Erkrankungen.
Spreizbeine: Erkrankung bei Jungvögeln, bei der eine Missbildung der Fußwurzel vorliegt, sodass der Fuß nach außen abgespreizt wird.
Perosis: Abgleiten der Achillessehne vom Sprunggelenk, wobei die Extremität nach innen oder außen abgespreizt wird.
Seromukös: Lymphe plus Schleim.
Steatose: Anhäufung von Fetten im Gewebe. Die bekannteste Steatose ist die Fettleber bei Gänsen.

Tabelle 1. Die häufigsten Erkrankungen – nach äußeren Symptomen

Symptom	Typ	Mögliche Ursache
Appetitverlust	bakterielle Erkrankung	Geflügelcholera/Pasteurellose
	bakterielle Erkrankung	Listeriose
	virale Erkrankung	Gumboro-Krankheit
	virale Erkrankung	Infektiöse Anämie
Atem, schnell, pfeifend	bakterielle Erkrankung	Geflügelcholera/Pasteurellose
Atemgeräusche, röchelnd	bakterielle Erkrankung	Geflügelcholera/ Pasteurellose
	bakterielle Erkrankung	Coryza/Mykoplasmose
	virale Erkrankung	Infektiöse Laryngotracheitis
	virale Erkrankung	Aviäre Rhinothracheitis
	virale Erkrankung	Infektiöse Bronchitis
Atemnot	parasitäre Erkrankung	Aspergillose
Atemwegsprobleme	parasitäre Erkrankung	Aspergillose
	parasitäre Erkrankung	Lungenwürmer
	bakterielle Erkrankung	Coryza/Mykoplasmose
	virale Erkrankung	Vogelgrippe/Hühnerpest
	virale Erkrankung	Infektiöse Laryngotracheitis
	virale Erkrankung	Newcastle-Krankheit
Augenentzündung	bakterielle Erkrankung	Coryza/Mykoplasmose
Augenläsionen	Vitaminmangel	Mangel an Vitamin A
Ausfluss aus Nase	bakterielle Erkrankung	Coryza/Mykoplasmose
Ausfluss aus Schnabel	virale Erkrankung	Infektiöse Laryngotracheitis
Ausfluss aus Schnabel	virale Erkrankung	Geflügelpocken
Bindehautentzündung	bakterielle Erkrankung	Coryza
	bakterielle Erkrankung	Geflügelcholera/Pasteurellose
	virale Erkrankung	Infektiöse Bronchitis
Blutung	Vitaminmangel	Mangel an Vitamin K
Blutung, innere	metabolisch	zu viel Fett, Steatose
Dermatitis am Auge	Vitaminmangel	Mangel an Vitamin B3 oder B5
Dermatitis an den Augenlidern	Vitaminmangel	Mangel an Vitamin H
Dermatitis an den Füßen	Vitaminmangel	Mangel an Vitamin H
Dermatitis an der Kloake	Vitaminmangel	Mangel an Vitamin B3 oder B5
Durchfall	parasitäre Erkrankung	Askaridose
	parasitäre Erkrankung	Kapillariose
	bakterielle Erkrankung	Geflügeltuberkulose
	Vitaminmangel	Mangel an Vitamin B2
	Vitaminmangel	Mangel an Vitamin BC
Durchfall (manchmal)	bakterielle Erkrankung	Listeriose
Durchfall (ständig)	parasitäre Erkrankung	Kokzidiose (je nach Typ)
Durchfall, blutig	parasitäre Erkrankung	Kokzidiose (je nach Typ)
	bakterielle Erkrankung	Geflügelcholera/Pasteurellose
	bakterielle Erkrankung	nekrotisierende Darmentzündung
	virale Erkrankung	Newcastle-Krankheit
Durchfall, gelblich	bakterielle Erkrankung	Hühnertyphus

Durchfall, grünlich	bakterielle Erkrankung	Geflügelcholera/Pasteurellose
	parasitäre Erkrankung	Trichomonose
	virale Erkrankung	Newcastle-Krankheit
Durchfall, schwärzlich	bakterielle Erkrankung	nekrotisierende Darmentzündung
Durchfall, weißlich	parasitäre Erkrankung	Trichomonose
	virale Erkrankung	Gumboro-Krankheit
Durchfall, weißlich (Küken)	bakterielle Erkrankung	Pullorose
Durst, übermäßiger	bakterielle Erkrankung	Hühnertyphus
	virale Erkrankung	Gumboro-Krankheit
Eier, unförmig	virale Erkrankung	Infektiöse Bronchitis
Eierschale, dünn	virale Erkrankung	Infektiöse Bronchitis
	Vitaminmangel	Mangel an Vitamin C
	Vitaminmangel	Mangel an Vitamin D3
Eierschale, weich	virale Erkrankung	Egg Drop Syndrome
Erregbarkeit	Vitaminmangel	Mangel an Vitamin B6
Erschöpfung	parasitäre Erkrankung	Aspergillose
	parasitäre Erkrankung	Kapillariose
	parasitäre Erkrankung	Kokzidiose (je nach Typ)
	parasitäre Erkrankung	Milben
	parasitäre Erkrankung	Luftröhrenwürmer
	parasitäre Erkrankung	Trichomonose
	bakterielle Erkrankung	Geflügelcholera/Pasteurellose
	bakterielle Erkrankung	nekrotisierende Darmentzündung
	bakterielle Erkrankung	Listeriose
	bakterielle Erkrankung	Hühnertyphus
	virale Erkrankung	Aviäre Rhinothracheitis
	virale Erkrankung	Gumboro-Krankheit
	virale Erkrankung	Newcastle-Krankheit
Federn, brüchig	Mineralmangel	Zinkmangel
Federn, zerzaust	Vitaminmangel	Mangel an Vitamin B3 oder B5
Federn, zerzaust	virale Erkrankung	Newcastle-Krankheit
Federrupfen	parasitäre Erkrankung	Läuse
	parasitäre Erkrankung	Milben
	virale Erkrankung	Gumboro-Krankheit
	umfassender Mangel	Vitamin- und Mineralmangel
Federverlust	parasitäre Erkrankung	Trichomonose
	Vitaminmangel	Mangel an Vitamin B3
Fieber	bakterielle Erkrankung	Geflügelcholera/Pasteurellose
Gefiederfarbe, blass	Vitaminmangel	Mangel an Vitamin BC
Gefieder, stumpfes	parasitäre Erkrankung	Trichomonose
Gehprobleme	virale Erkrankung	Virale Arthritis
	virale Erkrankung	Aviäre Enzephalomyelitis
Gleichgewichtsprobleme	virale Erkrankung	Gumboro-Krankheit
	virale Erkrankung	Aviäre Rhinotracheitis
gräuliche Krusten auf dem Kopf	bakterielle Erkrankung	Geflügeltuberkulose
heißes Ödem am Ellbogen (Fuß)	virale Erkrankung	Virale Arthritis

Hinken	bakterielle Erkrankung	parasitäre Erkrankung
		Geflügeltuberkulose
Husten	bakterielle Erkrankung	Coryza/Mykoplasmose
Husten + seromuköse Flüssigkeit	virale Erkrankung	Infektiöse Bronchitis
Husten, blutig	virale Erkrankung	Infektiöse Laryngotracheitis
Husten, pfeifend	parasitäre Erkrankung	Lungenwürmer
Juckreiz	bakterielle Erkrankung	Rotlauf
Kamm und/oder Kehllappen gelblich	bakterielle Erkrankung	Geflügeltuberkulose
Kannibalismus		Verhaltensstörung
Knochen, brüchig	Mineralmangel	Mangel an Calciumphosphat
Knochen, missgebildet	Vitaminmangel	Mangel an Vitamin PP
Kopf, geschwollen	virale Erkrankung	Aviäre Rhinotracheitis
Kopf, verdreht	Vitaminmangel	Mangel an Vitamin B1
Krämpfe	Vitaminmangel	Mangel an Vitamin B6
	virale Erkrankung	Newcastle-Krankheit
Kratzen	parasitäre Erkrankung	Milben
	parasitäre Erkrankung	Läuse
Kropf, geschwollen (Futter, Flüssigkeit, Gas)	parasitäre Erkrankung	Kapillariose des Kropfes
Lähmung	Vitaminmangel	Mangel an Vitamin B1
	Vitaminmangel	Mangel an Vitamin B2
	virale Erkrankung	Aviäre Enzephalomyelitis
	virale Erkrankung	Newcastle-Krankheit
Lähmung an Füßen/Flügel/Hals	virale Erkrankung	Marieksche Krankheit
Lähmung, fortschreitend	bakterielle Erkrankung	Botulismus
Lähmung, Zehen	Vitaminmangel	Mangel an Vitamin B1
Legeleistung, verringert	Mineralienmangel	Natriummangel
	Vitaminmangel	Vitamin B2-Mangel
	Vitaminmangel	Mangel an Vitamin B3 oder B5
	Vitaminmangel	Vitamin D3-Mangel
	bakterielle Erkrankung	Coryza/Mykoplasmose
	metabolisch	zu viel Fett, Steatose
	virale Erkrankung	Infektiöse Bronchitis
	virale Erkrankung	Infektiöse Laryngotracheitis
	virale Erkrankung	Marieksche Krankheit
	virale Erkrankung	Egg Drop Syndrome
Missbildung, embryonale	Vitaminmangel	Mangel an Vitamin H
Myopathie	Mangelerscheinung	Mangel an Vitamin E und Selen
Nervenprobleme (manchmal)	bakterielle Erkrankung	Listeriose
Perosis	Mineralmangel	Manganmangel
plötzlicher Tod	Mineralmangel	Kaliummangel
	Mangelerscheinung	Mangel an Vitamin E und Selen
	bakterielle Erkrankung	Geflügelcholera/Pasteurellose
	metabolisch	zu viel Fett, Steatose
	virale Erkrankung	Vogelgrippe oder Hühnerpest
	virale Erkrankung	Newcastle-Krankheit
	multifaktoriell	extremer Stress

Pseudo-Perosis	Mineralmangel	Kupfermangel
Pusteln, Schorf	virale Erkrankung	Geflügelpocken
Rachitis	Vitaminmangel	Mangel an Vitamin D3
rote Platten	bakterielle Erkrankung	Rotlauf
Schlupfrate, niedrige	Mineralmangel	Zinkmangel
seröse Augen und Nasenlöcher	virale Erkrankung	Vogelgrippe oder Hühnerpest
	virale Erkrankung	Aviäre Rhinotracheitis
Sinusitis	virale Erkrankung	Infektiöse Bronchitis
Spreizbeine	Vitaminmangel	Mangel an Vitamin BC
	Vitaminmangel	Mangel an Vitamin H
Tier hält sich gerade	metabolisch	Rektalprolaps
Tier kann nicht stehen	virale Erkrankung	Virale Arthritis
weißliche Ablagerungen (Füße)	parasitäre Erkrankung	Kalkbeine
Zehen, verdreht	Vitaminmangel	Mangel an Vitamin B2
	genetisch	Inzucht
Zittern	virale Erkrankung	Aviäre Enzephalomyelitis
Zittern (manchmal)	bakterielle Erkrankung	Listeriose
Zyanose an Kamm und/oder Kehllappen	bakterielle Erkrankung	Geflügelcholera/Pasteurellose
	bakterielle Erkrankung	Hühnertyphus
	bakterielle Erkrankung	Listeriose
	virale Erkrankung	Newcastle-Krankheit

Huhn mit Räude: Die Haut ist trocken und farblos, die Federn im Gesicht sind beschädigt, die Ohrscheibe ist oft von Nissen besiedelt, was meist zu einer Mittelohrentzündung führt.

Tabelle 2. Die häufigsten Erkrankungen – in alphabetischer Reihenfolge

Mögliche Ursache	Typ	Symptome
Anblick von Blut	Verhaltensstörung	Kannibalismus
Askaridose	parasitäre Erkrankung	Durchfall
Aspergillose	parasitäre Erkrankung	Atemnot
		Atemwegsprobleme
		Erschöpfung
Aviäre Enzephalomyelitis	virale Erkrankung	Gehprobleme
		Lähmung
		Zittern
Aviäre Rhinothracheitis	virale Erkrankung	Atemgeräusche, röchelnd
		Erschöpfung
		Gleichgewichtsprobleme
		Kopf, geschwollen
		seröse Augen und Nasenlöcher
Botulismus	bakterielle Erkrankung	Lähmung, fortschreitend
Coryza/Mykoplasmose	bakterielle Erkrankung	Bindehautentzündung
		Atemgeräusche, röchelnd
		Atemwegsprobleme
		Augenentzündung
		Ausfluss aus Nase
		Husten
		Legeleistung, verringert
Egg Drop Syndrome	virale Erkrankung	Eierschale, weich
		Legeleistung, verringert
extremer Stress	multifaktoriell	Tod, plötzlich
Geflügelcholera/Pasteurellose	bakterielle Erkrankung	Atemgeräusche, röchelnd
		Appetitverlust
		Atem, schnell, pfeifend
		Bindehautentzündung
		Durchfall, blutig
		Durchfall, grünlich
		Erschöpfung
		Fieber
		Tod, plötzlich
		Zyanose an Kamm und/oder Kehllappen
Geflügelpocken	virale Erkrankung	Ausfluss aus Schnabel
		Pusteln, Schorf
Geflügeltuberkulose	bakterielle Erkrankung	Durchfall
		Kopf, gräuliche Krusten
		Hinken
		Kamm und/oder Kehllappen, gelblich

Gumboro-Krankheit	virale Erkrankung	Appetitverlust
		Durchfall, weißlich
		Durst, übermäßig
		Erschöpfung
		Federrupfen
		Gleichgewichtsprobleme
Hühnertyphus	bakterielle Erkrankung	Durchfall, gelblich
		Durst, übermäßig
		Erschöpfung
		Zyanose an Kamm und/oder Kehllappen
Infektiöse Anämie	virale Erkrankung	Appetitverlust
Infektiöse Bronchitis	virale Erkrankung	Atemgeräusche, röchelnd
		Bindehautentzündung
		Eier, unförmig
		Eierschale, dünn
		Husten + seromuköse Flüssigkeit
		Legeleistung, verringert
		Sinusitis
Infektiöse Laryngotracheitis	virale Erkrankung	Atemgeräusche, röchelnd
		Atemwegsprobleme
		Ausfluss aus Schnabel
		Husten, blutig
		Legeleistung, verringert
Inzucht	genetisch	Zehen, verdreht
Kaliummangel	Mineralmangel	Tod, plötzlich
Kalkbeine	parasitäre Erkrankung	Füße, weißliche Ablagerungen
Kapillariose	parasitäre Erkrankung	Durchfall
		Erschöpfung
Kapillariose des Kropfes	parasitäre Erkrankung	Kropf, geschwollen (Futter, Flüssigkeit, Gas)
Kokzidiose (je nach Typ)	parasitäre Erkrankung	Durchfall (ständig)
		Durchfall, blutig
		Erschöpfung
Kupfermangel	Mineralmangel	Pseudo-Perosis
Läuse	parasitäre Erkrankung	Federrupfen
		Kratzen
Listeriose	bakterielle Erkrankung	Appetitverlust
		Durchfall (manchmal)
		Erschöpfung
		Nervenprobleme (manchmal)
		Zittern (manchmal)
		Zyanose an Kamm und/oder Kehllappen
Luftröhrenwürmer	parasitäre Erkrankung	Erschöpfung
Lungenwürmer	parasitäre Erkrankung	Atemwegsprobleme
		Husten, pfeifend
Manganmangel	Mineralmangel	Perosis

Mangel an Calciumphosphat	Mineralmangel	Knochen, brüchig
Mangel an Vitamin A	Vitaminmangel	Augenläsionen
Mangel an Vitamin B1	Vitaminmangel	Kopf, verdreht
		Lähmung
		Lähmung, Zehen
Mangel an Vitamin B2	Vitaminmangel	Durchfall
		Lähmung
		Zehen, verdreht
		Legeleistung, verringert
Mangel an Vitamin B3 oder B5	Vitaminmangel	Dermatitis am Auge
		Dermatitis an der Kloake
		Federn, zerzaust
		Legeleistung, verringert
Mangel an Vitamin B6	Vitaminmangel	Erregbarkeit
		Krämpfe
Mangel an Vitamin BC	Vitaminmangel	Durchfall
		Gefiederfarbe, blass
		Spreizbeine
Mangel an Vitamin C	Vitaminmangel	Eierschale, dünn
Mangel an Vitamin D3	Vitaminmangel	Eierschale, dünn
		Legeleistung, verringert
		Rachitis
Mangel an Vitamin E und Selen	Mangelerscheinung	Myopathie
		Tod, plötzlich
Mangel an Vitamin H	Vitaminmangel	Dermatitis an den Augenlidern
		Dermatitis an den Füßen
		Missbildung, embryonale
		Spreizbeine
Mangel an Vitamin K	Vitaminmangel	Blutung
Mangel an Vitamin B3	Vitaminmangel	Federverlust
		Knochen, missgebildet
Marieksche Krankheit	virale Erkrankung	Lähmung an Füßen/Flügel/Hals
	virale Erkrankung	Legeleistung, verringert
Milben	parasitäre Erkrankung	Erschöpfung
		Federrupfen
		Kratzen
Natriummangel	Mineralienmangel	Legeleistung, verringert
Nekrotisierende Darmentzündung	bakterielle Erkrankung	Durchfall, blutig
		Durchfall, schwärzlich
		Erschöpfung
Newcastle-Krankheit	virale Erkrankung	Atemwegsprobleme
		Durchfall, blutig
		Durchfall, grünlich
		Erschöpfung
		Federn, zerzaust
		Krämpfe

Newcastle-Krankheit	virale Erkrankung	Lähmung
		Tod, plötzlich
		Zyanose an Kamm und/oder Kehllappen
Pullorose	bakterielle Erkrankung	Durchfall, weißlich (Küken)
Rektalprolaps	metabolisch	Tier hält sich gerade
Rotlauf	bakterielle Erkrankung	Juckreiz
		rote Platten
Steatose, zu viel Fett	metabolisch	Blutung, innere
		Legeleistung, verringert
		Tod, plötzlich
Trichomonose	parasitäre Erkrankung	Durchfall, grünlich
		Durchfall, weißlich
		Erschöpfung
		Federverlust
		Gefieder, stumpf
		Hinken
Virale Arthritis	virale Erkrankung	Gehprobleme
		heißes Ödem am Ellbogen (Fuß)
		Tier kann nicht stehen
Vitamin- und Mineralmangel	umfassender Mangel	Federrupfen
Vogelgrippe/Hühnerpest	virale Erkrankung	Tod, plötzlich
		seröse Augen und Nasenlöcher
		Atemwegsprobleme
Zinkmangel	Mineralmangel	Federn, brüchig
		Schlupfrate, niedrig

Verhaltensauffälligkeiten in den Griff bekommen

Wenn Sie in Ihren Tierbestand Vielfalt bringen möchten, können Sie Hybridhühner, Hühner verschiedener alter und neuerer Rassen, sowie Tiere aus Rassekreuzungen miteinander mischen. Das ist bei mir der Fall. Sie sind dann mit bunt zusammengewürfelten Individuen konfrontiert, die alle ihren eigenen Charakter haben. Die Bandbreite reicht von extrem scheuen Hühnern, denen man sich geduldig nähern muss, bis hin zu sehr zutraulichen, die jedem Fremden aus der Hand fressen. All diese Individuen können durch bestimmte Verhaltensweisen das Leben des Hühnervolks, aber auch Ihr eigenes Leben, ziemlich stören.

Hühner, die schlecht oder zu viel brüten

Die Geschichte beginnt oft so: Eines Morgens kommt ein Huhn nicht aus dem Stall. Hat es den Morgenappell verschlafen? Keineswegs, es ist da, verharrt aber unbeweglich in einer Stallecke. Bei schneller Überprüfung (siehe Seite 204) werden Sie feststellen, dass die Henne dabei ist, zu brüten. Obwohl das Verhalten völlig der Natur entspricht, ist es manchmal nötig, den Vorgang abzubrechen, aus den folgenden Gründen:

- kein Ei vorhanden. Eine Henne kann durchaus auch dann brüten, wenn keinerlei Aussicht auf Nachwuchs besteht.
- kein Hahn vorhanden. Hier ist es vollkommen unmöglich, dass Küken schlüpfen.
- für Sie nicht der passende Zeitpunkt für eine Naturbrut.
- Das Tier könnte durch das Brüten geschwächt werden. Je nach Ausdauer hütet manche Henne das Nest exzessiv – bis zu 70 Tage lang, so wie es bei mir schon vorkam!

Manche Menschen sind erfinderisch, wenn es darum geht, eine Legehenne vom Brüten abzubringen. Sie kühlen ihr Hinterteil in kaltem Wasser, setzen sie in einen Karton und fahren sie darin im Auto spazieren, mischen eine niedrige Dosis Aspirin dem Trinkwasser bei ...
Wie auch immer: Nicht die Methode entscheidet über Erfolg oder Misserfolg Ihres Eingreifens, sondern die Henne muss ihren Entschluss ändern. Manche verlassen das Nest schon nach einigen Tagen wieder, wenn Sie sie sich selbst überlassen oder davon verjagen. Andere entwickeln einen solchen Eifer, dass sie, egal was Sie unternehmen, nichts vom Nest abbringen kann. Zwischen beiden gibt es die Hennen, die mehr oder weniger hingebungsvoll brüten.
Es steht Ihnen frei, erst mal nichts zu unternehmen, vorausgesetzt Sie zwingen die Henne mindestens einmal täglich dazu, den Stall zu verlassen. So sind Sie sicher, dass sie weiter Nahrung zu sich nimmt und Sie können ihren Gesundheitszustand, besonders hinsichtlich äußerer Parasiten, überwachen. Dies kann schon ausreichen, um das Brüten zu stoppen. Überschreitet es die klassische Dauer von 21 Tagen, greifen Sie besser ein. Nichts hindert Sie daran, dem Bedürfnis der Henne trotzdem nachzugeben, indem Sie ihr am selben Abend Eier oder Eintagsküken unterschieben.
In solchen Situationen lassen sich die Fähigkeiten jeder einzelnen Henne abschätzen. Haben Sie vor, Bruteier unter der Glucke auszubrüten, geben Sie diese Eier der besten Brüterin.

Wenn mehrere Hennen zur gleichen Zeit brüten, entsteht oft ein ziemliches Durcheinander!

Gut zu wissen

Beim Versuch, eine brütende Henne in ihren „Normalzustand" zurückzuversetzen, gehe ich, oft erfolgreich, so vor: Ich biete ihr das Gegenteil von dem an, was sie sucht. Sucht sie einen Brutplatz, der ruhig, dunkel, bequem und fern vom Getümmel des Hühnerhofs ist, kommt die Henne in einen Käfig. Der einzige Komfort besteht in einer Zeitung, mit der der Käfigboden ausgelegt ist, sowie Wasser und Futter. Den Käfig stelle ich mitten auf die helle Veranda, wo permanent alle Mitglieder des Haushalts vorbeigehen. Bei schönem Wetter stelle ich ihn nach draußen. Je nach Durchhaltevermögen der Henne kann die Gefangenschaft zwischen einem Tag und einer Woche dauern, bevor sich das Tier entschließt, wieder seinen normalen Aktivitäten nachzugehen. Dann lasse ich es frei.

Manchmal entspricht ein Legenest nicht den Anforderungen einer Henne. Diese hier hat sich für einen Sack entschieden, der mit Holzspänen gefüllt ist. Da er sich hinter der Tür befindet, die tagsüber angelehnt bleibt, bietet dieser Ort eine improvisierte Nische fernab der restlichen Hühner. Sehr scheue Tiere brüten manchmal sogar außerhalb des Stalls, in einer verborgenen Ecke des Auslaufs. Also aufgepasst, wenn plötzlich ein Huhn fehlt: Es könnte drei Wochen später mit seiner Kükenschar wieder auftauchen!

Mit aufgeplusterter Halskrause – um größer zu erscheinen, als sie in Wirklichkeit sind – versuchen zwei Hähne, sich gegenseitig auf klassische Art einzuschüchtern. Obwohl sie Geschwister sind, entzweien sie immer wieder Rangordnungskonflikte. Aber sie legen ihren Streit auch bei, um sich zu verbünden und einen anderen Hahn, der ihr Territorium verletzt, gemeinsam zu verjagen.

Obwohl sie durch ein Gitter getrennt sind, können diese beiden Hähne Stunden damit verbringen, sich gegenseitig zu drohen.

Ein ungewöhnlich aggressiver Hahn

Es ist normal, dass ein Hahn seinen Besitzer herausfordert und seine Grenzen austestet. Es genügt, dass Sie sich auf ihn zubewegen, damit er den Rückzug antritt. Sie können ihn auch mit dem Fuß von sich stoßen. Auf die Gefahr hin, dass er Sie mit ein oder zwei Spornhieben angehen könnte, tragen Sie dabei am besten Stiefel. Indem Sie ihn zum Rückzug zwingen, zeigen Sie ihm, dass Sie ganz oben in der Rangordnung stehen.
Es kommt durchaus vor, dass ein Hahn außergewöhnlich aggressiv ist und systematisch jeden attackiert, der sein Territorium betritt – auch den Halter. Bei Kindern oder unerfahrenen Personen kann solches Verhalten ganz schnell problematisch werden. Legt der Chef des Hühnervolks sein Verhalten nicht ab, ist es besser, sich von ihm zu trennen. Denn selbst wenn Sie für seine Erziehung Zeit, Erfahrung und Geduld aufbringen, gibt es niemals eine Erfolgsgarantie.

Gut zu wissen

Besonders junge Hähne zeigen oft während der Paarungszeit aggressiveres Verhalten als normal. Ihre Größe hat hierauf keinen Einfluss. Streitlustige Hähne finden sich in allen Rassen, von der kleinsten bis zur größten.
Unterschätzen Sie einen angriffslustigen Hahn niemals, vor allem nicht, wenn er mit geraden, spitzen Spornen ausgestattet ist (siehe Seite 160). Bei einem Angriff fliegt der Hahn auf, indem er heftig mit den Flügeln schlägt, um den hinteren Teil seines Körpers nach unten zu kippen und beide Füße nach vorne auszufahren, die ihr Ziel dann wie mit einer Zange umschließen. In meiner Anfangszeit ist auch mir dieser Fehler unterlaufen, wobei mir zuerst das Handgelenk, dann der Unterarm von beiden Seiten perforiert wurden!

Mehrere Hähne unter sich

Es kommt oft vor, dass man mehrere Hähne auf einmal im Hühnervolk hat. Aus folgenden Gründen:

- Man will einen älteren Hahn durch einen jungen ersetzen, sich aber nicht vom ersten trennen.
- Beim Schlüpfen sind 50 % der Küken männlich.
- Ein befreundeter Züchter bietet Ihnen ein Tier an, das er sonst schlachten würde.
- Sie haben sich in einen besonders schönen oder zutraulichen Hahn „verliebt“.

Es kommt selten vor, dass zwei Hähne, die sich nicht kennen, friedlich nebeneinander leben, vor allem wenn sie von zahlreichen Hennen umgeben sind: Sie betrachten sich definitiv als Gegner. Die Rivalitäten beginnen meist mit Einschüchterungsversuchen, um einander zu taxieren. Danach folgt eine Reihe von Angriffen, bei denen die Streithähne mit ihren Krallen, Spornen und dem Schnabel aufeinander losgehen. Das Ganze ist erst dann beendet, wenn sich einer der beiden Gegner unterwirft. Übrigens, wenn der besiegte Hahn auf dem Hühnerhof bleibt, bleibt er für den neuen Platzhirsch eine ständige Bedrohung. Die Raufereien unter Hähnen können schwere Verletzungen, ja sogar den Tod eines Tieres zur Folge haben. Ein Züchter muss wissen, wie er mit einer solchen Situation umzugehen hat, das heißt, ständig ein Auge auf die beiden Kontrahenten zu haben, um schnell eingreifen zu können, wenn ein Kampf droht. Überlegen Sie sich deshalb gut, ob Sie mehrere Hähne auf demselben Territorium halten wollen. Wenn die Hähne in abgetrennten Ausläufen gehalten werden, ist ein Miteinander aber problemlos möglich.
Anders ist es bei Hähnen, die aus derselben Brut stammen. Die jungen Hähne kämpfen spielerisch miteinander, versuchen auch ihren „Vater“ einzuschüchtern, doch diese Scheinkämpfe dienen nur der Vorbereitung auf ein Hahnenleben. Alles ändert sich, wenn die Hähne mit fünf bis sechs Monaten geschlechtsreif werden. Jetzt spielen die Hormone verrückt! Obwohl die Junghähne ihre Hauptwaffe, die Sporne, noch nicht besitzen, werden sie dennoch versuchen, sich ihren Platz in der Rangordnung zu sichern. Dies führt unausweichlich zu Konflikten. Die Lösung wäre, entweder die Tiere herzugeben oder sie zu schlachten, denn sie hätten das richtige Alter dafür.

Geflügel, das die eigenen Eier frißt

Um das Problem des Eierfressens in den Griff zu bekommen, sollten Sie:

- schnell den oder die Schuldigen ausfindig machen und untersuchen. Starker Befall mit inneren Parasiten kann einen Großteil der aufgenommenen Nahrung abziehen, sodass das Tier immer mehr Futter aufnimmt, dann empfehle ich eine Entwurmung.
- überprüfen, ob die Ernährung ausgewogen ist, besonders im Winter, wenn es keine Insekten und Gras gibt. Ich ergänze das Körnerfutter dann mit Futterbreien.
- jedem Mangel (Calcium, Vitamine ...) vorbeugen, indem Sie mit zerkleinerten Muschelschalen und Lebertran angereicherten Futterbrei reichen.
- dem Schleckermaul eine „Eierfalle" stellen, Legenester mit einer Sammelöffnung für Eier aufstellen oder die Eier häufiger einsammeln.

Diese Legenester sind mit einer Eiersammelöffnung ausgestattet. Der Nachteil: Es ist quasi unmöglich, sie mit Einstreu auszulegen, ohne den Weg des Eies in die Öffnung zu versperren.

Eine Eierfalle bauen

Ich selbst musste noch nie auf eine solche Vorrichtung zurückgreifen. Doch die Erfolgsaussichten sollen bei etwa 50 % liegen:

- Nehmen Sie ein Ei und durchbohren Sie es an jeder Spitze (3-4 mm).
- Führen Sie einen langen, dünnen Gegenstand, etwa ein Schaschlikspießchen, durch die beiden Öffnungen ins Ei, durchstechen Sie dabei die Membranen.
- Blasen Sie den Inhalt des Eis aus.
- Verschließen Sie eine der Öffnungen mit geschmolzenem Kerzenwachs.
- Bereiten Sie eine Ersatzfüllung für das Ei, indem Sie scharfen Senf mit etwas Wasser, oder auch Pfeffer mit etwas Öl vermengen.
- Füllen Sie die Mischung mit einer Spritze in das Ei. Sie müssen nicht das ganze Ei befüllen. Verschließen Sie die zweite Öffnung mit warmem Kerzenwachs.
- Legen Sie die Eierfalle an Ort und Stelle.

Seien Sie vorsichtig bei der Menge der scharfen Inhaltsstoffe: Dosieren Sie zuerst weniger. Falls das Tier weiterhin Eier verzehrt, erhöhen Sie die Menge der Inhaltsstoffe.

Hühner, die nicht ins Legenest legen

Sollten alle Hühner die Legenester meiden, stimmt irgend etwas nicht damit. Sehen Sie nach Parasiten, Verschmutzung, ob das Nest unbequem, am falschen Platz oder schwer zugänglich ist. Scheue Tiere geben öfter die klassischen Legenester zu Gunsten notdürftiger Nester draußen auf. Man muss dazu seine Hühner schon genau kennen. Meist stößt man zufällig auf einen dieser immer gut versteckten Plätze. Gelingt es der Ausreißerin, dort zehn bis zwölf Eier abzulegen, verschwindet sie möglicherweise ganz von der Bildfläche und brütet das Gelege aus. Sie können ihr nur folgen, sobald sie zum Fressen erschienen ist und dann wieder zu ihrem Schlupfwinkel zurückgeht. Damit die Hennen zu den Legenestern im Stall zurückkehren, zerstöre ich wilde Nester immer. Eine Garantie gibt es aber nicht.

Zwei Beispiele für wilde Nester: Das erste fand ich hinter dem Gewächshaus, als ich der Henne gefolgt war, die dort brütete. Das zweite fand ich zufällig direkt am Hühnerstall: Darin waren grüne Eier, und ich konnte so die Schuldige sofort identifizieren. Bei den größeren, weißen Eiern musste ich mehrere Verdächtige im Auge behalten.

Hühner, die in den Legenestern schlafen

Diese schlechte Angewohnheit wäre gar nicht so schlimm, wenn die Hennen nachts nicht ihren Kot dort absetzen würden und man morgens garantiert schmutzige Eier einsammeln muss. Nach einigem Herumexperimentieren fand ich folgende Lösungen heraus:

- Setzen Sie die Hühner am Abend eine nach der anderen auf ihre Sitzstange. Das kostet zwar etwas Zeit, ist aber von Erfolg gekrönt ...
- Verstellen Sie den Hühnern den Zugang zum Legenest mit Brettern oder Ähnlichem, das geht einfach und schnell. Doch es kann sein, dass besonders dickköpfige Hennen, um zum Ziel zu gelangen, die Hindernisse aus dem Weg räumen.

Für Heimwerker: ein Legenest mit Zugbrücke

Solche Legenester mit hochklappbarem Verschluss wirken jeder Anwandlung von Ungehorsam bei Ihren Hühnern entgegen, und Sie gewinnen Zeit. Am Ende des Tages werden sie geschlossen, am Morgen wieder geöffnet, genauso wie Sie es auch mit der Stalltür machen. Schon nach einigen Tagen hat die Henne ihre Angewohnheit abgelegt und es ist nicht mehr nötig, die Legenester zu versperren.

1. *Befestigen Sie zwei Leisten mit je einer TRCC-Schraube an den beiden Seiten des Legenestes.*
2. *Diese beiden Leisten werden durch Querbretter verstärkt.*
3. *Wenn das Legenest nur auf dem Boden platziert ist, dient der Unterlegkeil dazu, die Zugbrücke in horizontaler Lage zu halten, damit das Legenest nicht kippt, sobald ein Huhn über die Zugbrücke läuft.*
4. *Ist das Legenest an einer Wand befestigt, bringen Sie diesen seitlichen Keil an, damit die Brücke im geöffneten Zustand nicht ganz nach unten klappt.*

Merke: Die Schrauben müssen so fest angezogen werden, dass die Brücke sowohl offen als auch geschlossen in ihrer Position bleibt.

Es gibt für manche Hühner nichts Schöneres, als in lauen Sommernächten unter freiem Himmel im Baum zu übernachten. Die unteren Äste abzusägen, hat hier nicht viel genutzt: „Mordred“ und seine Mutter nahmen dann den Zaun, um in den Baum zu gelangen. Die Lust verging ihnen erst, als ich die Ecke des Zauns mit einem Netz abgedeckt hatte.

Hühner, die auf Bäumen schlafen

Hühner ziehen sich in Bäume zurück, um dort die Nacht zu verbringen, das ist ihr natürlicher Instinkt. Diejenigen Tiere, die sehr gut fliegen können, werden deshalb alles versuchen, um im Baum schlafen zu können. Hinzu kommt, dass die anderen Hühner dies nachahmen und für Sie das Risiko besteht, dass die Hälfte Ihres Hühnervolks lieber außerhalb übernachtet! Sobald aber die Nacht hereingebrochen ist, erkennen Hühner ihre Umgebung nicht mehr und können sich nicht mehr von der Stelle bewegen. Sie sind also schutzlos schlechtem Wetter und kletternden Raubtieren wie etwa Mardern ausgesetzt.

Beobachten Sie zuallererst immer, wie das einzelne Tier vorgeht:

- Fliegt das Huhn direkt vom Boden auf den Baum, genügt es meist, die unteren Äste abzusägen.
- Benutzt es ein Sprungbrett wie einen Zaun, irgendeinen Gegenstand oder sogar den Hühnerstall selbst, dann nehmen Sie dort, wo das Huhn auffliegt, entsprechende Veränderungen vor.

Das nützt alles nichts? Dann gibt es nur noch eine radikale Lösung: Sie stutzen die Federn an einem Flügel. So kann das Huhn nicht mehr auffliegen, weil es aus dem Gleichgewicht kommt. Ich selbst habe diese Möglichkeit wieder aufgegeben, denn man muss die Tiere von Hand einfangen und sie dann in den Stall bringen. Das ist sehr zeitaufwendig und muss bei Einbruch der Dunkelheit geschehen, damit die Hühner nicht doch noch einen Fluchtversuch machen können.

Wenn Sie sich also nicht mit diesem Problem herumschlagen wollen, dann entscheiden Sie sich für Hühner einer schweren Rasse, die so gut wie flugunfähig sind.

Wie stutzt man einen Flügel?

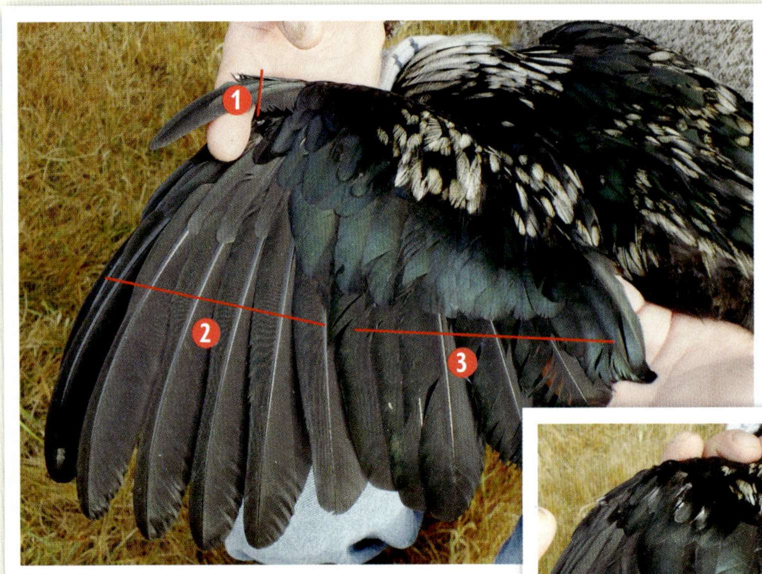

1. Der Daumenfittich, Alula, besteht aus zwei oder drei unechten Schwungfedern.
2. Der obere Teil des Flügels besteht aus den primären Schwungfedern, den Handschwingen.
3. Der untere Teil des Flügels besteht aus den sekundären Schwungfedern, den Armschwingen.

Beim Stutzen werden Daumenfittich, die primären und gegebenenfalls auch die sekundären Schwungfedern abgeschnitten, und zwar nur an einem Flügel. Möchte das Huhn auffliegen, kommt es aus dem Gleichgewicht. Wenn Sie die Federn nicht zu kurz abschneiden, ist es wie Haareschneiden.

Kürzen Sie die Federn mit Hilfe einer guten Schere auf halbe Länge.

Jetzt kann der Flügel das Tier nicht mehr tragen, wenn es versucht aufzufliegen.

Wie steht es mit der Ästhetik?

Das ist der Nachteil an dieser Methode, besonders bei Hühnerrassen, die ihre Flügel nach unten tragen. Der Zustand ist aber nur vorübergehend, denn die Federn fallen bei der Mauser aus und wachsen wieder nach. Vielleicht hat das eigensinnige Huhn seine Fluchtversuche bis dahin vergessen und Sie müssen die Prozedur nicht wiederholen.

„Mordred" kehrt zurück von seinem täglichen Ausflug in Nachbars Garten.

Freiheitsliebende Hühner

Auch unter Hühnern gibt es Tiere mit einem stark ausgeprägten Freiheitsdrang. Und so werden Ihr Gemüsegarten, Nachbars Garten oder der Straßengraben zu Ausflugszielen, die sie unbedingt erreichen wollen, koste es, was es wolle. In diesem Fall müssen Sie einen ausreichend hohen Zaun ziehen und auch regelmäßig kontrollieren. Der eingezäunte Auslauf darf keine Schäden aufweisen, etwa durch den Einbruchsversuch eines Raubtieres, einen Ausrutscher mit der Motorsense oder einfach durch natürliche Abnutzung.

Ohne geeignete Vorsichtsmaßnahmen (siehe Seite 234) können sich Ihre Hühner auch unter dem Zaun hindurchgraben, indem sie immer an derselben Stelle scharren oder ihr Staubbad nehmen. Existiert solch ein Durchgang erst einmal, dann finden ihn die Tiere auch immer wieder.

Auch unvorhergesehene Ereignisse können die Ursache für unfreiwillige Fluchtversuche sein:

- die Nachbarkatze, die sich mit Ihrem Geflügel einen Spaß erlaubt,
- ein Freund, der mit seinem neugierigen Hund plötzlich auftaucht,
- der Angriff eines Raubtiers,
- eine extrem laute Maschine oder wie es bei mir der Fall war, ein großer Baum, der mitten im Auslauf umstürzte und einen solchen Aufruhr unter den Hühnern verursachte, dass ich mehrere Tage brauchte, um alle wieder einzusammeln!
- Wenn Panik aufkommt, sind manche Tiere zu zwar nur kurzen, aber überraschenden Höchstleistungen in der Lage. Ein bis dahin abschreckendes Hindernis kann sich dann plötzlich als durchaus überwindbar entpuppen.

Aggressive Hühner

Dies ist ein heikles Thema, bei dem etwas Erfahrung sehr hilfreich sein kann. Aggressives Verhalten kann durch verschiedene Faktoren, die sich gegenseitig auch addieren können, ausgelöst werden. Man muss differenzieren zwischen „normalem" feindseligen Verhalten, das meist aus klassischen Rangordnungskonflikten entsteht, und gewalttätigem Verhalten, welches bei nicht artgerechten Lebensbedingungen auftritt. Zum Beispiel ein zu kleiner Auslauf, Beengtheit, ein unbequemer, nicht artgemäßer Stall, unausgewogene Ernährung sowie jeder andere Stressfaktor (siehe Seite 139) können Ursache für Aggressivität sein. Oft fühlt sich auch ein krankes oder verletztes Tier von der restlichen Gruppe ausgeschlossen. Solche Fälle findet man allerdings selten in einer perfekt geführten Hühnerhaltung.

Gut zu wissen

Bei jedem Ereignis, das die Hierarchie innerhalb der Gruppe verändert: Ankunft oder Weggang von Tieren, dominantes Tier, das seine Autorität an ein anderes verliert, Raufereien unter Hähnen ..., kommt es zu Auseinandersetzungen. In solchen Situationen sollte der Halter ein Auge auf seine Tiere haben, aber nicht notwendigerweise eingreifen. Wird ein Huhn einmal wirklich zu aggressiv, dann isolieren Sie es für etwa zehn Tage von der restlichen Gruppe und setzen es dann wieder dazu. In Ausnahmefällen kann ein Züchter auch gezwungen sein, sich von einem Tier zu trennen.

5

Einen nachhaltigen Hühnerbestand aufbauen

Um nicht immer wieder neue Legehennen nachkaufen zu müssen und um 100 % biologisch produzierte Nahrung in Form von Eiern und Fleisch konsumieren zu können, habe ich mich dazu entschieden, mit meinem Geflügel zu züchten. Außerdem bereitet es mir große Freude, die Küken heranwachsen zu sehen – wie sie von der Mutter erzogen und später in die Gruppe eingeführt werden, bis sie dann schließlich als erwachsene Tiere ihren Platz in der Rangordnung haben. Als Anhänger der Naturbrut bin ich natürlich von meinen Glucken abhängig und muss mich auf kleine Gelege beschränken. Doch dafür habe ich nicht die Verpflichtungen, die mit einer künstlichen Brut einhergehen. Um sie näher kennenzulernen, besorge ich mir auch immer wieder erwachsene Hühner von Rassen, die mir noch unbekannt sind. Mich interessiert, ob sie für meine Hühnerzucht, also zum Legen, Brüten, als Fleischlieferanten oder als Zierde in Frage kommen und wie angepasst sie auf die klimatischen Bedingungen meiner Region reagieren.

Brut – die richtigen Entscheidungen treffen

Wenn Küken schlüpfen, ist das ein Moment, den man nie vergisst. Das Ausbrüten verfolgen und sich die letzten Tage fieberhaft auf den Schlupf freuen, beim Schlüpfen assistieren. Es ist ein magischer Moment, wenn sich die kleinen, noch feuchten Flaumkugeln aus der Eierschale lösen, dann ihre Erziehung durch die Glucke und andere Mitglieder der Hühnergruppe mitzuerleben ... Wagen Sie all dies nicht wenigstens ein einziges Mal, dann berauben Sie sich einer wundervollen Erfahrung!

Warum sollte man Hühner züchten?

Ich persönlich habe keine Ambitionen, meine Nachzucht auf Ausstellungen zu zeigen oder mit den Hühnern Geld zu verdienen. Die Reproduktion meines Tierbestandes beschränkt sich darauf, das Niveau der Produktivität zu halten, das ich brauche, um:
- der Eier wegen regelmäßig die Legehennen zu ersetzen,
- des Fleisches wegen einige bei mir aufgezogene Hühner zu mästen,
- die Bestandsgröße zu erhalten.

Auf diese Weise bringt mir mein Hühnerbestand zwar außer viel Freude nichts ein, kostet mich aber auch nichts. Die Bilanz ist also ausgeglichen. Es werden immer nur so viele Küken geboren, wie mir vernünftig erscheint. Man muss sich klar darüber sein, dass aus den Küken erwachsene Hühner werden. Von sechs ausgebrüteten Eiern schlüpfen etwa vier bis sechs Küken, davon durchschnittlich zwei bis drei Hühner und zwei bis drei Hähne. Je nach meinem Bedarf ersetzt ein Teil der Hühnchen die älteren Legehennen, ein junger Hahn tritt die Nachfolge eines alten an, und der Rest geht in die Mast.

Wenn durch einen Vorfall wie eine Raubtierattacke oder ein Krankheitsausbruch ein Teil des gesamten Bestandes verloren ging, kann die Brut auch dazu dienen, diese Hühner zu ersetzen.

Die Bruteier auswählen und lagern

Natürlich können Sie alles der Natur überlassen und einfach abwarten, bis sich eine Henne im Nest auf ihre Eier setzt. Besser ist es, Sie treffen selbst die Auswahl derjenigen Eier, die sie ausbrüten lassen wollen. Um nichts dem Zufall zu überlassen, sollten Sie verdächtige Eier, also solche mit Sprung oder stark verunreinigte, aussortieren. Das Gleiche gilt für Eier von Hühnern, die sich nicht fortpflanzen sollen. Ich möchte zum Beispiel keine Nachkommen von meinen Zwerghühnern, weil ich keine zu kleinen Legehennen oder Hühner wünsche. Da bei mir jede Legehenne einer anderen Rasse angehört, ist es leicht, der richtigen Henne das passende Ei zuzuordnen, weil sie jeweils ganz charakteristisch aussehen.

Wann werden die Bruteier eingesammelt?

Dazu gibt es drei Möglichkeiten:
- Sie warten ab, bis eine zuverlässige Henne spontan brütet. In den darauffolgenden Tagen sammeln Sie die Eier ein, wählen diejenigen für die Brut aus und markieren sie. Dann legen Sie sie alle zusammen wieder unter die Henne.
- Brütet derzeit keine Ihrer Hennen, können Sie trotzdem in etwa wissen, dass es nicht mehr lange dauert, wenn Sie zuvor jedes Jahr für Ihre Legehennen die Daten von Beginn und Ende der Brut notiert haben.

Diese Aufzeichnungen müssen nicht perfekt sein, sie helfen trotzdem bei der Planung. Nehmen wir aber an, Sie haben bereits zehn Bruteier ausgewählt, doch keine Ihrer Hennen macht Anstalten zu brüten. Sie fahren fort, Eier einzusammeln und ersetzen jeweils die ältesten zehn der bereits vorhandenen Eier. Diese „ältesten" Eier eignen sich übrigens durchaus noch zum Verzehr und Sie haben so immer Eier in Reserve. Diese Vorgehensweise ist sehr effizient, erfordert aber etwas Geduld, mitunter mehrere Wochen. Mit dem Brüten beginnen können Sie, wann immer es Ihnen passt, sofern Sie einen Brutautomaten besitzen.
Sammeln Sie auf alle Fälle die Eier öfter als normalerweise ein, denn sie sollten nur so kurz wie möglich im Hühnerstall verbleiben, weil dort meist nicht die optimalen Lagerbedingungen herrschen.

Wo werden die Eier aufbewahrt?

Idealerweise werden sie an einem dunklen, leicht feuchten Ort mit einer gleichbleibenden Temperatur von 12 bis 14 °C gelagert. Zu trockene Lagerung beschleunigt die Verdunstung des in den Eiern enthaltenen Wassers.

Wie werden die Eier aufbewahrt?

Nach dem Einsammeln vermerken Sie mit Bleistift das Legedatum auf jedem Ei und lagern es zusammen mit den anderen. Die Eier werden auf der Seite liegend, mit der Spitze nach hinten aufbewahrt, denn in dieser Position entsteht am wenigsten Druck auf die Luftkammer. Verwenden Sie eine Stütze, damit sie nicht wegrollen können. Führen Sie zweimal täglich von Hand eine halbe Drehung durch, wobei Ihnen das Legedatum als Anhaltspunkt dienen kann: morgens, Legedatum unten; abends, Legedatum oben. Durch die Drehungen werden die Kräfte, die die Bestandteile des Eis durch die Schwerkraft aufeinander ausüben, besser verteilt.

Wie lange lagern?

Bruteier können zehn Tage aufbewahrt werden. Dieser Zeitraum kann auf 20 Tage ausgedehnt werden, doch je mehr Zeit verstreicht, desto niedriger die Schlupfrate.

Gut zu wissen

Bruteier können mit Federn, Stroh und anderem verunreinigt sein, sodass Sie sie trocken mit einem Tuch oder einer Zahnbürste reinigen sollten.
Benutzen Sie immer einen Bleistift, um das Legedatum auf der Eierschale zu vermerken. Mit einem Kugelschreiber oder Filzstift können Sie die Unversehrtheit des Eis zerstören.
Um zu gewährleisten, dass die Eier an ihrem Lagerungsort in Position bleiben, legen Sie sie in eine Schicht aus Sand oder Körnern.
Achten Sie darauf, dass die Brut nicht zu spät beginnt, etwa im Herbst, vor allem, wenn die Glucke die Küken im Freien großzieht und das Klima in Ihrer Region ungünstig ist.
Bestimmen Sie den Brutbeginn selbst, dann richten Sie es so ein, dass die Küken 21 Tage später in Ihrer Anwesenheit schlüpfen. Es wäre sehr schade, dieses kleine Wunder zu verpassen!

Bruteier auf Reisen

Kontakt zu anderen Züchtern herzustellen, ist heute über Webseiten, Blogs oder Foren sehr einfach, ein Netzwerk in unmittelbarer Nähe aufzubauen hingegen schon schwieriger. Deshalb verschicken viele Züchter Bruteier per Post. Sie werden gelagert und dann verschickt, sobald die gewünschte Menge erreicht ist. Für einen erfolgreichen Schlupf sind Faktoren wie Dauer der Lagerung, Reisezeit und natürlich die optimale Art der Verpackung entscheidend.
Wichtig: Nach der Ankunft müssen die weitgereisten Bruteier 24 Stunden lang ruhen und dürfen nicht gewendet werden, bevor die Bebrütung beginnt (siehe auch oben „Wo werden die Eier aufbewahrt?")

Die Naturbrut

Die von mir gegenüber der Kunstbrut bevorzugte Methode ist die Naturbrut. Das Schlüpfen erlebe ich wahrscheinlich nicht mit eigenen Augen, aber ich bin während der ganzen Brutzeit anwesend. Sobald eine Henne Anstalten macht, zu brüten, schiebe ich ihr vorsichtig die Eier unters Gefieder. Sie lässt sich darauf nieder, nachdem sie sie schnell noch richtig angeordnet hat.

In der Folgezeit überwache ich sie regelmäßig, vor allem, um mich zu vergewissern, dass sie Nahrung aufnimmt. Wichtig ist, alle Eier zur gleichen Zeit unter die Glucke zu legen, damit die Küken alle zusammen in den letzten 24 Stunden der Inkubationszeit schlüpfen. Andernfalls kommt die Glucke in einen Gewissenskonflikt: Soll sie weiter die Eier bebrüten, aus denen noch keine Küken geschlüpft sind oder sich um die Küken kümmern, die nach 24 Stunden ihre erste Nahrung benötigen?

Wie erkennt man eine brütende Henne?

Tritt eine Henne in die Brutphase, reagiert sie auf ein physiologisches Bedürfnis. Es wird ausgelöst durch visuelle Reize wie den Anblick des Nestes mit den Eiern, oder den Tastsinn beim Kontakt mit den Eiern während des Legens. Der wichtigste Reiz aber kommt durch die hormonelle Umstellung. Diese kann dazu führen, dass eine Henne sogar, obwohl kein Ei vorhanden ist, brüten will. Auch der Brutfleck auf der Bauchdecke entsteht dadurch. Die Henne setzt sich also ins Nest und gibt, wenn sie es ausnahmsweise verlässt oder jemand sich ihr nähert, in regelmäßigen Abständen den sehr typischen „gluck-gluck"-Laut von sich. Dabei plustert sie ihr Gefieder auf. Damit sie sich nicht bewegt, versteifen sich ihre Muskeln. Sie lässt sich dann sehr leicht einfangen.

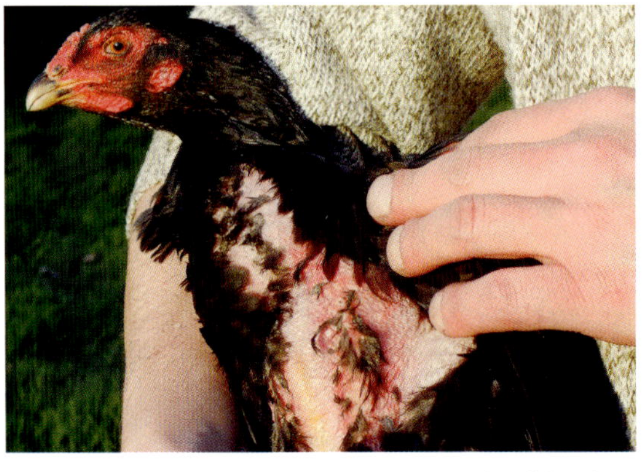

Brutfleck bei einer brütenden Henne. Es handelt sich dabei um eine echte Hautveränderung: Die Hautmuskulatur geht zurück und die Durchblutung wird verstärkt, um einen optimalen Wärmeaustausch mit den Eiern zu sichern.

Die Wahl des Brutplatzes

Eine Henne sucht sich nicht immer den besten Platz zum Brüten. Dann besteht die Gefahr, dass sie gestört wird, etwa im Hühnerstall, wenn eine Artgenossin am selben Ort brüten will wie sie. Die Aufstellung einzelner geschlossener Kisten (siehe Seite 40) schafft hier Abhilfe. Es genügt, ein sauberes Nest in einer weniger frequentierten Ecke des Stalls, etwa hinter der Tür, zur Verfügung stellen. Deponieren Sie die Eier in dem Nest und zeigen der Henne dann, wo sie sich niederlassen soll. Solches Eingreifen kann auch nötig sein, wenn die Henne im Freien brütet oder das Nest sich in zu großer Höhe befindet und die frisch geschlüpften Küken hinabstürzen könnten. Bei zuverlässigen Glucken klappt solch eine Umsiedlung meist reibungslos.

Wie viele Eier sollen unter die Henne?

Die Anzahl hängt von der Größe der Henne und auch der Eier ab. Vermeiden Sie riskante Kombinationen wie etwa kleine Eier und große Henne oder große Eier und kleine Henne. Wenn Sie auf die Proportionen achten, dann kann eine gute Bruthenne bis zu zehn Eier bebrüten.

Überwachung von brütenden Hennen

Die Brut dauert 21 Tage. In dieser Zeit muss die Henne dafür sorgen, dass die Eier gleichbleibender Temperatur und Feuchtigkeit ausgesetzt sind – eine kräfteraubende Angelegenheit. Die Glucke wird das Nest höchstens einige Minuten am Tag verlassen, um zu fressen. Damit die Eier möglichst wenig Wärme verlieren, geht sie meist in den wärmsten Stunden des Tages aus dem Nest. Nach einer schnellen Mahlzeit und vielleicht einer kurzen Gefiederpflege kehrt sie sofort wieder zurück. Bei ungünstiger Witterung kann eine Henne drei bis vier Tage unbeweglich auf dem Nest verharren. Damit keine Anämie auftritt, sollten Sie sich immer vergewissern, dass das Tier Nahrung zu sich nimmt, und wenn Sie die Henne eigenhändig aus dem Nest nehmen und ihren Schnabel an einen hausgemachten Futterbrei halten.

Gut zu wissen

Verlässt eine Bruthenne ihr Gelege zum Fressen, wird sie auch gleich ihr „Geschäft“ erledigen. Um das Gelege sauber zu halten, setzt die Henne ihren Kot niemals im Nest ab. Sie werden staunen, wie groß die Menge der ausgeschiedenen Exkremente dann sein kann. Laut Berichten sollen Glucken schon an Hunger gestorben sein, weil sie ihr Gelege nicht verlassen haben, obwohl dies ihren Instinkten widerspricht. Als ich dies einmal bemerkte, handelte es sich um Tiere, die nach Brutbeginn krank wurden oder stark von Parasiten befallen waren. Bedeckt eine Bruthenne nicht alle Eier mit ihrem Körper, hat man ihr meist zu viele untergeschoben. Es kommt auch vor, dass ein Tier von sich aus ein Ei nicht bebrütet, etwa weil es nicht lebensfähig ist.

Dieser dynamische, selbstständig wendende Brutapparat regelt Temperatur und Feuchtigkeit automatisch und aufs Genaueste. Eine Kontrollleuchte signalisiert, ob Wasser fehlt oder die Temperatur nicht stimmt und die Brut lässt sich durch das große Fenster gut beobachten.

Die Kunstbrut

Die Eier werden in einen Brutautomaten gelegt, der optimale Bedingungen für die Inkubation bietet. Es gibt drei Typen:

- den mechanischen Inkubator, bei dem die Eier einzeln und zwei Mal am Tag von Hand gewendet werden müssen.
- den halbautomatischen Inkubator, bei dem die Eier auf eine drehbare Auflage gelegt werden. Sie wird von außen mit einem Hebel betätigt und dabei werden alle Eier auf einmal gewendet.
- den automatischen Inkubator, der die Eier selbstständig wendet.

Alle Brutapparate sollten Folgendes aufweisen:

- ein Thermometer zur Temperaturkontrolle
- ein Hygrometer zur Feuchtigkeitskontrolle
- einen Lüfter: Dynamische Modelle verteilen die Wärme über eine Belüftung, bei statischen Modellen schwankt die Temperatur zwischen dem oft viel wärmeren oberen und dem unteren Bereich des Apparats.
- eine Bedienungsanleitung, die diese Bezeichnung auch verdient, darauf bestehe ich.

Es gibt unzählige Ausführungen von gut ausgestatteten Brutapparaten, über die Sie sich in Fachgeschäften und im Internet informieren können. Auf alle Fälle ist die Qualität des jeweiligen Modells wichtig. Sie können hierzu auch andere Züchter um Rat fragen oder eine Diskussion in einem Forum starten.
Seien Sie aber nicht entmutigt, wenn die Brut nicht gleich gelingt. Manchmal sind mehrere Anläufe nötig. Schreiben Sie alle Erfahrungen für die nächste Brut auf.

Die richtige Vorgehensweise

- Bevor Sie die Eier in den Inkubator legen, stellen Sie die Innentemperatur auf 37,7 °C und die Feuchtigkeit auf 40 % ein: Dies geschieht meist in einem gesonderten, mit Wasser gefüllten Abteil des Brutapparates. Die Temperatur muss sich im leeren Brutapparat 24 Stunden lang einpendeln. Dann legen Sie die Eier hinein.
- Nach 19 Tagen erhöhen Sie die Feuchtigkeit auf mindestens 65 %. Dies sind allgemeine Werte. Lesen Sie immer zuerst in der Anleitung Ihres Brutapparats nach, wie die einzelnen Werte für die jeweilige Tierart richtig einzustellen sind.
- Der Raum, in dem der Brutapparat aufgestellt ist, sollte eine möglichst konstante Temperatur und Feuchtigkeit aufweisen. Doch selbst wenn all diese Bedingungen erfüllt sind, werden sich die Einstellungen unterscheiden, je nachdem ob die Brut im kühlen Frühjahr oder im heißen Sommer stattfindet.

Standard-Brutbedingungen bei der Inkubation verschiedener Geflügelarten

Art	Inkubationszeit	Temperatur	Feuchtigkeit	Feuchtigkeit bei Schlupf
Huhn	21 Tage	37,7°C	40 %	65–70 % ab dem 19. Tag
Gans	30 Tage	37,2°C	45–50 %	60–70 % ab dem 27. Tag
Truthahn	28 Tage	37,2°C	40–45 %	60–70 % ab dem 26. Tag
Perlhuhn	28 Tage	37,5°C	40–45 %	60–85 % ab dem 25. Tag

So gewährleisten Sie die richtigen Brutbedingungen:

- Stellen Sie den Brutapparat nicht an einen Ort mit starken Temperaturschwankungen wie eine Türöffnung oder ein intensiv von der Sonne bestrahltes Fenster.
- Öffnen Sie den Inkubator möglichst kurz, wenn unbedingt nötig, zur Durchleuchtung oder zum Wenden der Eier.
- Brüten Sie nicht gleichzeitig Eier verschiedener Tierarten aus, das macht die Kontrolle der Bedingungen sehr kompliziert.
- Legen Sie stets alle Eier gleichzeitig in den Brutapparat.
- Wenden Sie die Eier nicht an den beiden ersten und den beiden letzten Tagen der Inkubation.
- Gänse- und Enteneier müssen Sie zwischendurch auskühlen lassen und dazu meistens den Brutapparat sogar öffnen.

Gut zu wissen

Der Moment, in dem die Küken schlüpfen, ist aufregend und auch für Kinder ein Erlebnis. Zum Beobachten der Vorgänge im Innern sollte Ihr Brutapparat ein Sichtfenster haben. Nehmen Sie kein Modell mit mattem Deckel.
Und das größte Schreckgespenst eines Züchters? Ein Stromausfall! Bleibt er nur zwei bis drei Stunden weg, passiert nichts. Steht der Brutapparat an einer nicht sonnenbestrahlten Stelle, macht selbst ein Ausfall von zwei Tagen nichts aus. Die Küken schlüpfen eben etwas später. Sicherheitshalber können Sie die Eier durchleuchten, um zu sehen, ob die Embryonen noch lebensfähig sind.
Nach Gebrauch müssen Sie den Brutapparat säubern und desinfizieren. Vorsicht: Manche Modelle lassen sich sehr schwer reinigen.

Der Schlupf

Ab dem 20. Tag können Sie das Küken in seinem Ei piepsen hören. Es hat auf Atmung umgestellt und seine Luftkammer durchstoßen. Um die Frischluftzufuhr zu sichern, pickt es jetzt ein kleines Loch in die Eierschale. Um sich ganz aus seinem Schalengefängnis zu befreien, zerbricht das Küken die Schale nicht, sondern schneidet sie auf. Dafür benutzt es den „Eizahn“, ein hartes Werkzeug auf der Schnabelspitze, das wie ein Dosenöffner funktioniert. Das Küken braucht 24 Stunden um zu schlüpfen. Dies geschieht ab dem Beginn des 21. Tages, in seltenen Fällen auch schon am 19. bis 20. Tag.
Bei einer Naturbrut ist es schwierig, jede Phase des Schlüpfens zu beobachten, weil es im Trockenen und Warmen unter der Glucke passiert. In der ersten Reihe hingegen sitzen Sie bei einem Brutapparat! Während der ersten 24 Stunden braucht das Küken keine Nahrung. Daher bleibt es zum Trocknen im Inkubator. Eier, aus denen zu dem Zeitpunkt noch kein Küken geschlüpft ist, können als nicht überlebensfähig eingestuft werden, vor allem wenn keine Lebenszeichen wie Geräusche, Bewegungen oder Picken wahrnehmbar sind.
Wenn ich ausnahmsweise eine Kunstbrut durchführe, setze ich die Küken ganz schnell, vorzugsweise nachts, unter eine Glucke, von der ich weiß, dass sie sich um die Küken kümmern wird. So umgehe ich die lange, anstrengende künstliche Aufzuchtphase der Küken (siehe Seite 212). Die Chance, dass eine andere Henne ausreichend Mutterinstinkte entwickelt, um sich um eine Kükenschar zu kümmern, ist gering. Die Kleinen können sogar zurückgewiesen oder attackiert werden.

Das Küken hat ein kleines Loch in die Schale gepickt. Jetzt kann es Luft einatmen.

Hier sieht man, wie das Küken mit seinem Schnabel die Eierschale durchtrennt hat.

Das Öffnen der Schale kann mehrere Stunden dauern. Nicht zu empfehlen ist es, ihm dabei zu helfen. Tödliche Blutungen könnten die Folge sein. Nur im äußersten Notfall und mit sehr viel Erfahrung darf die Schale vorsichtig geöffnet werden.

Das Küken trocknet und ruht sich aus, nachdem es sich unter großer Anstrengung aus seiner „Zwangsjacke“ befreit hat.

Gut zu wissen

Die Geschlechtsbestimmung bei Eintagsküken erfordert spezielle Kenntnisse, die ein Hobbyzüchter nicht hat. Um die Fehlerquote möglichst niedrig zu halten, ist viel Erfahrung bezüglich des Körperbaus der verschiedenen Rassen nötig. Es gibt jedoch einige, bei denen weibliche und männliche Küken an unterschiedlichen Farben erkennbar sind.

Nun ist das Küken ganz trocken. Noch erkennbar ist der Eizahn auf der Schnabelspitze. Er fällt nach einigen Tagen ab.

Tagebuch einer Glucke

15. August *„Pékinette" hat erfolgreich gebrütet und die Hühnerschar zwei neue Mitglieder. Meine einzige Einmischung besteht darin, ihnen in leicht zugänglichen Behältern die erste Mahlzeit zu servieren. Es gibt ein zerkleinertes hartgekochtes Ei, vermengt mit Zwieback und Wasser. Wie sie selbst Futter finden, bringt die Henne den Küken schnell bei, indem sie einen besonderen Laut von sich gibt und es ihnen vormacht.*

15. August *Sobald die anderen Hühner die Veränderung bemerkt haben, kommen sie der Reihe nach zu Besuch. In diesem entscheidenden Moment können Sie sehen, wie die Küken von der Gruppe aufgenommen werden. Manchmal reagiert eine Henne oder auch der Hahn aggressiv auf die Neulinge. Aber je höher in der Hierarchie die Glucke steht, desto eher kann sie ihre Sprösslinge auf Abstand zu den anderen halten.*

16. August *Küken sind Nestflüchter und verlassen oft schon am ersten Lebenstag ihr Nest. Ein kleiner Ausflug am Morgen ist kein Problem, am Abend ist aber Vorsicht geboten, vor allem bei einem Stall mit Zugangsrampe. Die Glucke geht voran, gefolgt von den Küken, die aber die schiefe Ebene oft verfehlen. Auch verlaufen sie sich leicht. Während Sie dem Ruf der Glucke folgen, geraten sie leicht unter den Stall anstatt hinein. Dann besteht die einzige Lösung darin, die Glucke wieder aus dem Stall zu bewegen, damit sich alle wieder zusammenfinden und einen zweiten Versuch starten können. Außerdem sollten Sie die Rampe bis zum nächsten Tag verbreitern.*

16. August *Die Erkundung der Futter- und Trinkbehälter gehört zum Erziehungsprogramm der Küken. Obwohl diese Gefäße nicht für ihre Größe dimensioniert sind, begreifen die Küken doch sehr schnell, wie sie zu benutzen sind.*

17. August *Den Kleinen droht Gefahr. Links sieht man, wie die beiden Küken unter den Farn flüchten. Die Glucke in der Mitte zögert keine Sekunde und rempelt den Eindringling an. Von diesem unvorhergesehenen Angriff völlig überrumpelt, zieht sich unsere Katze „Indy“ sofort zurück.*

22. August *Je nach Wetter sind auch die Aktivitäten unterschiedlich: eine Entdeckungstour oder doch lieber ein Nickerchen im warmen Gefieder von Mama ...*

23. August *Zuerst wachsen die Federn an den Flügeln. Danach folgen die Schwanzfedern, die hier schon als kleine Pinselchen zu sehen sind. Zum Schluss sprießen die Federn an Körper und Kopf.*

23. August *Die Küken benutzen ihre Flügel, sobald diese funktionstüchtig sind. Von nun an starten sie vom Hühnerstall aus, fliegen einige Meter, bevor sie dann wieder ganz schnell zu Füßen ihrer Mutter landen.*

14. September *Die Küken sind jetzt einen Monat alt und fast vollständig befiedert. Auf dem Kopf halten sich noch ein paar Daunen. Jetzt lässt sich auch das Geschlecht ganz leicht am Kamm bestimmen: im Vordergrund ein junger Hahn, dahinter ein junges Hühnchen.*

2. November *Obwohl noch nicht ganz ausgewachsen, sind die Küken jetzt unabhängig und brauchen ihre Mutter, hier im Vordergrund, nicht mehr. Im Lauf der nächsten Tage werden sie ihre Plätze in der Rangordnung der Hühnerschar einnehmen.*

Künstliche Aufzucht der Küken

Für die Kunstbrut brauchen Sie einen abgeschlossenen, zweckmäßigen Raum mit Wärmelampe. Diese muss 24 Stunden lang eingeschaltet sein, damit unterschiedlich warme Zonen entstehen: am wärmsten direkt unter der Lampe, mäßig warm am Rand. Bis zum Alter von etwa sechs Wochen, solange die Küken noch nicht ihr erstes Gefieder besitzen, sind sie von dieser Wärme abhängig und können nicht gefahrlos ins Freiland entlassen werden. Es ist übrigens auch nicht empfehlenswert, Kunstbrutküken unter drei Monaten in die bestehende Hühnergruppe einzugliedern. So muss der Züchter die Kleinen mit Küken-Spezialfutter aus dem Fachhandel ernähren, sie überwachen und ihren Auslauf in Schuss halten. Dies sind sehr zeitaufwendige Pflichten. Ich überlasse sie lieber meinen Hennen, und dabei kann ich noch die vielfältigen Interaktionen zwischen Küken, Glucke und der übrigen Hühnerschar beobachten.

Eine Schar Küken unter der Wärmelampe. Das Rotlicht soll eventuelle Blutspuren unsichtbar machen, die die Küken dazu animieren könnten, sich gegenseitig zu bepicken. Bevor Sie sich für eine passende Wärmelampe entscheiden, sollten Sie sich gut über die Eigenschaften der verschiedenen Modelle informieren.

Durchleuchten der Eier

Durch das Schieren lässt sich herausfinden, ob der Embryo im Ei lebensfähig ist. Man benutzt dazu eine sogenannte Schierlampe, mit der man das Innere des Eies sichtbar machen kann. Sie durchleuchten die Bruteier das erste Mal, bevor Sie sie zur Aufbewahrung beiseite legen und sortieren gleich die Eier aus, deren Schalen winzige, mit bloßem Auge nicht erkennbare Risse haben. Das zweite Durchleuchten sollte zwischen dem fünften und siebten Inkubationstag stattfinden. Dann sortieren Sie die unbefruchteten Eier aus. Bei weiteren Durchleuchtungen stellen Sie fest, wie sich der Embryo entwickelt.

Zum richtigen Durchleuchten muss die Schierlampe auf die Luftkammer, die abgerundete Seite des Eies, aufgesetzt werden.

Ein Ei vor der Inkubation: Beim Schieren wird ein langer Haarriss erkennbar. Dieses Ei sollte besser nicht bebrütet werden.

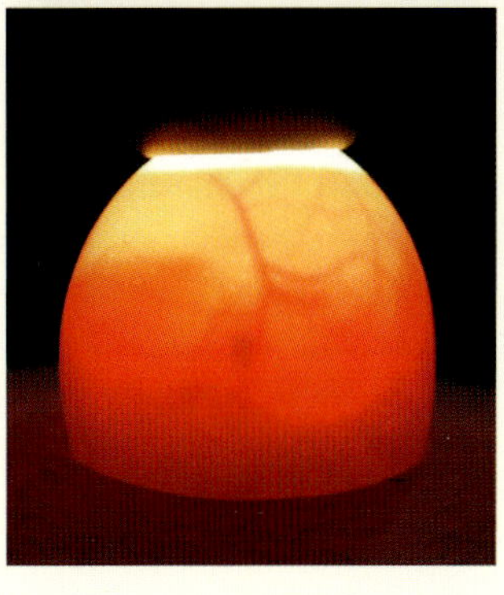

Durchleuchten an Tag fünf der Inkubation: Zwischen Embryonalzelle und dem Dottervorrat entwickeln sich Gefäße. Damit ist sicher, dass dieses Ei befruchtet ist, ansonsten erscheint das Ei „klar“, wie es bei dem Ei mit dem Haarriss zu sehen ist. Nicht empfehlenswert ist ein Durchleuchten vor dem fünften Inkubationstag, denn in dieser Zeit reagiert das Ei am empfindlichsten auf Stöße und Bewegungen und es ist noch nicht klar zu erkennen, ob es befruchtet ist oder nicht.

Wollen Sie ganz sicher gehen, dann durchleuchten Sie erst am siebten Inkubationstag. Jetzt sind die Gefäße genau zu erkennen und man kann Bewegungen im Innern des Eis feststellen.

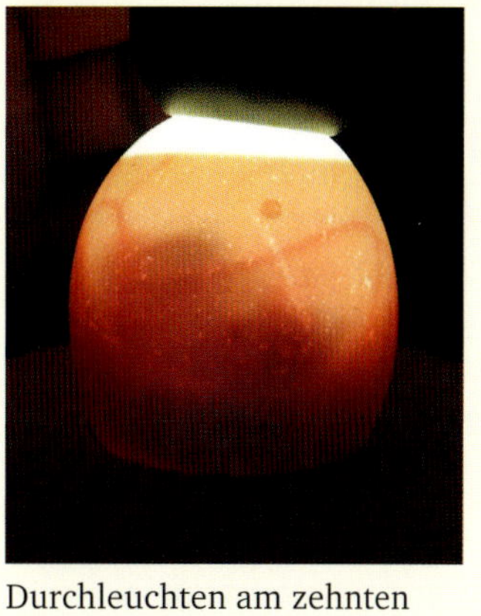

Durchleuchten am zehnten Inkubationstag: Der Embryo in Form eines Bohnenkerns ist mit seinen zahlreichen Bewegungen deutlich erkennbar.

Den Geflügelbestand erneuern – warum und wie?

Von meinen zwölf Hennen legen die vier ältesten, sieben Jahre alt, keine Eier mehr. Ich behalte sie wegen ihres umgänglichen Charakters und weil ich ihr Äußeres ansprechend finde. Sie dürfen ihren friedlichen Ruhestand genießen. Die restliche Gruppe setzt sich aus Tieren zusammen, die zwischen fünf Jahren und weniger als einem Jahr alt sind. Das bringt mir pro Tag ein bis drei Eier sicher ein, allerdings mit einem Einbruch im Dezember oder Januar. Das deckt unseren häuslichen Bedarf oder geht sogar etwas darüber hinaus.
Eine Auffrischung eines Hühnerbestands ist aus zwei Gründen notwendig: Legehennen mit verminderter Leistung müssen ersetzt, blutsverwandte Kreuzungen, die sich im Lauf der Jahre ergeben, verhindert werden.

Die zwei Seiten der Inzucht

Bei Wildtieren, die in kleinen Gemeinschaften zusammenleben, findet von Natur aus ein Austausch von Tieren zwischen einzelnen Gruppen statt. So können sich die Gene vermischen und sichern damit den Fortbestand der Spezies. Auf unseren Hühnerhöfen geschieht dies nicht von selbst und so muss der Züchter für frisches Blut sorgen.
Lassen Sie zu, dass sich Ihr Geflügel unkontrolliert vermehrt, werden Sie durch die Inzucht in Ihrem Bestand eine genetische Verarmung erleben. Unfruchtbarkeit, verminderte Legeleistung, hohe Embryonen- oder Kükensterblichkeit, körperliche Missbildungen etwa an Füßen und Schnabel, all diese und andere Phänomene werden ab der vierten oder fünften Generation auftreten.
Bei der Tierzucht ist die Inzucht aber auch ein Mittel, bestimmte erwünschte Eigenschaften zu selektieren und zu verstärken. Ob es sich um Geflügel, Hunde, Katzen, Pferde, Rinder oder Schafe handelt – alle Rassen wurden durch Inzucht geschaffen oder in eine gewünschte Richtung verändert. Wie erfahrene Züchter bei der Reproduktion ihrer Tiere vorgehen, um trotzdem eine möglichst große genetische Vielfalt in ihrer Zucht zu bewahren, zeigt auf anschauliche Weise das Felch-Diagramm auf Seite 216. Um sich mit dieser Zuchtmethode zu beschäftigen, brauchen Sie spezielle Kenntnisse, Zeit und Mittel.

Auswahl der Zuchttiere

Für jeden, der mehrere Hühnerrassen in getrennten Zuchtgruppen züchtet, ist die Auswahl der Zuchttiere keine Nebensächlichkeit. In diesem Stadium ist man oft schon ein aufgeklärter Hobbyzüchter, der über genügend Adressen verfügt, über die er gute Tiere bekommen kann.
Im Rahmen meiner kleinen Familienzucht und auch, um mich nicht zusätzlich mit Inzuchtproblemen herumschlagen zu müssen, beschränke ich mich darauf, von Zeit zu Zeit zur Blutauffrischung einen Hahn auszutauschen. Dadurch dass ich die meisten Bruten zu Hause auch mit Bruteiern von befreundeten Züchtern durchführe, ist eine regelmäßige Blutauffrischung gewährleistet.

Zuchttiere kaufen ist immer eine etwas heikle Angelegenheit. Wenn Sie sich Hahn und Hennen bei verschiedenen Züchtern besorgen, können Sie aber ziemlich sicher sein, dass die Tiere nicht blutsverwandt sind.

Meine vier ersten Hühner waren Hybriden. Sie wurden sechs Jahre alt und ich habe sie nach und nach durch verschiedene Rassehühner aus unterschiedlichen Quellen ersetzt: von Ausstellungen, beim Rassezüchter gekauft, geschenkt bekommen oder gegen ein anderes Tier getauscht.
Bekommen Sie für ihre anfängliche Zuchtgruppe die Tiere von unterschiedlichen Quellen, dann haben Sie die Gewähr, dass sie nicht blutsverwandt sind. Durch die eigenen Standards und Qualitäten jeder Rasse können Sie dann eine gute Produktivität aufrechterhalten. Sollten ein oder zwei Hennen schlecht legen, dann sind andere dafür produktiver. Wenn eine Henne nicht brüten will, dann tut es eben eine andere. Und die für ihre Fleischqualität bekannten Rassen liefern Nachkommen, die zum Teil für den Verbrauch bestimmt sind. Ganz klar eine Rolle spielen dabei Größe und Rasse des Hahns.

Legehennen ersetzen, bevor ihre Leistung nachläßt

Das Einfachste ist, den Bestand nach und nach so aufzufüllen, dass immer verschieden alte Tiere vorhanden sind. Damit vermeiden Sie einen abrupten Einbruch der Legeleistung, wie er oft bei Hybridhühnern der gleichen Generation vorkommt. Je nachdem, wie viele Tiere Sie halten können, ohne eine zu hohe Besatzdichte zu riskieren, sollten Sie sich noch den kleinen Spielraum für ein oder zwei zusätzliche legebereite Hennen bewahren. Letztendlich ist es das alltägliche Leben in einer Hühnergruppe, das Gehen nicht mehr legender Hühner durch Todesfälle oder verschwundene Tiere, und das Kommen neuer Tiere, sei es durch Blutauffrischung oder kontrollierte Zucht mit den eigenen Hühnern. So können Sie auch immer mit den Ergebnissen rechnen, die Sie sich zum Ziel gesetzt haben.

Das Felch-Diagramm

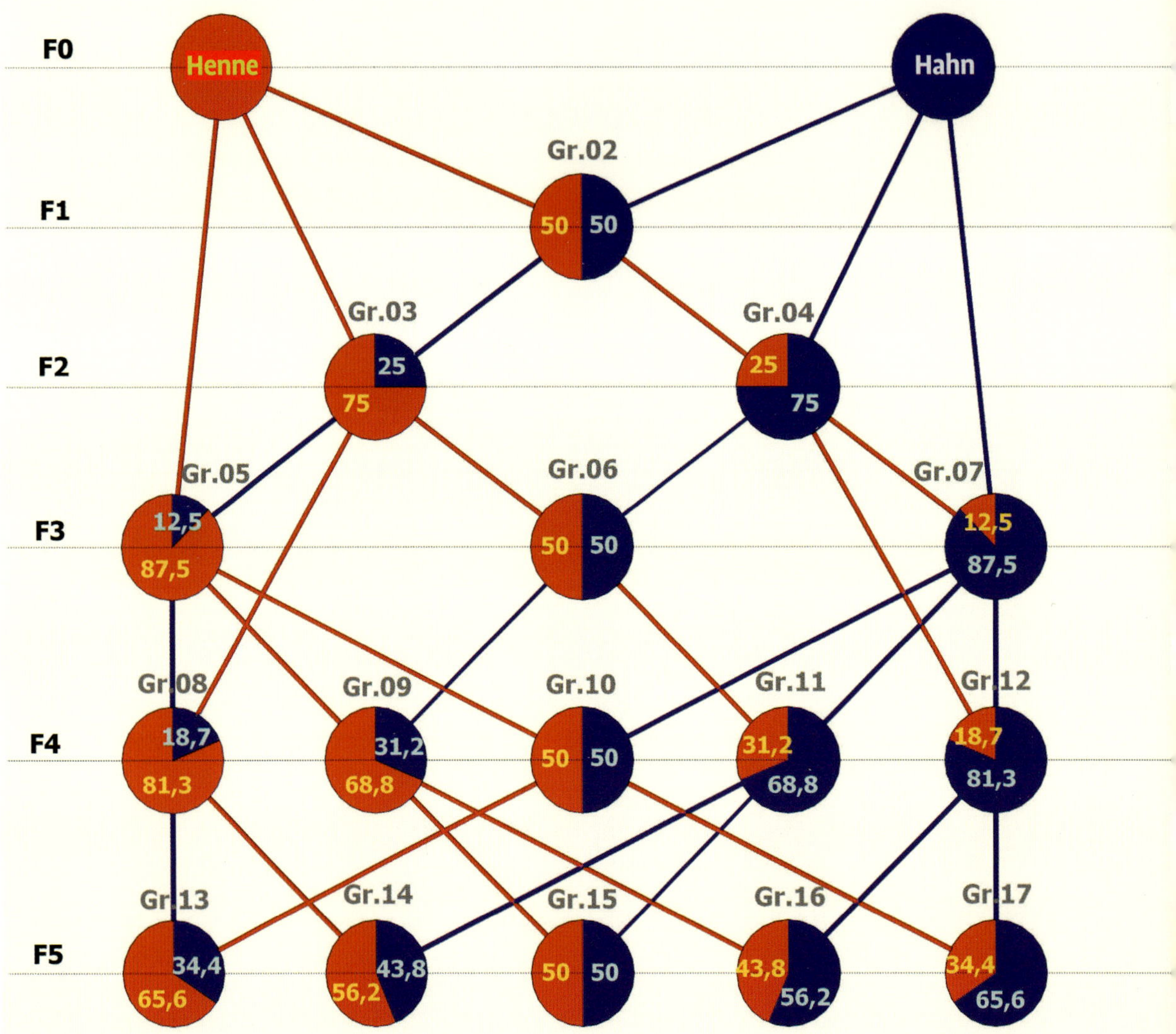

Roter Bereich eines Kreises = weiblicher Blutanteil in Prozent
Blauer Bereich eines Kreises = männlicher Blutanteil in Prozent

Rote Linie = weibliche Blutlinie
Blaue Linie = männliche Blutlinie

Zuchtplanung: So wird das Diagramm gelesen

- **Linie F0:** Oben an der Spitze stehen eine Henne und ein Hahn, die in keiner Weise miteinander verwandt sind. Sie bilden die Ausgangsgruppe.
- **Linie F1:** Der Hahn und die Henne pflanzen sich fort, woraus die Gruppe 02 entsteht, bei der jedes Tier einen männlichen bzw. weiblichen Blutanteil von jeweils 50 % aufweist.
- **Linie F2:** Verpaart man die „Ausgangshenne" mit einem Hahn der Gruppe 02, dann erhält man Gruppe 03, die 75 % weiblichen und 25 % männlichen Blutanteil enthält. Das tatsächlich auftretende Verhältnis sollte diesem theoretisch errechneten nahezu entsprechen. Gruppe 04 erhält man auf dieselbe Art und Weise, mit dem einzigen Unterschied, dass hier der „Ausgangshahn„ mit einer Henne aus Gruppe 02 verpaart wird.
- **Linie F3:** Die Gruppen 05 und 07 sind das Ergebnis einer Kreuzung zwischen „Ausgangshenne" und einem Hahn der Gruppe 03, bzw. zwischen „Ausgangshahn" und einer Henne der Gruppe 04. Gruppe 06 hingegen erhält man durch eine Kreuzung zwischen Cousins ersten Grades: einer Henne der Gruppe 03 mit einem Hahn der Gruppe 04.
- **Linien F4 und F5:** Diese Linien basieren auf dem gleichen Prinzip und zeigen, welche Kreuzungen bei den beiden nachfolgenden Generationen möglich sind, um einen Teil der Blutlinie beider Elternteile zu erhalten (Gruppe 10 und 15).

Interpretation des Diagramms

Liest man das Diagramm von oben nach unten, dann zeigen die Blutlinien, die in einer bestimmten Gruppe münden, die Vorfahren an. Diejenigen Linien, die davon ausgehen, zeigen die Kreuzungen an, die man durchführen kann. Man kann beobachten, wie die Blutlinie eines der beiden „Ausgangselternteile„ in bestimmten Gruppen stetig abnimmt (05, 07, 08, 12). Man stellt jedoch fest, dass eine Blutlinie, die zu jeweils 50 % aus „Ausgangshahn bzw. -henne„ besteht, erhalten bleibt und den kräftigsten Stamm bildet (Gruppe 02, 06, 10, 15). Die schwächeren Gruppen sind nötig, um ausgewogenere Gruppen, beispielsweise Gruppe 05 und 07, zu bilden, die zur Entstehung von Gruppe 10 führen. Diese Tabelle ist nicht vollständig und könnte mittels einfacher Prozentrechnung endlos fortgesetzt werden.

Auswirkungen dieser Vorgehensweise

- Die Schwächen vervielfachen sich, während die Qualitäten sich nur addieren. Daraus folgt, dass „Ausgangshenne und -hahn„ bereits einen guten Stammbaum haben sollten.
- Alle Tiere, die als mittelmäßig eingestuft werden, müssen rigoros aus der Zucht genommen werden.
- Jede Gruppe muss von den anderen getrennt werden, um sie identifizieren zu können. Nur so kann der Züchter die Verpaarungen kontrollieren.
- Die vielen schwachen Gruppen (05, 07, 08, 09, 11, 12, 13, 17) dienen einzig und allein dazu, über vorübergehende Kreuzungen zu stärkeren Gruppen zu kommen, etwa 09 und 11 zu 15. Nur die 50/50-Gruppen bringen so gesunde Zuchttiere hervor, dass Sie oder andere Züchter damit neue Blutlinien gründen können.

Familienporträts

1 **Hermondine – eine Zwerg-La Flèche-Henne**: *Sie ist lebhaft und liebt es, in den Bäumen zu übernachten.*

2 **Poulette – ein Mischlingshuhn**: *Sie wurde in diesem Sommer bei mir geboren und beginnt gerade zu legen.*

3 **Favette – ein Lachshuhn**: *Sie ist die Neugierigste in der Gruppe ... Was wir draußen auch machen, sie folgt und beobachtet uns.*

4 **Chaby – eine Chabo-Henne**: *Sie ist die Kleinste von allen und hat es manchmal schwer, im hohen Gras den anderen hinterher zu kommen.*

5 **Mordred – ein Mischlingshahn**: *Er wurde bei mir geboren und ist seit 2009 Chef des Hühnervolks.*

6 **Pékinette – eine Zwerg-Cochin-Henne**: *Sie übernimmt die meisten Bruten.*

7 Bramuche – eine Brahma-Henne: *Sie legt ganz gut und ist sehr zutraulich.*

8 Mam'Arauc – eine Araucana-Henne: *Sie gehört zu denen, die regelmäßig legen.*

9 Javette – eine Bantam-Henne: *Erstaunlicherweise ist sie sehr brav und hat noch nie einen Fluchtversuch unternommen, obwohl es für sie ein Kinderspiel wäre.*

10 Ti'Coco – ein Mischlingshahn: *Er wurde dieses Jahr bei mir geboren.*

11 Ti Than – eine Sundanesische-Kämpfer-Henne: *Sie ist ein etwas dinosaurierähnliches Muskelpaket, dabei aber nicht aggressiver als die anderen und außerdem legt sie recht zuverlässig Eier.*

Vom Freiland auf den Teller

In den 1970er Jahren hielt mein Großvater Geflügel, um den Bedarf seines Haushalts zu decken, aber auch zur allgemeinen Freude der ganzen Familie und Freunde. Hühner, Enten, Kaninchen, daneben Obst und Gemüse ... all diese Lebensmittel stammten aus der traditionellen Familienproduktion. Ich mache es heute so wie er damals, damit wir qualitativ hochwertige Nahrung haben, deren Herstellung wir durchgehend nachverfolgen können.

Mast und Schlachten von Hähnchen oder ausgemusterten Hühnern

Die Mast

Bei mir erhalten die zur Mast bestimmten Hühner keine Sonderbehandlung. Sie werden für mindestens sechs Monate im Freien aufgezogen, und zwar unter den gleichen Bedingungen wie die ständigen Bewohner des Hühnerhofs. Zehn Tage vor der Schlachtung setze ich sie jedoch in einen abgegrenzten Bereich, wo sie sich nicht mehr stark bewegen können. Nun wird ihr Futter mit Mais, Kartoffelpüree, zerhacktem Klee oder Kleegrünmehl sowie fetthaltigen Speiseresten angereichert.
Das Trinkwasser kann durch entrahmte Milch ersetzt werden – die einzige Ausnahme, wo ich Milchprodukte verwende, denn die meisten käuflichen Mastfutter enthalten Milch.
Es geht nicht darum, dass die Tiere schnell an Gewicht zulegen, sondern dass sich eine Fettschicht bildet, die die Zartheit des Fleisches nach der Zubereitung gewährleistet.
Bitte beachten: Die Masthühner dürfen zwölf Stunden vor der Schlachtung nichts mehr zu fressen bekommen, damit Kropf und Darm leer sind. Somit wird verhindert, dass beim Ausnehmen das Fleisch in Kontakt mit Verunreinigungen aus den Eingeweiden kommt.

Die Schlachtung

Bei mir hat es mehrere Jahre gedauert, bis ich mich dazu überwinden konnte, eines meiner Tiere zu schlachten ... Doch dann war ich gezwungen, das erste Mal ein Huhn zu töten, um es von seinen Leiden zu erlösen. Ein Fall, der auf jeden Halter zukommen kann. Ich entschied mich für die „althergebrachte“ Methode, die schon mein Großvater bevorzugt hat: Das Tier wird mit einem Knüppel erschlagen, und dann schneidet man ihm mit einem sehr scharfen Messer die Halsschlagader durch, direkt am Halsansatz unter den Kehllappen. Achten Sie darauf, dass Sie das Rückenmark mit durchtrennen, damit das Tier einen schnellen Tod hat und nicht unnötig leidet. Das Huhn muss vollkommen ausbluten, bevor es gerupft und zubereitet werden kann. Sobald der Kopf abgetrennt ist, erhält das Tier eine gewisse Anonymität, die sich nach dem Rupfen noch verstärkt. Dann ist die Arbeit nicht mehr ganz so hart.
Ein Huhn zu schlachten, rupfen und auszunehmen, erfordert gewisse Kenntnisse, also Sachkunde. Im Idealfall kann Sie ein Züchter, der über das nötige Wissen verfügt, dabei anleiten. Wollen Sie diese Arbeit nicht selbst machen, haben sie vielleicht einen guten Freund mit Sachkundenachweis, den Sie darum bitten können oder Sie wenden sich an einen Schlachter, der Geflügel von Privatpersonen annimmt.

Sie erhalten die Tiere am selben oder nächsten Tag zurück, gerupft, ausgenommen und mit sämtlichen Nebenprodukten wie Herz, Leber und Magen. Weil diese Aufgabe für mich immer noch schwer ist, achte ich darauf, keine starke Bindung zu den zum Verzehr bestimmten Tieren aufzubauen.

Gut zu wissen

Eine Hausschlachtung für den privaten Gebrauch ist erlaubt. In der Intensivhaltung werden die Tiere ab dem 35. Lebenstag, bei biologischer Haltung ab dem 81. Tag geschlachtet. Seit den 1970er Jahren hat sich diese Zeitspanne ständig verkürzt, denn das Fleisch soll weiß sein. Dies kommt von der geringen Menge an Myoglobin in der Muskulatur. Bei flugfähigen Vögeln ist dieser rote Blutfarbstoff, der den Sauerstoff transportiert, in großer Menge vorhanden. Denken Sie zum Beispiel an die deutlich braun gefärbte Entenbrust.
Für die Schlachtung gibt es spezielle Utensilien: Schlachttrichter, elektrisches Betäubungsgerät, Schlachtzange, scharfes Messer, Geflügelschere ...

Echter Herkunftsnachweis

Eier

Die Eier meines Geflügels enthalten keine Spuren chemischer Stoffe – sie entsprechen also solchen aus biologischer Landwirtschaft. Das bedeutet, dass gekaufte Hühnerfuttermischungen aus biologischer Landwirtschaft stammen müssen und das eigene Futter, ob Brotkrumen, Körner oder Essensreste, frei von jeglichen solcher Stoffe sein müssen. Vor allem sollten Sie die Tiere unter optimalen Bedingungen halten.
Wenn Sie Größe, Form, Farbe oder Textur außer Acht lassen, dann unterscheiden sich die hauseigenen Eier von denen aus dem Supermarkt dadurch, dass ihre Schale oft härter, das Eiweiß größer – Zeichen für Frische – und das Eigelb geschmeidiger, sowie auffallend orange gefärbt ist. Dass auch der Geschmack anders sei, haben mir Personen, die sehr gern ein weiches Ei essen, bestätigt.

Gut zu wissen

In der Intensivhaltung enthält das Futter der Legehennen Farbstoffe, die dem Dotter die gewünschte gelbe Farbe verleihen. Durch eine bestimmte Ernährungsweise lässt sich auch die Größe der Eier beeinflussen.

Fleisch

Die Industrielegehybriden sind nicht gerade für ihre gute Fleischqualität bekannt. Besser ist es hier, auf sogenannte Mischlingshühner zurückzugreifen. Sie legen zwar nicht ganz so viele Eier, dafür setzen sie mehr Fleisch an. Durch eine artgerechte Haltung und natürliche Ernährung können auch Legehybriden ein Fleisch hervorbringen, das in seiner Qualität dem ihrer hochgepriesenen Masthybriden überlegen ist. Und unter den Rassehühnern gibt es viele, die für ihr zartes und geschmacklich sehr gutes Fleisch bekannt sind, wie etwa Marans, Amrocks, Crève-Coeur, Lachshühner und andere.

Ein einfacher Hühnchenbraten von einer für ihr gutes Fleisch bekannten Hühnerrasse. Das Huhn wurde bei mir aufgezogen und gemästet und braucht den Vergleich mit gutem Hühnerfleisch aus dem Handel nicht zu scheuen.

Ein Stall wie dieser bietet ausreichend Platz für etwa zehn Hühner. Er ist solide und hat eine gesunde Atmosphäre. Er ist aus einer Palettenkiste hergestellt und kostet nicht mehr als 200 Euro.

Das Budget

Hierbei handelt es sich um meine persönliche Kostenaufstellung, die nicht unbedingt repräsentativ ist, aber eine Vorstellung davon gibt, welche Kosten und möglichen Gewinne auf einen zukommen – damit aus einem Hobby oder einer Leidenschaft kein Fass ohne Boden wird!

Fixe Anfangskosten für zehn Hühner:
- 200 € für den Hühnerstall
- 34 € für zwei Futterbehälter und zwei Tränken
- 200 € für die Anschaffung der ersten zehn Tiere (diese Zahl bezieht sich auf den Kauf von vorwiegend Rassehühnern, die teurer sind als industrielle Hybridhühner)
- 30 € für eine Schierlampe
- 50 € für Kleinteile
- Kosten für die Umzäunung des Auslaufs (je nach Größe unterschiedlich). Durchschnittliche Kosten für einen Auslauf von ca. 200 m² (15 m × 15 m, Höhe 1,20 m): 200 €

Gesamtkosten: 714 €

Variable Kosten für zehn Hühner pro Jahr:
- 20 € für Einstreu (Sand)
- 180 € für Körnermischung
- 30 € für verschiedene Produkte (Lebertran, Wacholderöl, Entwurmungsmittel ...)

Jährliche Gesamtausgaben: 230 €

Einsparungen pro Jahr:
- 93 € für 52 Schachteln à sechs Bio-Eier (eine pro Woche) zu einem durchschnittlichen Preis von 1,80 € pro Schachtel;
- 288 € für zwölf Bio-Hähnchen à zwei Kilo zu einem durchschnittlichen Preis von 12 € pro Kilo.

Gesamtersparnis: 381 €

Gesamtbilanz

Der regelmäßige Verzehr hauseigener Eier oder Masthähnchen macht es möglich, dass die Hühner sozusagen „für sich selbst aufkommen". Geringe jährliche Gewinne sorgen dafür, dass sich die fixen Anfangskosten amortisieren.

Erfahrungs- und Informationsaustausch mit anderen Züchtern

Sich ganz auf sich allein gestellt und ohne das nötige Rüstzeug an die Hühnerzucht zu wagen, ist nicht einfach: Man fühlt sich schnell einmal hilflos, wenn die ersten Probleme auftauchen. Der Erfahrungsaustausch mit anderen Züchtern ist deshalb sehr wichtig. Es gibt dazu verschiedene Wege.

Mein erster Reflex: das Internet

Für viele von uns gehört das Internet bereits zum Alltag. Ich für meinen Teil habe festgestellt, dass Hühnerhaltung und Geflügelzucht weit verbreitete Themen im Netz sind, doch man muss auch hier die Spreu vom Weizen trennen! Manche Seiten sind besonders reich an Informationen verschiedenster Art:

- Webseiten von Rassehühnerzüchtern, Profis oder Amateuren, die ihre Erfahrung und sonstige Kleinigkeiten mit anderen teilen,
- Webseiten von landwirtschaftlichen Zeitschriften, die ihre Artikel veröffentlichen,
- Webseiten von Labors, die sich auf Forschung im Bereich Geflügel spezialisiert haben und ihre Arbeiten publik machen, oft in Form kleiner Broschüren zum Herunterladen,
- Webseiten von Hobbyzüchtern, die dem Internetnutzer die Ergebnisse ihrer eigenen Arbeit zugänglich machen, etwa Verzeichnisse von Krankheiten, Rassen, Monographien, ältere digitalisierte Dokumente,
- Webseiten der Lebensmittelindustrie, die Zuchtregister für professionelle Züchter bereitstellen. Nicht zu verwechseln mit den oben erwähnten Züchtern, die nicht mit Industriehühnern arbeiten,
- offizielle Webseiten, die Auskünfte über die gesetzlichen Regelungen für kleine Züchter geben.

Das Surfen im Internet half mir, meine ersten Adressen zusammenzutragen. Seither pflege ich mit anderen Züchtern regelmäßigen Austausch, aus dem im Lauf der Jahre mehr als nur virtuelle Kontakte entstanden sind.

- Webseiten, die Utensilien oder Produkte anbieten, die sonst schwer zu bekommen sind, etwa qualitativ gute Schierlampen, Wacholderöl ...

Helfen die auf den Seiten gesammelten Informationen Ihnen weiter, dann handelt es sich eigentlich nicht um einen Austausch im eigentlichen Sinn, das heißt, die Gegenüberstellung von einer Meinung mit einer anderen. Wenn Sie das suchen, sollten Sie sich in einem oder mehreren Diskussionsforen einloggen. Ich konnte in meinem ersten Jahr als

Züchter einige Klippen mithilfe solcher Foren umschiffen.
Ich bin nun sowohl in Frankreich als auch in anderen französischsprachigen Ländern mit mehreren Züchter bekannt, mit denen mich inzwischen ein freundschaftliches Verhältnis verbindet und mit denen ich mich regelmäßig austausche. Es ist eine gute Möglichkeit, seinen Horizont zu erweitern und über unterschiedliche Themen zu debattieren.

Vom Virtuellen zur Realität

Dank dieser Foren konnte ich sogar die Bekanntschaft einiger Hobbyzüchter machen, die nicht einmal eine Stunde von mir entfernt wohnen. Dann war es nur noch ein kleiner Schritt, bis das erste Treffen organisiert war! Diese finden mal bei dem einen, dann bei einem anderen Züchter statt und dienen vor allem dem Erfahrungsaustausch. Mir haben sie es ermöglicht, meinen „engsten Kreis“ auszuweiten, denn jeder Züchter kennt einen anderen, der wieder einen anderen kennt, der wieder einen anderen kennt ...
Nimmt man dann noch regelmäßig an Events rund ums Geflügel teil, wie Messen, Ausstellungen, Wettbewerbe, Bauernfeste und Ähnliches, dann läuft man immer den gleichen Ausstellern, Verkäufern, Besuchern oder Käufern über den Weg. So entsteht ein zusätzliches Netzwerk, über das man immer interessante Dinge erfährt.
Komme ich allein bei einem Problem nicht weiter, zögere ich keine Sekunde, mir die Meinung eines der zahlreichen Hobbyzüchter einzuholen, und diese haben mir schon oft einen vernünftigen Rat gegeben.

Internetforen

Es gibt sie wie Sand am Meer und ihre Mitgliederzahlen bewegen sich zwischen einigen hundert und mehreren tausend. Aber vor allem die Aktionsfähigkeit des Administrationsteams und die Qualität seiner Mitglieder sind es, die ein gutes Forum ausmachen.

Ein gutes Forum ist für jeden Internetnutzer zugänglich, ohne vorherige Anmeldung. Man muss mitlesen dürfen, um sich über den dort herrschenden Umgang miteinander ein Bild zu machen, bevor man sich selbst engagiert. Die Anmeldung sollte direkt möglich sein und nicht erst durch einen Administrator freigegeben werden müssen.

Manche Foren sind auf bestimmte Themen spezialisiert, etwa ausschließlich Rassehühner, oder sogar nur eine einzige Rasse. Achten Sie also darauf, dass Sie im richtigen Forum sind, bevor Sie Ihre Fragen stellen.

Alle Foren haben ein Klassifizierungssystem ihrer Mitglieder, das den Erfahrungsstand des Einzelnen kenntlich machen soll. Meist beruht diese Darstellung aber auf automatischen Berechnungen auf der Basis der Anzahl der Beiträge, was nicht unbedingt ein Maß für die Kompetenz des Mitglieds ist.

Je mehr Antworten man auf eine Frage erhält, desto mehr unterschiedliche Meinungen bekommt man. Wenn es einem selbst schon schwerfällt, bei einem Tier eine Diagnose zu stellen, dann ist es sehr unwahrscheinlich, dass einer dritten Person dies auf Anhieb gelingt. Vertrauen Sie daher nicht auf eine einzige Meinung.

Je nachdem, wie dringlich Ihre Fragen sind, sollten Ihnen die Antworten nach sechs bis acht Stunden vorliegen. Wenn nicht, dann wechseln Sie das Forum!

Der Rassezüchter Jean-Paul Perron gehört zu den vielen Geflügelzüchtern, deren Bekanntschaft ich gemacht habe. Bei unseren Treffen tauschen wir immer Neuigkeiten über Hühner, Stalleinrichtung, Ernährung oder Pflege aus.

6

So schützen Sie Ihr Geflügel

Je nachdem, ob Sie einen kleinen Hühnerbestand in der Stadt oder einen Hühnerhof auf dem Land haben, unterscheiden sich die Risiken durch Raubtierangriffe. Es ist absolut gerechtfertigt, Schutzvorkehrungen zu treffen. Sie sollten sich nicht in Sicherheit wähnen, nur weil in den vergangenen Jahren nichts passiert ist. Vielleicht beobachten Sie sogar, dass ein potenziell gefährliches Tier um Ihr Geflügel schleicht. Und wenn Sie ein Raubtier nicht sehen, heißt das noch lange nicht, dass es nicht da ist! So hören wir im Sommer immer, wie nachts ein Fuchs in unserer Gegend unterwegs ist, der aber, zu unserem Glück und wohl zu seinem Missfallen, nie ein Huhn ergattert hat. Dieser Schurke ist außerordentlich geduldig und wartet wahrscheinlich darauf, dass ich eines Abends einmal vergesse, die Tür zu seinem „Schlaraffenland“ zuzusperren. Es gibt Lösungen, die einen akzeptablen Schutz gewährleisten, ohne Hühnerstall und Auslauf in einen Hochsicherheitstrakt zu verwandeln.

Die vielen verschiedenen Raubtiere

Natürlich sind Raubtiere im ländlichen Raum stärker vertreten und schlagen dort auch öfter zu. Bei einem gut geschützten Hühnerstall bleiben ihre Attacken oft vergeblich. Doch Sie sollten diese Räuber niemals unterschätzen, vor allem im Winter, wenn sie Hunger leiden oder in der Zeit, wo sie Junge zu ernähren haben.

Die „klassischen" Räuber

Fuchs

Er gehört wahrscheinlich zu den bekanntesten Raubtieren, schlägt vorwiegend nachts zu, kann aber prinzipiell auch zu jeder Tageszeit auftauchen. Man bekommt den Fuchs selten zu Gesicht, und oft verrät nur sein ungewöhnlicher Schrei, dass er anwesend ist.
Seine Beute: Jede Art von Geflügel, vom größten bis zum kleinsten.

Hunde

Bei ihnen handelt es sich oft um entlaufene Tiere oder solche, deren wenig rücksichtsvolle Besitzer sie einfach frei laufen lassen, in seltenen Fällen auch um Streuner. Im Gegensatz zum Fuchs, der seine Beute tötet, weil er Hunger hat, können Hunde aus purer Lust einen Hühnerhof verwüsten.
Ihre Beute: Jede Art von Geflügel, vom größten bis zum kleinsten.

Wenn der Fuchs seine Beute nicht mitnimmt, dann lässt er Teile des Kadavers, oft ohne Kopf, zurück. Dieser gefürchtete Räuber reißt die Federn grob heraus, um ans Fleisch zu kommen. Sie liegen dann überall verstreut auf dem Boden und sind der einzige Beweis für seinen Besuch.

Fuchs und Hund lassen sich von der sich ausbreitenden Panik im Hühnerhof anstecken und verfallen dadurch in einen Blutrausch, in dem sie mehr Tiere töten, als sie fressen können. Nicht selten findet man einige tote Hühner auf dem Boden, obwohl nur eines mitgenommen wurde.

Marderartige

Zur Familie dieser Fleischfresser gehören zum Beispiel, nach Größe geordnet, der Marder (45 bis 65 cm), das Frettchen (30 bis 60 cm), der Steinmarder (40 bis 55 cm) und das Wiesel (17 bis 27 cm). Typisch ist, dass sie in aller Heimlichkeit vorgehen. Das macht es für uns sehr schwer, etwas gegen sie zu tun. Meist greifen sie in der Nacht an. Dass es sich um diese Räuber gehandelt hat, erkennt man an den Bisswunden bei den zurückgelassenen Beutetieren.
Ihre Beute: erwachsene Hühner und Jungtiere, Küken, Eier.

Ratten

Ratten werden meist durch das Körnerfutter angezogen, sind aber auch Meister im Ausschlürfen der Eier.
Ihre Beute: Jungtiere, Küken, Eier.

Katzen

Gefährlich werden können manche Hauskatzen, selten auch Wildkatzen.
Ihre Beute: Eier, Küken und in Ausnahmefällen Hühner von kleiner Größe.

Auch wenn Katzen meist ausgewachsenen Hühnern nichts zuleide tun, sollten Sie bei Küken aufpassen. Katzen können auch Eier aufbrechen und fressen.

Greifvögel

Sie stellen eine geringere Gefahr dar als allgemein vermutet wird. Selbst wenn Küken eine begehrte Beute für sie sind, kommt es doch selten vor, dass ein Greifvogel mitten in eine Hühnerschar herabstürzt. Ausnahmen sind einige Arten wie Habicht oder Sperber, die vorwiegend Vögel jagen und ausschließlich in bestimmten Regionen vorkommen.
Ihre Beute: Küken und kleine Hühner.

Auch wenn Küken für Vogelräuber eine begehrte Beute sind, kommt es im Verhältnis zu Angriffen fleischfressender Säugetiere eher selten zu Greifvogelattacken.

Füchse, die auf dem Land quasi überall anzutreffen sind, kommen auch immer häufiger in Dörfern und Städten vor. Ihre aktivste Zeit ist Mai/Juni, wenn die Füchsin ihre vier bis sieben Junge zu ernähren hat, und im Winter, wenn die Nahrung knapp wird.

Andere lästige Tiere

Hier folgen noch einige Störenfriede, die eigentlich keine Gefahr für Ihr Geflügel darstellen, dennoch aber Schaden anrichten können.

Mäuse

Mäuse spielen eine wichtige Rolle bei der Übertragung von Krankheitserregern. Es ist besser, Sie stellen ihnen weder Unterkunft noch Verpflegung zur Verfügung.

Andere Vögel

Manche Rabenvögel wie Elster oder Saatkrähe und in Küstennähe auch Möwen können Eier zerbrechen und auffressen. Obwohl dieses Verhalten in der Natur vorkommt, habe ich aber nie beobachtet, wohl aber davon gehört, dass solche Vögel in einen Hühnerhof eingedrungen sind und sich an den Eiern vergriffen haben.

Igel

Noch ein ausgemachter Eierdieb. Einem Igel würde es aber sehr schwerfallen, eine gute Umzäunung zu überwinden. Somit stellt er keine besondere Gefahr dar.

Schlangen

Nicht viele der bei uns vorkommenden Schlangen würden es wagen, in einen Hühnerhof einzudringen, denn die Hühner würden sie erbarmungslos jagen. In seltenen Fällen können größere Exemplare, vor allem Nattern, von Eiern oder Küken angelockt werden.

Eine Analyse des Mageninhalts unterschiedlicher, als Räuber gefürchteter Marderartiger ergab, dass sie sich zu 80 % von kleinen Nagetieren ernähren. Wie viele andere Wildtiere dringen auch sie meist nur dann in einen Hühnerstall ein, wenn die natürlichen Nahrungsquellen dürftig sind.

Ratten und andere Kleinnager können erhebliche Schäden anrichten. Ihr Netz aus unterirdischen, dicht an der Oberfläche verlaufenden Gängen vermag das Fundament eines Hühnerstalls anzugreifen. Hohlblocksteine, Pfähle, ja sogar Stahlbetonplatten können dabei Schaden nehmen.

Wirksame Schutzvorkehrungen

Zum Aufstellen von Fallen braucht man eine Genehmigung. Außerdem ist das Einfangen und Töten bestimmter Wildtiere gesetzlich verboten. Am besten erkundigen Sie sich dazu im Rathaus. Wollen Sie Fuchs oder Marder loswerden, müssen Sie sich also an einen zugelassenen Fallensteller wenden. Dieser Experte wird nicht unbedingt sofort zur Tat schreiten, und auch der Erfolg ist nicht langfristig garantiert. Am besten gehen Sie gegen Raubtiere vor, wenn Sie von Anfang an Stall und Auslauf so sicher wie möglich konzipieren.

Bewährte Lösungen

A Hühnerställe auf Pfählen

Gegen: Ratten, Mäuse

Ein Hühnerstall auf Pfählen verhindert, dass Nagetiere über ihre unterirdischen Gänge den Stallboden erreichen. Jeder Pfahl kann noch mit einem Kletterschutz versehen werden: einem hohlen Zylinder oder Kegel, der an jedem Pfosten mit der Öffnung nach unten befestigt wird. Weil Sie im Handel einen solchen Kletterschutz kaum bekommen, müssen Sie ihn wahrscheinlich aus großen Konservendosen oder kleinen Plastikeimern selbst herstellen.

Gut zu wissen

Locken Sie Nager nicht noch zusätzlich an, indem Sie die Eier zu lang, vor allem über Nacht, in den Legenestern lassen oder Futtermittel in der Nähe lagern.

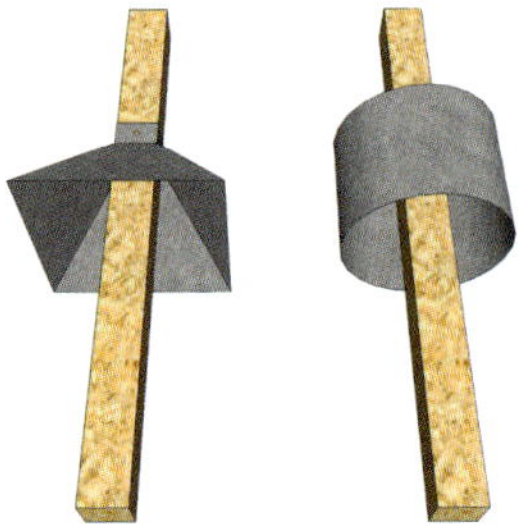

Beispiele für einen Kletterschutz.

B Dichter Stall

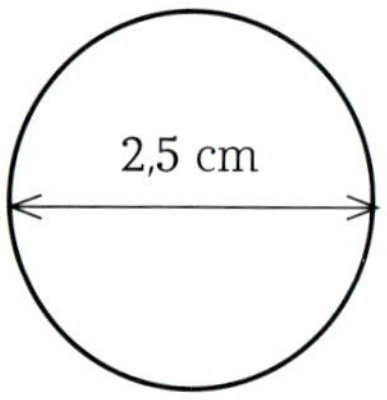

Gegen: Ratten, Mäuse, Marderartige

Ein Wiesel kann sich durch eine nur 2,5 cm schmale Öffnung hindurchzwängen. Deshalb darf der Stall keinerlei Zwischenräume, schlechte Holzverbindungen oder Löcher, selbst Astlöcher in einem Brett, aufweisen. Auch muss die Lüftungsöffnung vergittert sein.

B Gut verriegelte Öffnungen

Gegen: Füchse, Hunde, Katzen

Verwenden Sie zum Schließen der Türöffnungen keine einfachen Haken: Mit etwas Ausdauer schaffen es sowohl Hunde als auch Katzen, den Haken mit ihren Pfoten zu lösen. Nehmen Sie lieber sicherere Schließsysteme wie Knebel, Schieberiegel, Bajonettverschlüsse oder Karabinerhaken. Ich muss nicht extra erwähnen, dass der Stall natürlich jeden Abend zu verschließen ist!

C Vergittertes Zaununterteil

Gegen: Hunde, Füchse

Hunde und Füchse graben gern: Sie können sich unter einem Zaun hindurch buddeln. Um diese Aushöhlungen zu verhindern, stellen Sie Steinplatten am Zaun entlang auf oder legen Sie am unteren Teil der Umzäunung ein festes Gitter aus. Befestigen Sie es unten am Zaun und beschweren es mit Steinen oder Holzklötzen.

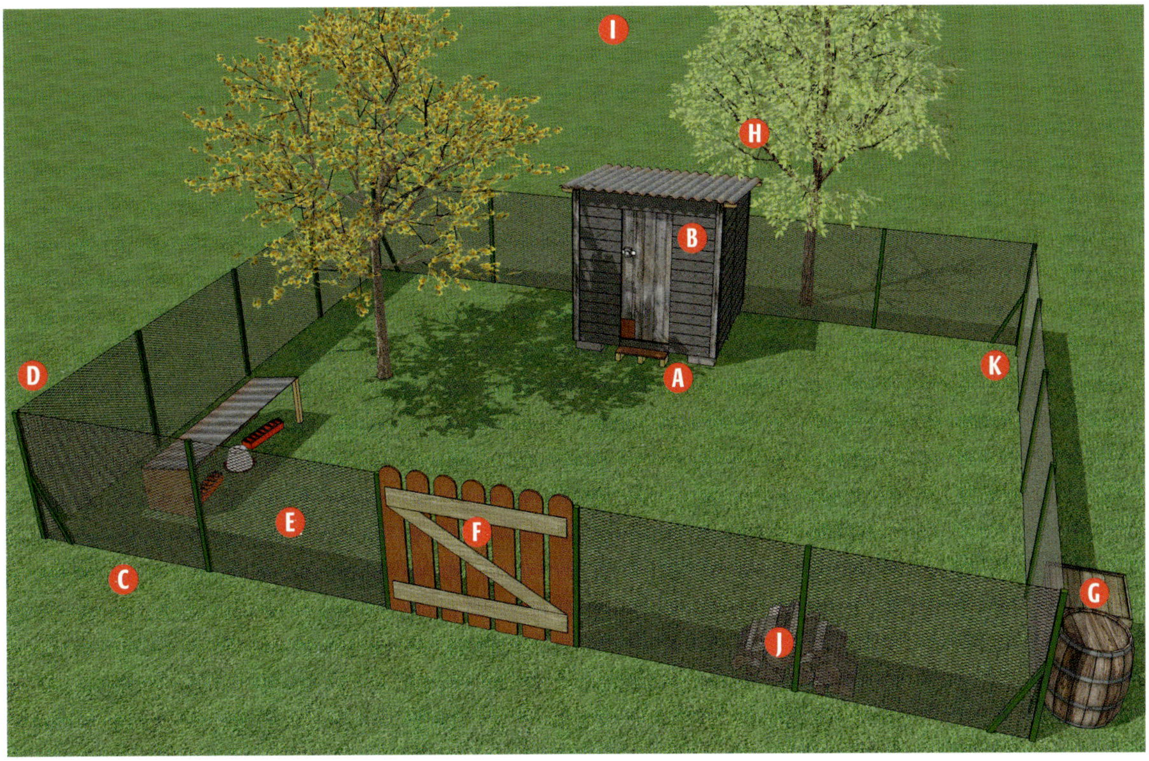

Bald wird das Gitter mit Gras überwuchert sein und bekommt zusätzlichen Halt. Verwenden Sie dazu ein lange haltbares Kunststoffgitter. Oder besser noch, versenken Sie den ganzen Zaun in einer Einfassung aus Beton. Leider ist die nicht immer zu realisieren, wegen der Zaunlänge, Bodenunebenheiten oder Kosten.

C Elektrozaun

Gegen: Hunde, Füchse

Sie können auch einen mobilen Elektrozaun verwenden. Er besteht aus einer Reihe Plastik-Erdspieße, die man von Hand in die Erde steckt. Jeder ist so ausgestattet, dass man die Drähte in unterschiedlicher Höhe spannen kann, und zwar meist dreireihig: Die erste Reihe in 10 cm Abstand vom Boden, jede weitere Reihe alle 20 cm. Ein Elektrozaun hält sich preislich in Grenzen, nur das Stromgerät ist recht teuer. Dessen Leistung muss im Verhältnis zur Drahtlänge stehen. Wenn Sie sich im Vorfeld informiert haben, ist ein mobiler Elektrozaun leicht aufzubauen. Weisen Sie Besucher darauf hin, dass der Zaun Strom führt.

D Unüberwindliche Zaunhöhe

Gegen: Füchse, Katzen, grosse Marderartige

Je nach Maschengröße und Spannung des Gitters ist ein Fuchs natürlich in der Lage, einen Zaun zu überwinden! Erst recht haben Katzen und Marder überhaupt keinerlei Probleme damit, über einen Zaun zu klettern. Damit solche unerwünschten Akrobaten abgehalten

werden, falten Sie die Zaunpfosten oben um 45° nach außen und bedecken sie mit Gitter oder wenn Sie einen Elektrozaun haben, mit mindestens zwei Reihen Draht. Es gibt handelsübliche Pfosten, die bereits die passende Form haben oder ein Loch an der Spitze, an dem man solche Verstrebungen zusätzlich festschrauben kann.

E Solide Gitter

Gegen: Hunde, Füchse

Ein festes Gitter hält selbst den Kiefern großer Raubtiere stand. Das billigste, der einfache Maschendrahtzaun, bietet dagegen keinen Schutz vor dem Fuchs, er kann ihn leicht mit den Zähnen zerreißen. Besser ist, Sie verstärken das Drahtgeflecht dann bis auf 60 cm Höhe noch mit einem zweiten Gitter oder festerem Material.

F Gesichertes Gehegetor

Gegen: Hunde, Füchse

Auch das Tor zum Gehege muss gesichert sein. Verstärken Sie es am unteren Teil mit einem Gitterband (siehe C). In Augenhöhe muss der Torflügel mit einem Riegel ausgestattet sein. Ich empfehle, zusätzlich einen zweiten unten am Tor anzubringen. Hunde und Füchse versuchen oft, eine Tür aufzudrücken, oder sie testen zumindest aus, ob dies möglich ist.

G Unverstellter Auslauf

Gegen: Hunde, Füchse, Katzen, Marderartige

Jeder Gegenstand, der entlang des Geheges platziert wird, bietet eine ideale Einstiegsmöglichkeit für sehr viele Raubtiere. Halten Sie also die ganze Umzäunung frei!

H Zurückgeschnittene Bäume

Gegen: Katzen, Marderartige

Für Katzen und Marder bieten auch Äste an Bäumen eine ideale Einstiegsmöglichkeit. Schneiden Sie also die Bepflanzung in der Umgebung regelmäßig zurück.

I Gesicherter Luftraum

Gegen: Greifvögel, andere Vögel

Die radikalste Methode besteht darin, das Gehege komplett mit einem Netz zu überspannen. Sie können aber auch nur einen bestimmten Bereich mit einem Netz nach oben absichern. Die Hühner kennen ihren Auslauf sehr genau und wissen mit der Zeit, wohin sie sich flüchten können.

Weitere Vorrichtungen, die zur Abschreckung ungebetener Gäste dienen, sind:

- die gute alte Vogelscheuche: Um Wirkung zu zeigen, muss sie sich bewegen, wie etwa eine Windfahne, grell bunt angezogen sein, und sie sollte immer wieder an einem anderen Ort stehen.
- alte CDs, die frei aufgehängt, Lichtreflexe aussenden, die die Sicht der Greifvögel beeinträchtigen
- einfache Fäden, die so über das Gehege gespannt werden, dass sie ein Netz bilden, das vor allem Habichte abschreckt.

Die größten „Feinde" eines Netzes sind Laub und Schnee, vor allem in Kombination mit starkem Wind.

Gut zu wissen

Spannt man mehrere Netze kuppelförmig wie Zirkuszelte, dann kann man einen Auslauf in mehrere Bereiche unterteilen, und zwar je einen pro Kuppel. Um eine schnelle Abnutzung durch Reibung zu verhindern, wird über den mittleren, höchsten Mast ein Stück Gummi gestülpt, beispielsweise ein Stück eines alten Autoreifens.

J Ausbruchsicherungen

Gegen: alle Räuber

Eine Raubtierattacke findet nicht immer innerhalb des Geheges statt. Diese Gelegenheit besteht auch, wenn ein Huhn, freiwillig oder auch nicht, aus der Umzäunung ausbricht. Ordnen Sie die Einrichtungsgegenstände im Auslauf nicht treppenförmig oder so an, dass sie den Tieren als „Sprungbrett" in die Freiheit dienen könnten. Jeder unnütze Gegenstand sollte entfernt werden, auch Holzstapel, die an diesem Ort nichts verloren haben.

K Vorrichtungen gegen „Erdaushubarbeiten"

Gegen: die Hühner selbst

Hühner lieben es, am unteren Rand der Umzäunung, besonders in den Ecken, zu scharren oder ein Staubbad zu nehmen.

Dabei können sie ausreichend Erde beiseite schaffen, um selbst aus dem Gehege auszubrechen oder einem Räuber den Zutritt zu ermöglichen. Platzieren Sie daher entlang des Zauns Bretter, Holzklötze, Ziegelsteine, Steine oder andere Objekte, die sich dazu eignen, die Hühner an ihren Aushubarbeiten zu hindern. Sie brauchen aber nicht gleich den ganzen Auslauf zu verbarrikadieren. Schreiten Sie an den Stellen ein, wo es nötig ist.

Weitere „Anti-Fuchs-Maßnahmen"

Weitere Methoden mancher Züchter, den Fuchs abzuhalten, sind:

- menschliche Gerüche am Zaun entlang zu verbreiten, indem man dort Haarsträhnen, von der Haarbürste oder beim Friseur eingesammelt, verteilt
- ein batteriebetriebenes Radio einzuschalten und im Gehege zu platzieren.

Die Wirksamkeit dieser Maßnahmen wurde wissenschaftlich nie belegt. Füchse durchwühlen regelmäßig die Mülltonnen in unseren Städten und Dörfern, selbst an Orten mit Menschen oder menschlichen Gerüchen. Es ist aber leicht, diese Methoden auszuprobieren, sie kosten kaum etwas und können vielleicht doch den einen oder anderen Räuber abhalten!
Im Handel gibt es außerdem Mittel zur Abschreckung von Füchsen, etwa Abwehrflüssigkeiten oder Ultraschallapparate. Da ich noch nie eines dieser Mittel ausprobiert habe, weiß ich nicht, ob sie funktionieren.

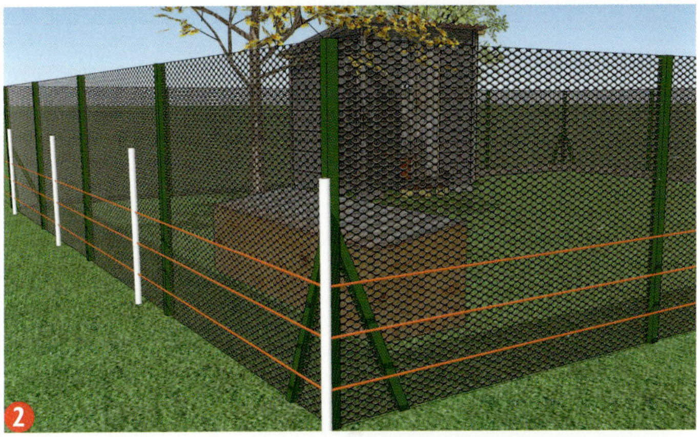

1 Einfache Vorkehrungen, um den unteren Außenbereich des Zauns zu schützen: Bodenplatten, Holzklötze, Gitter, Steine …

2 Mobiler Elektrozaun mit Erdspießen und Drähten.

3 Legen Sie den unteren Zaunrand innen mit Holzklötzen aus, dann können Ihre Hühner keine Fluchtwege mehr ausheben.

4 Vermeiden Sie sowohl im Innen- als auch Außenbereich alle Gegenstände, die als Aus- oder Einstiegshilfe genutzt werden könnten, wie hier die Kisten oder das Fass.

7 Vom Hühner- zum Geflügelhof

Nachdem ich einige Jahre lang nur Hühner gezüchtet hatte, bekam ich Lust, durch den Erwerb anderer Tiere meinen Hühnerhof etwas exotischer zu gestalten. Obwohl einige Geflügelarten nur aus wirtschaftlichen Erwägungen gehalten und gezüchtet werden, vorwiegend ihres Fleisches wegen, machen Truthähne und Hausenten durchaus auch als Ziergeflügel eine gute Figur, genauso wie der Pfau oder die schönsten unter den Rassehühnern.

Den Geflügelbestand erweitern

Hier nun eine kleine Übersicht über relativ weit verbreitete andere Geflügelarten, an die man im ersten Moment oft aber überhaupt nicht denkt.

Durch die unterschiedlichen Lebensgewohnheiten mancher Geflügelarten können auch Schwierigkeiten bei der Haltung entstehen. Deshalb habe ich mich bei meiner Suche auf Arten beschränkt, die:

- problemlos mit Hühnern zusammenleben können,
- bei der Ernährung ähnliche Anforderungen stellen wie Hühner,
- domestiziert sind und von daher keine spezielle Haltungsgenehmigung oder einen Sachkundenachweis wie etwa bei Wildtieren erfordern,
- einfach zu halten und zu züchten sind,
- leicht zu erwerben sind: Professionelle Hühnerzüchter bieten oft auch andere Geflügelarten zum Verkauf an.
- robust sind, weil sie den größten Teil des Jahres im Freien leben.

Eingliederung der Neuankömmlinge

Die neuen Bewohner werden sich unterschiedlich verhalten, je nachdem, ob sie einzeln oder mit Artgenossen, die Sie schon besitzen, zusammenleben sollen. Als Einzeltiere lassen sich Gänse, Truthähne, Pfauen, ja sogar Enten, meistens ganz gut in eine Hühnergruppe integrieren, besonders, wenn sie noch jung sind. Sie folgen den Hühnern überallhin und nehmen an den täglichen Aktivitäten wie Brut, Futtersuche, Gefiederpflege oder Ruhepausen teil. Ihre Lebensweise unterscheidet sich nur dahingehend, dass sie kaum im Hühnerstall übernachten und die weiblichen Tiere ihre Eier eher im Auslauf als im Legenest legen werden.

Möchten Sie mehrere Exemplare einer neuen Geflügelart integrieren, dann werden diese ihren eigenen Lebensgewohnheiten nachgehen, so als ob das Gelände ihnen gehörte. Vorausgesetzt, jedes Geflügel hat genügend Platz, dann ist das Zusammenleben mit den Hühnern zwar distanzierter, aber dennoch friedlich.

Informationen vor dem Kauf

Vor dem Kauf sollten Sie sich über die Arten, die Sie erwerben möchten, genau informieren: Lebensgewohnheiten, Schlafplatz, Krankheiten oder spezielles Verhalten, Ernährung, Fortpflanzung ... Das ist unbedingt nötig, weil Sie für ihre Haltung genügend Platz und angemessene Lebensbedingungen bieten müssen. Beim ersten Kauf empfiehlt es sich immer, den Verkäufer um Rat zu fragen. Er weiß auch, welches Geflügel sich nicht für die Haltung in einer städtischen Umgebung eignet.

Gänse

Es gibt über zwanzig verschiedene Hausgansarten. Alle haben sie die wilde Graugans als Vorfahren, mit Ausnahme der domestizierten asiatischen Höckergänse, die von den Schwanengänsen abstammen. Diese asiatischen Gänse sollten nie allein, sondern zumindest paarweise oder in Gesellschaft mit anderen Geflügelarten gehalten werden.
Wildgänse leben monogam, ein domestizierter Ganter hingegen lebt oft mit zwei bis drei Gänsen zusammen. Die großen Schwimmvögel – fünf bis zehn Kilo wiegt ein Ganter, vier bis acht Kilo die Weibchen – benötigen nicht

Ein blauer Pfau beim Sonnenbad mit Hühnern.

Ein einzelner Truthahn ist ein friedliebendes Tier. Er lebt mit anderen Geflügelarten problemlos zusammen.

unbedingt eine Wasserfläche, Sie sollten ihnen jedoch regelmäßig ein großes Bassin zur Verfügung stellen, damit sie ihr Gefieder richtig pflegen können. Die Paarung erfolgt zwar an Land, wird jedoch durch das Vorhandensein von Wasser begünstigt.
Eine Gans braucht viel Auslauf, rund 100 m^2 pro Tier und eine große Grünfläche, weil sie viel Gras zu sich nimmt. Ihr Schnabel ist mit winzigen Zähnchen ausgestattet, mit denen sie die Pflanzen leicht ausreißen kann. Die schweren Rassen können nicht fliegen und hinter einer niedrigen Umzäunung von etwa 1,20 m gehalten werden. Gänse brauchen keine Sitzstangen. Wenn sie nicht sogar im Freien schlafen, genügt ihnen ein einfacher Unterstand: vier Wände, Eingangstür und Dach. Das Ganze kann auf der blanken Erde stehen.
Ihre lauten Schreie klingen wie eine alte Hupe und können die Nachbarn stören. Andererseits sind Gänse die geborenen Aufpasser. Sie zeigen jede Veränderung im Gehege mit großem Getöse an. Manche Züchter halten sie sogar als tierische Alarmanlage.
Ganter gelten als aggressiv, aber ich habe dieses Verhalten immer nur als Selbstverteidi-

Lockengänse sind die einzigen Gänse, die ausschließlich zur Zierde gehalten werden.

Höckergänse unterscheiden sich von den anderen Rassen durch einen hervorstehenden Wulst an der Schnabelwurzel, der bei männlichen Tieren stärker ausgeprägt ist als bei weiblichen.

gung erlebt, wenn sie eingeschüchtert worden waren. Gänse lassen sich gut mit anderem Geflügel vergesellschaften und können sehr zutraulich werden.
Preis: ab 50 bis 100 € pro Paar erwachsener Gänse, je nach Rasse und Züchter. Nehmen Sie sich Zeit, sich zu informieren, denn es gibt enorme Preisspannen zwischen kleinen, lokalen Züchtern und gewerblichen Verkäufern.

Enten

Alle Hausentenrassen stammen von der wilden Stockente ab, mit Ausnahme der Warzenente, auch Barbarie-Ente genannt, die eine Nachfahrin der amerikanischen Moschusente ist. Es gibt Dutzende sehr unterschiedlicher Entenrassen. Je nach Rasse variiert ihr Gewicht von ein bis vier Kilo. Enten sind also von der Größe mit Hühnern vergleichbar. Das Gefieder der polygamen Erpel ist oft viel farbenprächtiger als das der Weibchen.
Genau wie bei Gänsen ist auch für Enten eine Wasserfläche nicht unbedingt erforderlich. Es genügt, ihnen ein bis zwei Mal pro Woche ein Wasserbecken zur Verfügung zu stellen, damit sie ihr Gefieder pflegen können und zur Paarung angeregt werden. Obwohl der Auslauf im Verhältnis zu ihrer Größe stehen sollte, brauchen Enten trotz allem mehr Fläche als etwa Hühner: große Rassen ungefähr 50 m^2 pro Tier, mit viel Grasbewuchs, weil die Tiere viel Grün konsumieren. Die meisten großen Hausentenrassen können kaum fliegen und deshalb innerhalb einer 1 m hohen Umzäunung gehalten werden. Solange es nur ein oder zwei Tiere sind, stört ihr Schnattern auch die Nachbarn kaum.
Enten schlafen meist im Freien und begnügen sich mit einem einfachen Unterstand ohne Sitzstange oder einem „Entenhäuschen" – einem einfachen, der Größe der Tiere angepassten Bretterverschlag mit einer Türöffnung, der einfach im Auslauf aufgestellt wird. Wenn Sie einen Teich besitzen, kann sich das Entenhaus auch auf einer kleinen Insel befinden oder auf dem Wasser schwimmen.
Preis: ab 50 bis 100 € pro Paar erwachsener Enten einer gängigen Rasse, je nach Züchter. Nehmen Sie sich Zeit, um sich zu informieren, denn es gibt enorme Preisunterschiede.

Die einzig zur Zierde gehaltenen Haubenenten besitzen einen Federschopf auf dem Kopf.

Ein Paar Barbarie-Enten. Mit ihrem Höcker am Schnabelansatz sehen sie nicht sehr anziehend aus. Sie können gut fliegen. Man sollte auch wissen, dass sie eher streitsüchtig sind. Weil sie mehr flüstern als schnattern, nennt man sie auch stumme Enten.

Gut zu wissen

Um den großen Wasserbedarf von Enten und Gänsen decken zu können, lohnt es sich, Regentonnen aufzustellen.

Die französischen Rouen-Enten wurden aus der Stockente gezüchtet. Sie sind aber größer als ihre wilden Verwandten und können nicht fliegen. Durch ihr farbenprächtiges Gefieder lassen sich die Erpel leicht von den Weibchen unterscheiden.

Ein Paar Indische Laufenten mit ihren Kleinen. Diese außergewöhnlichen Enten bewegen sich an Land immer mit beinahe senkrecht gestrecktem Hals fort. Sie können nicht fliegen, die Weibchen legen gut.

Puten

Der ursprünglich aus Mittel- und Nordamerika stammende Truthahn wurde 1492 von Christoph Kolumbus entdeckt. Ab dem 16. Jahrhundert importierten ihn die Jesuiten nach Europa. Die polygamen Puter umgeben sich mit vier bis fünf Weibchen. Mit seiner imposanten Größe, bis zu 13 Kilo die Männchen und acht Kilo die Weibchen, ist er die größte Geflügelart. Obwohl sich die Hähne erbitterte Kämpfe liefern können, sind diese Tiere dennoch meist ruhig und sehr umgänglich. Für die Nacht begnügen sie sich mit einem kleinen Verschlag mit Sitzstange, doch sie schlafen am liebsten im Freien auf Bäumen, Pfosten oder Mauern. Diese Vögel bewegen sich meist auf dem Boden, wobei die Weibchen lieber fliegen als die Männchen: Man benötigt daher eine Umzäunung von mindestens 1,80 m Höhe.
Während der Paarungszeit plustert der Puter sein Gefieder auf, schlägt ein Rad und zieht dabei seine Flügel über den Boden. So stol-

Der Kopf des Truthahns ist federlos und der Hals von Hautwarzen bedeckt, die bei der Balz eine Rolle spielen und zum Schutz gegen Schnabelhiebe anderer Puter dienen. Vorne entlang des Schnabels verläuft ein einziehbares Anhängsel, der sogenannte Fleischzapfen.

Auf der Brust besitzen Truthähne eine Art Haarbüschel, das mit zunehmendem Alter größer wird und aussieht wie Rosshaar.

Der Fleischzapfen kann zeitweise zu einem kleinen Horn eingezogen werden, beispielsweise wenn der Truthahn Nahrung aufnimmt. Der Puter kann außerdem die Blutzufuhr in den Halswarzen beeinflussen, wobei sich ihre Farbe in wenigen Sekunden von hellrot zu weiß ändert.

ziert er vor allem auf und ab, was sich bewegt, den Hühnern, der Katze, dem Hund und sogar seinem Halter! Die Lautäußerung eines Puters, das berühmte Kollern, ist kaum hörbar, vorausgesetzt, Sie besitzen nur einen Puter und die Nachbarn wohnen nicht zu nahe bei Ihnen. Dafür gibt er diesen Laut bei jedem noch so harmlosen Geräusch von sich! Außerdem antwortet der Puter auf jeden Hahnenschrei mit seinem „Truut-truut". Weibliche Puten sind da viel diskreter: Sie stoßen Laute aus, die sich anhören wie „Pok-pok-pok-pok". Puten legen gut und brüten ausgezeichnet. Anzumerken wäre noch, dass man für die Aufzucht der Küken, die anfangs Probleme haben, sich selbst zu ernähren, gewisse Kenntnisse benötigt.

Preis: ab 80 bis 130 € für ein Paar ausgewachsener Puten, je nach Rasse und Züchter.

Hier balzt ein Truthahn in Kupferfarben vor den Hühnern und legt sich dabei mächtig ins Zeug.

Perlhühner

Der Stammvater unseres heute bekannten Hausperlhuhns ist das Helmperlhuhn. Obwohl es seinem sehr bunten Vorfahr nicht sehr ähnelt, bleibt es durch sein weiß getupftes Gefieder, den bläulichen Kopf, den spitz zulaufenden Kamm und die starren Kehllappen eine außergewöhnliche Erscheinung.
Diese Geflügelart von der Größe eines Huhns wurde so herausgezüchtet, dass man ein Tier erhielt, das sowohl gut legt als auch leicht an Gewicht zunimmt. Doch nicht außer Acht gelassen wurde seine Bedeutung als Ziergeflügel: Es gibt Perlhühner in verschiedensten Farbtönen – Blau (Wildfarbig), Perlgrau, Weiß, Lavendelblau, Chamois und Violett. Männliche und weibliche Tiere unterscheiden sich kaum. Halten Sie nur ein bis zwei Perlhühner, dann gehen diese oft nachts auch in den Hühnerstall, sofern es mit den Hühnern zusammen nicht zu eng wird. Ansonsten kön-

Das Hausperlhuhn hat starre Kehllappen und einen spitz zulaufenden Helm.

Das Geierperlhuhn, eine andere Wildhuhnform, wird als Ziergeflügel gehalten.

Eine Gruppe von Hausperlhühnern.

nen Sie sie in einem kleinen Häuschen, sogar ohne Boden, mit Sitzstange unterbringen. Perlhühner können ausgezeichnet fliegen, werden oft aber mit gestutzten Flügeln zum Verkauf angeboten. Bei der Haltung selbst einer geringen Anzahl Tiere gibt es aber einige Unannehmlichkeiten, die man kennen sollte: ihr wiederholtes Schreien. Schon beim geringsten Anlass geben sie ihr schrilles, schnarrendes „Tabak, ta-bak, ta-bak" von sich, und dies ist selbst für die gelassensten Nachbarn meist zu viel. Perlhühner sind sehr scheue und aufgeregte Tiere: Beim kleinsten Grund flüchten sie mit gesenktem Kopf. Dabei verheddern sie sich manchmal im Zaun. Ist das Gelände sehr begrenzt, werden sie oft zur Belästigung für das andere Geflügel. Ich habe erlebt, wie ein großer Truthahn aus Furcht vor einem einzigen Paar Perlhühner seine Hütte nicht mehr verlassen wollte.

Preis: ab 25 bis 70 € für ein Paar erwachsener Perlhühner, je nach Farbe und Züchter. Informieren Sie sich, denn es gibt große Preisschwankungen.

Pfauen

Ich werde hier nur den Blauen Pfau und unterschiedliche Farbvarianten wie Weiß oder Gescheckt vorstellen. Der aus Indien stammende Pfau gehört unbestritten zu den bekanntesten Ziervögeln auf der ganzen Welt. Es ist also nicht schwer, sich diese Tiere zu beschaffen.
In der freien Natur besitzt das Männchen ein Territorium, in das es die Weibchen lockt. Es lebt jedoch nicht das ganze Jahr über mit ihnen zusammen. In Gefangenschaft begnügt es sich mit ein bis vier Pfauenhennen. Pfauen weisen trotz ihres eher bescheidenen Gewichts von vier bis sechs Kilo außergewöhnliche Körpermaße auf. Die Flügelspannweite kann 1,50 m und die Gesamtlänge, einschließlich der Schleppe des Männchens, bis zu 2,30 m betragen. Sie können sehr gut fliegen und das Gehege muss mit Bäumen bewachsen sein, denn die Tiere verbringen dort gern die Nacht.
In Freiheit lebende Pfauen können Schäden anrichten, wenn sie sich auf Dächern oder Fahrzeugen niederlassen. Ebenso sollte man

Gescheckter Pfau mit Pfauenhenne. An diesen beiden Tieren ist deutlich zu sehen, wie unterschiedlich die Geschlechter aussehen.

auf der Hut sein, wenn eine Überlandleitung über dem Gehege verläuft.

Einer der Gründe, weshalb ich mit Bedauern auf diese Vögel verzichtet habe, ist, dass ich sie nicht gern in einem Gehege – sie brauchen mindestens 50 m² pro Tier – oder mit gestutzten Flügeln sehe. Selbst dann kann ein Pfau noch über einen Meter in die Höhe flattern. Der zweite Grund ist sein berühmter hoher Schrei! Jeder kennt dieses „Hia-ah-a-hia-ah-a", das weithin zu hören ist, meistens vom Zoobesuch. Doch der Pfau hat noch einen anderen Schrei im Repertoire, der eher wie die Hupe eines Oldtimers klingt. Pfauen sind mit zwei Jahren ausgewachsen, und die Schleppe des Männchens wächst ab dem dritten Lebensjahr. Sie sind sehr neugierig und können alle möglichen Gegenstände verschlucken: Man muss also das Gehege sauber halten. Trotz all dem bleibt der Pfau ein bemerkenswertes Tier, das sehr zutraulich werden kann und bisweilen sogar auf seinen Namen hört.

Preis: ab 180 bis 300 € für ein Pfauenpaar, je nach Farbschlag und Züchter.

Selbst wenn er kein Rad schlägt, ist der Pfau ein wunderschöner Vogel. Die Schleppe besteht aus etwa 150 Federn, von denen einige 1,50 m lang werden. Während der jährlichen Mauser sollten Sie diese auf alle Fälle einsammeln!

Service

Zu guter Letzt ...

Ein gut konzipierter Stall und Auslauf, die Befolgung einiger einfacher Handgriffe im Alltag, die Beachtung von Hygieneregeln – all dies kann sehr viel dazu beitragen, das Leben eines Hühnerhalters zu vereinfachen. Dann hat er Freude an seinem Geflügel und seine Zucht ist für ihn keine Belastung, sondern bedeutet Vergnügen. Hühner stellen keine höheren Anforderungen an den Halter als jedes andere Tier, und wann immer man seinen Bestand erneuert, kann man neue Rassen mit ihren Besonderheiten entdecken. Für mich war die Haltung meiner Hühner in meinem Garten niemals eine lästige Arbeit – ganz im Gegenteil! Selbst noch nach all den Jahren bin ich immer wieder überrascht, wie unterschiedlich sich meine Schutzbefohlenen verhalten und wie individuell sie sind. Ich wette, sie werden mich auch in Zukunft immer wieder aufs Neue zum Staunen bringen ...

Glossar

Adaptogene

Inhaltsstoffe von Heilpflanzen, die die Widerstandskraft und Vitalität des Organismus verbessern. Sie stimulieren die natürliche Abwehr und helfen bei der Stressbewältigung.

Alternative Heilmittel

Heilpflanzen, die die Eigenschaften des Körpers beeinflussen können, beispielsweise die Beseitigung von Toxinen im Organismus.

Alula (Daumenfittich)

Sämtliche Federn, die sich an der Daumenspitze befinden. Sie spielen eine wichtige Rolle für die Aerodynamik des Vogels im Flug.

Backenbart

Ansammlung von Federn an der Kopfseite, die oft noch die Ohrscheiben bedecken.

Chitin

Organische Substanz, aus der das Außenskelett von Gliederfüßern gebildet wird.

Cuticula

Substanz, die das Huhn vor dem Legen auf dem Ei absetzt. Die Cuticula trocknet sehr schnell und spielt eine wichtige Rolle beim Schutz des Eis gegen äußere Einflüsse.

Elektroschockbetäubung

Gerät, mit dem Geflügel vor dem Schlachten durch Stromstöße betäubt wird.

Form

Manche Vögel werden vorwiegend auf Form gezüchtet, also Körperform und Haltung des gesamten Tieres und der einzelnen Körperteile, etwa Kopf, Schwanz, Kamm, Füße, Gefiederfarbe und andere Kriterien.

Frühleger

Henne, die mit dem Legen früher im Jahr beginnt.

Gastrolithen (Magensteine)

Kleine Kieselsteine, die von manchen Tieren geschluckt werden, um den Magen bei der Verdauungsarbeit zu unterstützen.

Halbdunen

Feder, deren oberer Teil aus Fahnen bzw. unterer Teil aus Daunen besteht.

Halswarzen

Fleischwülste bei Vögeln, die auffällig gefärbt sind und an Schnabel, Stirn oder Hals zu finden sind.

Insektizid

Produkt oder Mittel zur Insektenabwehr.

Federfüße

Federbewuchs an den Beinen, der bei manchen Hühnerrassen vorkommt

Nestflüchter

Vogeljunge, die das Nest gleich nach dem Schlüpfen verlassen und sofort selbstständig sind. Nesthocker werden dagegen Jungvögel genannt, die von den Eltern gefüttert werden müssen und für ihre Entwicklung lange Zeit im Nest bleiben.

Photoperiode

Verhältnis zwischen Tages- und Nachtdauer. Die Photoperiode hat Einfluss auf zahlreiche natürliche Vorgänge (Fortpflanzung, Wanderung, Winterschlaf, Blüte...).

Prophylaxe

Vorbeugende Maßnahmen zur Vermeidung von Krankheiten.

Schlachttrichter

Trichterförmiges Hilfsmittel, in den das Geflügel zum Ausbluten gesteckt wird.

Schlachtzange

Zange, die speziell beim Schlachten von Geflügel eingesetzt wird. Sie wird in den Schnabel eingeführt, wo sie die Schlagader durchtrennt und die Nervenzentren zerstört.

Spätleger

Henne, deren Legeperiode sich bis in den Herbst oder Winter erstreckt.

Verblattung

Zwei Holzteile mit einer längs verlaufenden Einkerbung werden so ineinander gefügt, dass kein Übergang zwischen beiden Teilen erkennbar ist.

Winterpause

Zeitspanne, während der eine Henne keine Eier legt. Je nach Klima und Rasse kann die Winterpause unterschiedlich lang dauern.

Wirkungsspektrum

Bereich, in dem ein Medikament wirksam ist. Bei einem Antibiotikum zum Beispiel bedeutet ein breites Wirkungsspektrum, dass damit eine ganze Reihe unterschiedlicher Bakterien bekämpft werden können. Umgekehrt wird ein Medikament mit engem Wirkungsspektrum gegen einen speziellen Erreger eingesetzt.

Zuchtbuch

Dokument, das sämtliche Informationen über die im Lauf der Jahre zur Welt gekommenen Tiere enthält. Es ist eine Art Familienstammbuch für Geflügel. Alles, was ein Tier betrifft, ist dort verzeichnet: Geburt, Gewicht, Ernährung, Krankheiten, Behandlungen, Legeleistung ...

Zuchtgruppe/Stamm

Tiergruppe, bestehend aus einer gewissen Anzahl von Einzeltieren, die zu einem bestimmten Zweck gehalten werden: zum Beispiel eine Zuchtgruppe aus Legehennen, eine zur Fortpflanzung (nach Rassen getrennt), eine Zuchtgruppe aus Hähnen ...

Zum Weiterlesen

Bauer, Wilhelm: Zwerghühner. Verlag Eugen Ulmer, Stuttgart, 2007.

Bauer, Wilhelm: Hühnerställe bauen. Verlag Eugen Ulmer, Stuttgart, 2008.

Bund Deutscher Rassegeflügelstandard (Hrsg.): Deutscher Rassegeflügelstandard.

Busch, Marlies: Taschenatlas Pflanzen für Heimtiere: Gut oder giftig? Verlag Eugen Ulmer, Stuttgart 2009.

Grashorn, Michael / Kuhn, Regina / Volk, Fridhelm: Geflügel – Das Fotobuch für die Praxis. Verlag Eugen Ulmer, Stuttgart 2006.

Husson, Hervé: Ideenbuch Hühnerställe. Schritt für Schritt selber bauen. Verlag Eugen Ulmer, Stuttgart 2015.

Peitz, Beate und Leopold: Hühner halten. Verlag Eugen Ulmer, Stuttgart 2012.

Peitz, Beate und Leopold und Wilhelm Bauer: Hühner in meinem Garten. Verlag Eugen Ulmer, Stuttgart 2012.

Robiller, Franz: Vogelheime, Volieren und Teiche. Verlag Eugen Ulmer, Stuttgart 2007.

Schmidt, Horst / Proll, Rudolf: Taschenatlas Hühner und Zwerghühner. 182 Rassen für Garten, Haus, Hof und Ausstellung. Verlag Eugen Ulmer, Stuttgart 2010.

Schmidt, Horst / Proll, Rudolf: Rassegeflügel kompakt. 525 Rassen für Garten, Haus, Hof und Ausstellung. Verlag Eugen Ulmer, Stuttgart 2011.

Wirth, Peter: Der große Gartenplaner. Verlag Eugen Ulmer, Stuttgart 2011.

Woernle, Hellmut / Jodas, Silvia: Geflügel gesund erhalten. Verlag Eugen Ulmer, Stuttgart 2015.

Adressen

Züchterverbände

Bund Deutscher Rassegeflügelzüchter e. V.
BDRG-Geschäftsstelle
Erlenbruchstraße 20, 63071 Offenbach
www.bdrg.de

Verband der Hühner-, Groß- und Wassergeflügelzüchtervereine zur Erhaltung der Arten- und Rassenvielfalt e. V.
www.vhgw.de

Verband der Zwerghuhnzüchtervereine e. V. im BDRG
www.vzv.de

Zubehör

Kükenaufzuchtboxen, Tränken, Futtertröge etc.
Brutmaschinen Janeschitz GmbH
Dr. Georg-Schäfer-Straße 17,
97762 Hammelburg
www.bruja.de

Kleintierzuchtbedarf Thea Schmidt
Ringstraße 15, 57392 Schmallenberg-Bracht
www.kleintierzuchtbedarf-schmidt.de

J. Hemel Brutgeräte
Am Buschbach 20, 33415 Verl
www.hemel.de

Sollfrank KG
Schießplatzstraße 40, 90469 Nürnberg
www.sollfrank.de

Heka-Brutgeräte
Langer Schemm 20, 33397 Rietberg
www.heka-brutgeraete.de

Kleintierzuchtbedarf Rhein
Siegfriedstraße 48, 64646 Heppenheim
www.kleintierzuchtbedarf-rhein.de
HühnerHausMobil

Internet

BDRG
Bund deutscher Rassegeflügelzüchter e. V.
https://www.bdrg.de/der-verband

www.entente-ee.com/deutsch/sparten/gefluegel
EE-Standard Sparte Geflügel 2001. 1 Reglement zum EE-Standard Sparte Geflügel

https://de.wikipedia.org/wiki/Liste_von_Hühnerrassen
gibt eine gute Übersicht über die Vielfalt an Hühnerrassen der Welt

www.huehnerwelt.de
Hühner der Welt mit Farbeschreibungen, Fotos und Videos, Rassenamen in verschiedenen europäischen Sprachen und vieles mehr.

Haftungsausschluß

Eine Garantie für die Richtigkeit der in diesem Buch enthaltenen Empfehlungen kann nicht gegeben werden. Autor und Verlag übernehmen keinerlei Haftung für Schäden und Unfälle. Der Verlag Eugen Ulmer ist nicht verantwortlich für die Inhalte der im Buch genannten Webseiten.

Register

Der Autor

Hervé Husson, Frankreich, hält und züchtet seit 2007 Hühner. Er verfasste das Werk „Ideenbuch Hühnerställe – Schritt für Schritt selber bauen", das 2015 beim Verlag Eugen Ulmer erschienen ist. Seine ganze Leidenschaft gilt dem Geflügel und den Hobbyhaltern. Er ist im Internet mit seinem Blog „Chez Lothaire & Ysengrin" aktiv, auf dem schon über eine Million Besucher zu Gast waren. Er dreht Videos über spezielle Themen der Geflügelhaltung, die er online stellt oder die als Download für mobile Geräte bei ihm zu erwerben sind.

Danksagung

Für Unterlagen, Ratschläge und Betreuung danke ich den Züchtern: Annie und Jean-Paul Corbel (Les Volailles d'Armor), Willy Renelle, Jean-Philippe Milin, Sophie Aubonnet, Jean-Francois Leaux, Rémi Galéa. Außerdem den Rassezüchtern: Pascale Nuttall (La Ferme de Keres), Xavier Commault (Les Petites Plumes), Pascal Berthet, Marie-France Tastin, Jean-Francois Leroy, Jean-Paul Perron, Mathieu Pélardy, Gilbert Offret, André Jamet (lapoulenoireduberry.fr), Evelyne Savary, und ganz besonders Pascale Nuttall für all die wunderschönen Rassen, die mir zur Verfügung gestellt wurden; sowie Xavier Commault für seine Recherche über die Geschichte des Burma-Huhns.
Mein Dank gilt ebenfalls den Administratoren der Foren „Une ménagérie dans mon jardin" und „Poule's Club". Und nicht vergessen möchte ich, Jean-Bernard Denis meinen Dank aussprechen, der mich mit seiner Kamera zu einigen Hühnerhöfen begleitet hat, meinen beiden Nachbarn Jean-Philippe Milin und Jean-Claude André, meiner geschätzten Lebensgefährtin Annabelle für ihre Darstellungen, Vorschläge und wiederholte Lektüre, sowie dem Team vom Ulmer Verlag. Nochmals herzlichen Dank an alle.

Fotos und Zeichnungen

Alle Illustrationen und Fotos von Hervé Husson, außer:
Titelfoto: lightpoet/Shutterstock.com
Titelseite, dekoratives Hintergrundelement, seitlich: primopiano/Shutterstock.com
Titelseite, dekoratives grafisches Element, seitlich: TatianaMakhakhei/Shutterstock.com
Titelseite, dekoratives grafisches Element, unten: La puma/Shutterstock.com

Sophie Aubonnet: S. 77, 239 (oben), 240 (oben), 247 (unten)
Wilhelm Bauer: S. 75
Pascal Berthet: S. 17, 21, 53, 57, 90
Jean-Bernard Denis: S. 27 (unten), 97, 126, 127 (linke Spalte), 142, 143, 147, 149, 151 (rechts unten), 154 (linke Spalte und rechts unten), 162, 163
Biosphoto: S. 6
fermedekeres.com: S. 12, 15, 22 (oben), 30 (unten), S. 58-59, 60, 61, 62, 63, 64, 67, 68, 69, 70, 74, 75, 76, 80, 81, 82, 83, 84, 89, 110 (oben und unten), 112, 113, 114, 115, 132 (unten), 155, 191 (oben), 192, 212, 215, S. 236-237, 240 (unten), 242 (unten), 247 (oben)
Annabelle Evano: S. 102, 107, 144, 150
Fotolia: S. 2, 4, 230, 231, 241, 242 (oben), 245, 246, 253
Rémi Galéa: S. 28 (unten)
Lapoulenoireduberry.fr: S. 78
Jean-Francois Leaux: S. 131
Jean-Francois Leroy: S. 73, 85
lespetitesplumes.fr: S. 29, 66, 87, 205
Gilbert Offret: S. 154 (Mitte rechts)
Mathieu Pélardy: S. 86
Jean-Paul Perron: S. 79
Evelyne Savary: S. 133
Marie-France Tastin: S. 65, 71, 72, 88
123RF: S. 200
Zoonar/Bildagentur Geduldig: S. 60

Titel der französischen Originalausgabe:
Poules – Guide complet de l'éleveur amateur
Aus dem Französischen von Claudia Ade
Erschienen 2015 bei *Les Éditions Ulmer, 24 rue de Mogador, 75009 Paris, Frankreich*

Bibliografische Information der Deutschen Nationalbibliothek
Die Deutsche Nationalbibliothek verzeichnet diese Publikation in der Deutschen Nationalbibliografie; detaillierte bibliografische Daten sind im Internet über http://dnb.d-nb.de abrufbar.

Wollgrasweg 41, 70599 Stuttgart (Hohenheim)
E-Mail: info@ulmer.de
Internet: www.ulmer-verlag.de
Lektorat: Dr. Eva-Maria Götz
Herstellung: Thomas Eisele
Satz: r&p digitale medien, Echterdingen
Druck und Bindung: Firmengruppe APPL, aprinta druck, Wemding
Printed in Germany

ISBN 978-3-8001-0388-1